国家职业技能等级认定培训教材
新形态职业技能鉴定指导教材
高 技 能 人 才 培 养 用 书

# 电工（初级）

国家职业技能等级认定培训教材编审委员会　组编

主　编　阎　伟
副主编　尹四倍　吕金飞
参　编　张红午　杜　伟　樊荣莹　孙国栋
　　　　边惠惠　苗金钟　刘保亮　吴　波

U0422012

机械工业出版社

本书是依据《国家职业技能标准 电工》(初级) 的知识要求和技能要求，按照岗位培训需要的原则编写的。主要内容包括：电工基本知识、安全用电技术、电工工具和电工仪表的使用、照明线路的安装和维修、动力及控制电路的安装和配线、基本电子电路的装调和维修、交流电动机及变压器的使用和维护、低压电器及控制电路的装调和维修、钳工基本操作工艺。本书还配套多媒体资源，扫描封底二维码，关注后即可观看。

本书主要用作企业培训部门、职业技能鉴定培训机构、再就业和农民工培训机构的教材，也可作为技校、中职和各种短训班的教学用书。

## 图书在版编目（CIP）数据

电工：初级/阎伟主编. —北京：机械工业出版社，2020.10
(2025.2 重印)
(高技能人才培养用书)
新形态职业技能鉴定指导教材
ISBN 978-7-111-66767-4

Ⅰ.①电… Ⅱ.①阎… Ⅲ.①电工技术-职业技能-鉴定-自学参考资料 Ⅳ.①TM

中国版本图书馆 CIP 数据核字（2020）第 196139 号

机械工业出版社（北京市百万庄大街 22 号　邮政编码 100037）
策划编辑：王振国　责任编辑：王振国
责任校对：刘雅娜　责任印制：刘　媛
天津嘉恒印务有限公司印刷
2025 年 2 月第 1 版第 5 次印刷
184mm×260mm・17.5 印张・358 千字
标准书号：ISBN 978-7-111-66767-4
定价：59.80 元

电话服务　　　　　　　　网络服务

客服电话：010-88361066　　机　工　官　网：www.cmpbook.com
　　　　　010-88379833　　机　工　官　博：weibo.com/cmp1952
　　　　　010-68326294　　金　书　网：www.golden-book.com
封底无防伪标均为盗版　　机工教育服务网：www.cmpedu.com

# 国家职业技能等级认定培训教材编审委员会

**主　任**　李　奇　荣庆华

**副主任**　姚春生　林　松　苗长建　尹子文
　　　　　周培植　贾恒旦　孟祥忍　王　森
　　　　　汪　俊　费维东　邵泽东　王琪冰
　　　　　李双琦　林　飞　林战国

**委　员**（按姓氏笔画排序）
　　　　　于传功　王　新　王兆晶　王宏鑫
　　　　　王荣兰　卞良勇　邓海平　卢志林
　　　　　朱在勤　刘　涛　纪　玮　李祥睿
　　　　　李援瑛　吴　雷　宋传平　张婷婷
　　　　　陈玉芝　陈志炎　陈洪华　季　飞
　　　　　周　润　周爱东　胡家富　施红星
　　　　　祖国海　费伯平　徐　彬　徐丕兵
　　　　　唐建华　阎　伟　董　魁　臧联防
　　　　　薛党辰　鞠　刚

# 序

新中国成立以来,技术工人队伍建设一直得到了党和政府的高度重视。20世纪五六十年代,我们借鉴苏联经验建立了技能人才的"八级工"制,培养了一大批身怀绝技的"大师"与"大工匠"。"八级工"不仅待遇高,而且深受社会尊重,成为那个时代的骄傲,吸引与带动了一批批青年技能人才锲而不舍地钻研技术、攀登高峰。

进入新时期,高技能人才发展上升为兴企强国的国家战略。从2003年全国第一次人才工作会议,明确提出高技能人才是国家人才队伍的重要组成部分,到2010年颁布实施《国家中长期人才发展规划纲要(2010—2020年)》,加快高技能人才队伍建设与发展成为举国的意志与战略之一。

习近平总书记强调,劳动者素质对一个国家、一个民族发展至关重要。技术工人队伍是支撑中国制造、中国创造的重要基础,对推动经济高质量发展具有重要作用。党的十八大以来,党中央、国务院健全技能人才培养、使用、评价、激励制度,大力发展技工教育,大规模开展职业技能培训,加快培养大批高素质劳动者和技术技能人才,使更多社会需要的技能人才、大国工匠不断涌现,推动形成了广大劳动者学习技能、报效国家的浓厚氛围。

2019年国务院办公厅印发了《职业技能提升行动方案(2019—2021年)》,目标任务是2019年至2021年,持续开展职业技能提升行动,提高培训针对性实效性,全面提升劳动者职业技能水平和就业创业能力。三年共开展各类补贴性职业技能培训5000万人次以上,其中2019年培训1500万人次以上;经过努力,到2021年底技能劳动者占就业人员总量的比例达到25%以上,高技能人才占技能劳动者的比例达到30%以上。

目前,我国技术工人(技能劳动者)已超过2亿人,其中高技能人才超过5000万人,在全面建成小康社会、新兴战略产业不断发展的今天,建设高技能人才队伍的任务十分重要。

机械工业出版社一直致力于技能人才培训用书的出版,先后出版了一系列具有行业影响力,深受企业、读者欢迎的教材。欣闻配合新的《国家职业技能标准》又编写了"国家职业技能等级认定培训教材"。这套教材由全国各地技能培训和考评专家编写,具有权威性和代表性;将理论与技能有机结合,并紧紧围绕《国家职业技能标准》的知识要求和技能要求编写,实用性、针对性强,既有必备的理论知识和技能知识,又有考核鉴定的理论和技能题库及答案;而且这套教材根据需要为部分教材配备了二维码,扫描书中的二维码便可观看相应资源;这套教材还配合天工讲堂开设了在线课程、在线题库,配套齐全,编排科学,便于培训和检测。

这套教材的出版非常及时,为培养技能型人才做了一件大好事,我相信这套教材一定会为我国培养更多更好的高素质技术技能型人才做出贡献!

中华全国总工会副主席<br>
高凤林

# 前 言

党的二十大报告中指出：坚持把发展经济的着力点放在实体经济上，推进新型工业化，加快建设制造强国、质量强国、航天强国、交通强国、网络强国、数字中国。实施产业基础再造工程和重大技术装备攻关工程，支持专精特新企业发展，推动制造业高端化、智能化、绿色化发展。

新时代促进经济社会发展，随着经济发展方式转变、产业结构调整、技术革新步伐和城镇化进程的加快，劳动者技能水平与岗位需求不匹配的矛盾越来越突出，解决这些问题，必须加大技能型人才的培养力度。当前，我国正在由制造业大国向制造业强国挺进，与产业转型升级相伴而来的，是对应用技术人才、技能人才的迫切需求。

本书依据最新版《国家职业技能标准 电工》（初级）对相关知识与操作技能的要求编写，编写方式上进行了大胆尝试和创新，力求尽可能以实物图解形式来表达相关知识和技术要领。本书为校企合作编写的新形态教材，为便于读者理解和掌握相关知识和技术要领，把相关技能点进行分解，选择重要的技能点编写考核方式和考核评价标准，实现过程化考核评价。由企业工程师选择生产一线的案例构建3D动画情境，由编者编写典型工作任务的安装规范和工艺标准对接呈现情境的任务脚本，用3D动画形式呈现"技能大师高招绝活"的典型工作任务。读者只要用手机扫描教材中的二维码，即可在手机上浏览对应的微视频动画。

读者在学习本书时，应注意以下两面的技巧。

1. 通过知识引导，树立学习信心

在学习和实践过程中，部分读者存在着对电畏惧的心理，因此除进行必要的安全知识学习外，应自己多动手操作，在实际操作中总结经验，克服困难。

2. 明确学习目标，提高学习和实践效果

学习和实践目标定位在操作工艺上。首先按书中的工艺步骤进行试安装或试接线，再逐步提高安装或接线的质量和工艺水平。不要急功近利，一定要先学好基础、练好基本功，通过大量的实践认知后，便能自如地处理相关问题。

本书共9个项目，主要包括：电工基本知识、安全用电技术、电工工具和电工仪表的使用、照明线路的安装和维修、动力及控制电路的安装和配线、基本电子电路的装调和维修、交流电动机及变压器的使用和维护、低压电器及控制电路的装调和维修、钳工基本操作工艺。本书的内容既有科普性、先进性，又有较高的实用性，既有利于培训讲解，也有利于读者自学，可用作企业培训部门、职业技能鉴定培训机构、再就业和农民工培训机构的教材，又可作为技校、中职和各种短训班的教学用书。

本书由山东劳动职业技术学院阎伟担任主编，山东劳动职业技术学院尹四倍、航天工程大学士官学校吕金飞担任副主编。本书项目1由航天工程大学士官学校吕金飞编写；项目2由山东劳动职业技术学院尹四倍编写；项目3由山东庆云县职业中等专业学校张红午编写；

项目4由孙国栋编写；项目5由阎伟编写；项目6由边惠惠编写；项目7由樊荣莹编写；项目8由吴波编写；项目9由济南市技师学院杜伟编写；选取典型工作任务和生产现场案例由济南奥图自动化股份有限公司苗金钟提供技术支持；"技能大师高招绝活"系列3D动画由深圳市同立方科技有限公司刘保亮提供技术支持。本书为中国电子劳动学会2022年度"产教融合、校企合作"教育改革发展课题《产教融合背景下校企双元合作开发活页式教材路径及策略研究》（课题编号Ciel2022213）阶段性成果。

编者在编写过程中参阅了大量的手册、图册、规范及技术资料等，并借用了部分图表，在此向原作者致以衷心的感谢。如有不敬之处，恳请见谅。由于教材知识覆盖面较广，涉及的标准、规范较多，加之时间仓促、编者水平有限，书中难免存在缺点和不足，敬请各位同行、专家和广大读者批评指正。

编　者

# 目录

序
前言

## 项目 1　电工基本知识 ························································· 1
### 1.1　电能的产生、输送和分配 ·············································· 1
#### 1.1.1　电能的产生 ······················································· 1
#### 1.1.2　电能的输送 ······················································· 6
#### 1.1.3　电能的分配 ······················································· 7
#### 1.1.4　电力负荷的分类 ·················································· 7
### 1.2　电工材料与选用 ·························································· 8
#### 1.2.1　导电材料 ··························································· 8
#### 1.2.2　绝缘材料 ·························································· 12
#### 1.2.3　电热材料 ·························································· 14
#### 1.2.4　电阻合金 ·························································· 14
### 1.3　电气识图 ··································································· 15
#### 1.3.1　电气图连接线的表示方法 ······································ 15
#### 1.3.2　电气图识读要求和步骤 ········································· 16
#### 1.3.3　常用照明电气图的识读 ········································· 18
### 复习思考题 ······································································· 20

## 项目 2　安全用电技术 ························································· 22
### 2.1　安全标志 ··································································· 22
#### 2.1.1　安全色及其含义 ·················································· 22
#### 2.1.2　导体色标 ·························································· 22
#### 2.1.3　安全标志的构成及分类 ········································· 23
### 2.2　触电与触电急救 ·························································· 27
#### 2.2.1　触电 ································································ 27
#### 2.2.2　安全电流和安全电压 ············································ 28
#### 2.2.3　触电急救 ·························································· 30
### 2.3　保护接地 ··································································· 33
#### 2.3.1　保护接地的原理 ·················································· 33
#### 2.3.2　保护接地的安装要求 ············································ 35
#### 2.3.3　接地装置 ·························································· 36
### 2.4　保护接零 ··································································· 37

2.4.1　保护接零的原理 ······················································· 37
　2.4.2　保护接零的实施 ······················································· 39
2.5　电气设备防爆和防火 ····················································· 39
　2.5.1　选用防爆电气设备的一般要求 ······································ 40
　2.5.2　电气设备防爆的类型及标志 ········································· 40
　2.5.3　电气消防知识 ·························································· 41
2.6　基本技能训练 ······························································· 42
　技能训练1　电工作业安全标志的辨识 ···································· 42
　技能训练2　模拟人触电急救 ················································ 43
复习思考题 ········································································ 43

## 项目3　电工工具和电工仪表的使用······································· 45

3.1　常用电工工具的使用 ······················································ 45
　3.1.1　验电器 ··································································· 45
　3.1.2　螺钉旋具与活扳手 ···················································· 48
　3.1.3　钢丝钳 ··································································· 50
　3.1.4　尖嘴钳 ··································································· 51
　3.1.5　断线钳 ··································································· 51
　3.1.6　剥线钳 ··································································· 51
　3.1.7　电工刀 ··································································· 52
3.2　导线连接技术 ······························································· 52
　3.2.1　导线的剖削 ····························································· 53
　3.2.2　导线的连接 ····························································· 54
　3.2.3　导线绝缘的恢复 ······················································· 60
3.3　常用电工仪表的使用 ······················································ 62
　3.3.1　指针式万用表 ·························································· 62
　3.3.2　数字式万用表 ·························································· 65
　3.3.3　绝缘电阻表 ····························································· 67
　3.3.4　钳形电流表 ····························································· 69
　3.3.5　接地电阻表 ····························································· 70
3.4　常用电动工具的使用和维护 ············································· 71
　3.4.1　电动工具的分类 ······················································· 71
　3.4.2　冲击钻 ··································································· 71
　3.4.3　电锤 ······································································ 72
　3.4.4　手持电动工具安全操作规程 ········································ 73
3.5　基本技能训练 ······························································· 74
　技能训练1　单股铜芯导线的连接 ·········································· 74
　技能训练2　七股导线的连接和绝缘恢复 ································· 75
　技能训练3　指针式万用表的测量和读数 ································· 75

技能训练4　绝缘电阻表的测量和读数 …………………………………………… 76
　复习思考题 ……………………………………………………………………………… 76

# 项目4　照明线路的安装和维修 ……………………………………………………… 78
　4.1　电光源照明线路的安装和维修 …………………………………………………… 78
　　4.1.1　白炽灯线路的安装和维修 …………………………………………………… 78
　　4.1.2　荧光灯线路的安装和维修 …………………………………………………… 81
　　4.1.3　碘钨灯线路的安装 …………………………………………………………… 86
　　4.1.4　高压汞灯和高压钠灯线路的安装 …………………………………………… 87
　　4.1.5　LED灯 ………………………………………………………………………… 90
　　4.1.6　金属卤化物灯 ………………………………………………………………… 91
　4.2　其他电气照明线路的安装 ………………………………………………………… 93
　　4.2.1　事故照明的应用 ……………………………………………………………… 93
　　4.2.2　插座的安装和接线 …………………………………………………………… 93
　　4.2.3　工矿灯具的安装 ……………………………………………………………… 95
　　4.2.4　安装照明灯具的工艺和规范 ………………………………………………… 95
　4.3　低压量电、配电装置的安装 ……………………………………………………… 97
　　4.3.1　新型电能表的应用 …………………………………………………………… 97
　　4.3.2　单相电能表的安装和接线 …………………………………………………… 98
　　4.3.3　三相电能表的安装和接线 …………………………………………………… 99
　　4.3.4　低压量电装置的安装 ………………………………………………………… 101
　　4.3.5　低压配电装置的安装 ………………………………………………………… 102
　4.4　低压配电箱（盘）的安装工艺 …………………………………………………… 104
　　4.4.1　低压配电箱安装前的检查项目 ……………………………………………… 104
　　4.4.2　低压配电箱的安装要求 ……………………………………………………… 105
　　4.4.3　低压配电箱（盘）的固定和试验 …………………………………………… 106
　4.5　基本技能训练 ……………………………………………………………………… 107
　　技能训练1　单控开关控制白炽灯线路的安装 …………………………………… 107
　　技能训练2　双控开关控制LED灯线路的安装与调试 …………………………… 108
　　技能训练3　低压配电装置的安装 ………………………………………………… 109
　　技能训练4　低压量电装置的安装 ………………………………………………… 109
　4.6　技能大师高招绝活 ………………………………………………………………… 111
　复习思考题 ……………………………………………………………………………… 111

# 项目5　动力及控制电路的安装和配线 …………………………………………… 112
　5.1　线管配线 …………………………………………………………………………… 112
　　5.1.1　线管配线的方法 ……………………………………………………………… 112
　　5.1.2　PVC电线管配线的工艺要求 ………………………………………………… 116
　　5.1.3　钢管的安装要求 ……………………………………………………………… 117
　5.2　线槽配线 …………………………………………………………………………… 118

5.3　桥架配线 ……………………………………………………………………………… 120
　　5.3.1　桥架配线的方法 …………………………………………………………… 121
　　5.3.2　桥架配线的施工规范 ……………………………………………………… 122
5.4　拖链带敷设 …………………………………………………………………………… 126
　　5.4.1　拖链带的分类 ……………………………………………………………… 126
　　5.4.2　拖链电缆的敷设要求 ……………………………………………………… 127
5.5　基本技能训练 ………………………………………………………………………… 127
　　技能训练1　照明线路线槽配线的安装 ………………………………………… 127
　　技能训练2　照明线路线管配线的安装 ………………………………………… 129
5.6　技能大师高招绝活 …………………………………………………………………… 130
复习思考题 ………………………………………………………………………………… 130

## 项目6　基本电子电路的装调和维修 …………………………………………………… 131

6.1　阻容元件的识别和测量 ……………………………………………………………… 131
　　6.1.1　电阻器 ……………………………………………………………………… 131
　　6.1.2　电容器 ……………………………………………………………………… 133
6.2　晶体二极管的识别和测量 …………………………………………………………… 135
　　6.2.1　半导体基础知识 …………………………………………………………… 135
　　6.2.2　PN结的形成及单向导电特性 …………………………………………… 136
　　6.2.3　晶体二极管 ………………………………………………………………… 137
　　6.2.4　特殊二极管 ………………………………………………………………… 139
　　6.2.5　二极管的应用 ……………………………………………………………… 142
6.3　晶体管的识别和测量 ………………………………………………………………… 143
　　6.3.1　晶体管的结构 ……………………………………………………………… 143
　　6.3.2　晶体管的放大作用 ………………………………………………………… 144
　　6.3.3　晶体管的主要参数 ………………………………………………………… 146
　　6.3.4　晶体管管脚的识别和简易测试 …………………………………………… 147
6.4　电烙铁和钎料的选用 ………………………………………………………………… 149
　　6.4.1　电烙铁及选用 ……………………………………………………………… 149
　　6.4.2　钎料和焊剂 ………………………………………………………………… 152
　　6.4.3　镊子的使用 ………………………………………………………………… 153
6.5　直流稳压电路 ………………………………………………………………………… 153
　　6.5.1　整流电路 …………………………………………………………………… 154
　　6.5.2　滤波电路 …………………………………………………………………… 156
　　6.5.3　直流稳压电路 ……………………………………………………………… 159
6.6　基本放大电路 ………………………………………………………………………… 161
　　6.6.1　基本放大电路的组成和原理 ……………………………………………… 161
　　6.6.2　放大电路的主要性能指标 ………………………………………………… 163
6.7　电子电路的组装和调试 ……………………………………………………………… 163

## 目 录

  6.7.1 电子电路的组装 …………………………………………………………… 163
  6.7.2 识读电路图 ……………………………………………………………… 165
  6.7.3 布线的一般原则 ………………………………………………………… 165
  6.7.4 单面印制电路板的安装 ………………………………………………… 166
  6.7.5 电路调试和故障排除 …………………………………………………… 168
 6.8 基本技能训练 ……………………………………………………………………… 169
  技能训练1 使用万用表测量晶体管的管型和管脚极性 ……………………… 169
  技能训练2 单相桥式整流电路的安装 ………………………………………… 170
  技能训练3 串联型稳压电源的安装与调试 …………………………………… 171
 复习思考题 …………………………………………………………………………… 172

### 项目7 交流电动机及变压器的使用和维护 …………………………………… 173
 7.1 三相交流异步电动机的使用和维护 ……………………………………………… 173
  7.1.1 三相异步电动机的结构和工作原理 …………………………………… 173
  7.1.2 三相交流异步电动机的类型和铭牌 …………………………………… 178
  7.1.3 三相交流异步电动机的一般试验 ……………………………………… 180
  7.1.4 三相交流异步电动机的拆装 …………………………………………… 182
  7.1.5 三相交流异步电动机定子绕组首尾端的判别 ………………………… 185
  7.1.6 三相交流异步电动机的维护 …………………………………………… 186
 7.2 单相异步电动机的使用和维护 …………………………………………………… 187
  7.2.1 单相异步电动机的结构和工作原理 …………………………………… 187
  7.2.2 单相异步电动机的类型和铭牌 ………………………………………… 188
  7.2.3 典型单相异步电动机的应用 …………………………………………… 190
  7.2.4 单相异步电动机的维护 ………………………………………………… 194
 7.3 小型变压器的应用和维修 ………………………………………………………… 195
  7.3.1 变压器的结构和工作原理 ……………………………………………… 195
  7.3.2 变压器绕组同名端的判断 ……………………………………………… 197
  7.3.3 小型控制变压器 ………………………………………………………… 198
 7.4 基本技能训练 ……………………………………………………………………… 199
  技能训练1 三相异步电动机的常项检测 ……………………………………… 199
  技能训练2 三相异步电动机定子绕组首尾端的判别 ……………………… 200
  技能训练3 小型变压器同名端的判断 ………………………………………… 201
 复习思考题 …………………………………………………………………………… 201

### 项目8 低压电器及控制电路的装调和维修 …………………………………… 203
 8.1 常用低压电器的使用 ……………………………………………………………… 203
  8.1.1 低压电器的分类 ………………………………………………………… 203
  8.1.2 常用低压开关 …………………………………………………………… 203
  8.1.3 熔断器 …………………………………………………………………… 207
  8.1.4 交流接触器 ……………………………………………………………… 208

8.1.5　继电器 ·············································································· 211
  8.1.6　主令电器 ·········································································· 216
 8.2　三相异步电动机的起动控制 ······················································· 218
  8.2.1　三相异步电动机单向运转控制电路 ·································· 219
  8.2.2　三相异步电动机正反转控制电路 ······································ 221
  8.2.3　三相异步电动机多地控制电路 ·········································· 222
 8.3　电气控制电路故障的检修方法和技巧 ······································· 223
  8.3.1　电气控制电路故障的检修方法 ·········································· 223
  8.3.2　电气控制电路故障的检修技巧 ·········································· 225
 8.4　三相异步电动机的减压起动控制 ·············································· 225
  8.4.1　手动式Y-△起动器 ···························································· 226
  8.4.2　手动控制Y-△减压起动控制电路 ···································· 226
  8.4.3　时间继电器控制Y-△减压起动控制电路 ························ 227
 8.5　三相异步电动机的制动控制 ······················································ 229
  8.5.1　电磁制动器制动控制电路 ·················································· 230
  8.5.2　电磁离合器制动 ································································ 231
 8.6　三相笼型异步电动机的调速控制 ·············································· 232
  8.6.1　双速异步电动机定子绕组的连接 ······································ 232
  8.6.2　双速异步电动机的控制电路 ············································· 232
  8.6.3　三速异步电动机的控制电路 ············································· 233
 8.7　基本技能训练 ··············································································· 235
  技能训练1　交流接触器的拆装与通电试验 ·································· 235
  技能训练2　电动机点动与连续控制电路的安装与调试 ············· 236
  技能训练3　接触器联锁正反转控制电路的安装与调试 ············· 238
 复习思考题 ·························································································· 240

# 项目9　钳工基本操作工艺 ·································································· 241
 9.1　常用工具和量具 ··········································································· 241
 9.2　划线与冲眼 ·················································································· 244
  9.2.1　划线 ···················································································· 244
  9.2.2　冲眼 ···················································································· 246
 9.3　锯削 ······························································································· 247
  9.3.1　锯削工具的安装与选用 ······················································ 247
  9.3.2　锯削姿势 ············································································ 248
  9.3.3　锯削操作方法 ····································································· 249
 9.4　锉削 ······························································································· 251
  9.4.1　锉刀 ···················································································· 251
  9.4.2　锉削操作知识 ····································································· 251
 9.5　钻孔 ······························································································· 253

9.5.1 钻孔设备和工具 …………………………………………………………… 253
9.5.2 钻孔操作方法 …………………………………………………………… 254
9.5.3 钻孔安全知识 …………………………………………………………… 255
9.6 攻螺纹和套螺纹 ……………………………………………………………… 255
9.6.1 攻螺纹 …………………………………………………………………… 255
9.6.2 套螺纹 …………………………………………………………………… 257
复习思考题 …………………………………………………………………………… 258
模拟试卷样例 ………………………………………………………………………… 259
模拟试卷样例答案 …………………………………………………………………… 264
参考文献 ……………………………………………………………………………… 265

# 项目 1

# 电工基本知识

 **培训学习目标：**
　　了解电能的产生、输送和分配的环节；熟悉常用电工材料的种类和选用方法；掌握一般电气图的识读方法。

## 1.1　电能的产生、输送和分配

在科学技术高速发展的今天，电能的应用几乎渗透人们生活和生产的所有领域，成为最基本的能源，也是国民经济及广大人民群众日常生活不可缺少的能源。

从发电厂到电力用户，各类电机和变压器成为电能产生、输送、分配等环节能量转换的必要设备。简单的电力系统如图 1-1 所示。

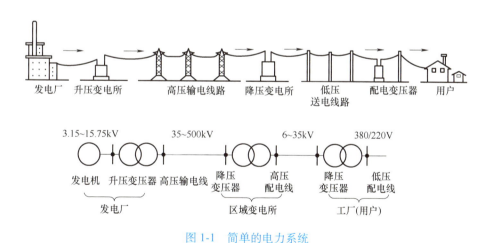

图 1-1　简单的电力系统

### 1.1.1　电能的产生

电能是由煤炭、石油、水力、核能、太阳能和风能等一次能源通过各种转换装置而获得的二次能源。目前，世界各国电能的生产主要以火力发电、水力发电、核能发电（原子能发电）三种方式为主。

1. 火力发电

火力发电的基本生产过程是：利用煤粉、石油、天然气等燃料在锅炉内燃烧，将其热量释放出来，传递给锅炉中的水，从而产生高温、高压蒸汽，蒸汽通过汽轮机又将热能转化为旋转动力，以驱动发电机输出电能。

现代化的火电厂是一个庞大而又复杂的生产电能与热能的工厂。火力发电厂的生产工序如图1-2a所示。火力发电厂通常由以下5个系统组成：

（1）燃料系统　完成燃料输送、储存、制备的系统。燃煤电厂具有卸煤设施、煤场、上煤设施、煤仓、给煤机和磨煤机等设备；燃油电厂备有油罐、加热器、油泵和输油管道等设备。

（2）燃烧系统　完成燃料燃烧过程，是燃料化学能转化为蒸汽热能的系统。它主要由燃烧器、炉膛、送风机、引风机、除尘器和除灰设备等组成。

（3）汽水系统　完成蒸汽热能转化为机械能的系统，主要有锅炉的汽水部分、汽轮机及其辅助设备，如凝汽器、除氧器、回水加热器、给水泵、循环水泵和冷却设备等。

（4）电气系统　完成机械能转化为电能的系统，主要有发电机、主变压器、断路器、隔离开关和母线等。

（5）控制系统　完成生产过程中的参数测量及自动化监控操作的系统。

以上系统的所有设备中，最主要的设备是锅炉、汽轮机和发电机，它们安装在发电厂的主厂房内。主变压器和配电设备一般安装在独立的建筑物内和户外；其他辅助设备如给水系统、供水设备、水处理设备、除尘设备、燃料储运设备等，有的安装在主厂房内，有的则安装在辅助建筑中或在露天场地。火力发电厂远景如图1-2b所示。

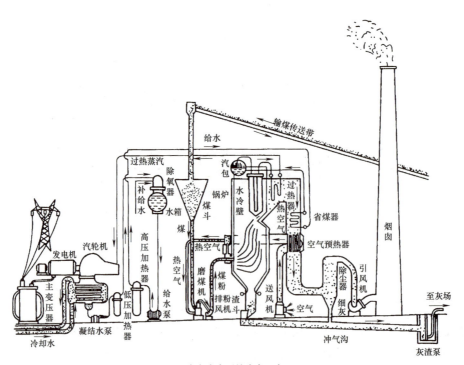

a) 火力发电厂的生产工序

图1-2　火力发电示意图

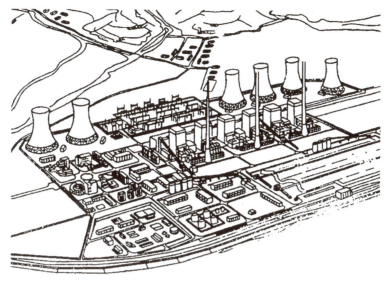

b) 火力发电厂远景

图 1-2 火力发电示意图（续）

火力发电的优点是建厂速度快，投资成本相对较低；缺点是消耗大量的燃料，发电成本较高，对环境污染较为严重。随着计算机应用的日益扩大，特别是微机及微处理器的快速发展，现代火电厂的自动化已实现以小型机、微机和微处理器为基础的分层综合控制方式。

目前我国及世界上绝大多数国家仍以火力发电为主。

2. 水力发电

水力发电是通过水库或筑坝截流的方式来提高水位，利用水流的落差及流量去推动水轮机旋转并带动同步发电机发电，即利用水流的势能来发电。常见的堤坝式水力发电厂的生产工序如图 1-3a 所示。

水力发电的优点是发电成本低，不存在环境污染问题，并可以实现水利的综合利用；缺点是一次性投资大，建站时间长，而且受自然条件的影响较大。我国水力资源丰富，开发潜力很大，特别是长江三峡水利工程（见图 1-3b）的建设成功，使我国水力发电量得到大幅度提高。

3. 核能发电

核能发电也称为原子能发电，它是利用核燃料在反应堆中的裂变反应所产生的巨大能量来加热水，使之成为高温、高压蒸汽，再用蒸汽推动汽轮机旋转并带动同步发电机发电。如图 1-4 为压水型核电站发电示意图。

核能发电的优点是消耗的燃料少，发电成本较低；缺点是建站难度大、投资高、周期长。全世界目前核能发电量约占总发电量的 20%，发展核能将成为必然趋势。

4. 新能源发电

此外，还可利用太阳能、风能、地热等能源发电，它们都是清洁能源，不污染环境，有很好的开发前景。图 1-5a 所示为太阳能发电的做功流程，图中通过太阳电池板吸收光能转化为电能，再由并网逆变器把电能送入电网。光伏并网发电是光伏电源的发展方向，它代表了

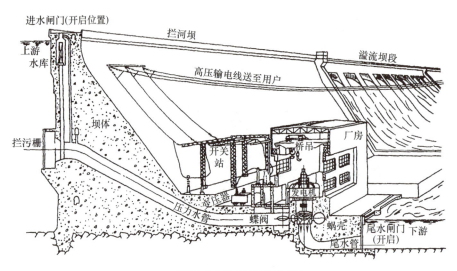

图 1-3 水力发电示意图

21 世纪最具吸引力的能源利用技术。

(1) 太阳能发电　利用太阳能发电有两大类型，一类是太阳光发电（又称为太阳能光发电），另一类是太阳热发电（又称为太阳能热发电）。太阳光发电是指无须通过热过程直接将光能转变为电能的发电方式。它包括光伏发电、光化学发电、光感应发电和光生物发电。光伏发电是利用太阳能级半导体电子器件有效地吸收太阳光辐射能，并使之转变成电能的直接发电方式，是当今太阳光发电的主流。在光化学发电中有电化学光伏电池、光电解电池和光催化电池。太阳能发电系统由太阳电池组、充电控制器、蓄电池（组）组成，如输出电源为交流 220V 或 110V，还需要配置逆变器。4 个组成系统的作用如下：

1) 太阳电池板。太阳电池板是太阳能发电系统中的核心部分，也是太阳能发电系统中价值最高的部分。其作用是将太阳的辐射能转换为电能，或送往蓄电池中存储起来，或推动负载工作。

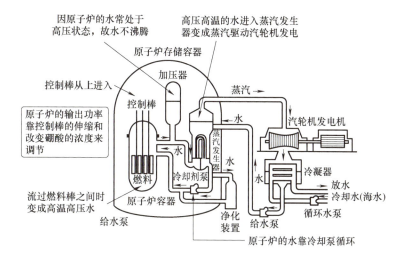

图 1-4 压水型核电站发电示意图

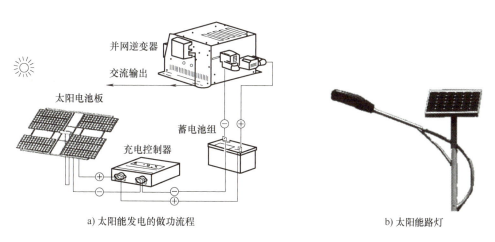

a) 太阳能发电的做功流程　　　　b) 太阳能路灯

图 1-5 太阳能发电示意图

2) 充电控制器。充电控制器的作用是控制整个系统的工作状态,并对蓄电池起到过充电保护、过放电保护的作用。在温差较大的地方,合格的控制器还应具备温度补偿的功能。目前广泛应用的是光伏电池。

3) 蓄电池组。一般使用铅酸电池,在小型、微型系统中也有使用镍氢电池、镍镉电池或锂电池的。其作用是在有光照时将太阳电池板所发出的电能储存起来,到需要的时候再释放出来。

4) 并网逆变器。太阳能的直接输出一般都是直流 12V、24V 或 48V。为确保能向交流 220V 的用电器提供电能,需要将太阳能发电系统所发出的直流电能转换成交流电能,因此需要使用 DC-AC 逆变器。

(2) 风力发电　风力发电是一种将风能转化为机械能,由机械能再转化为电能的技术。我国风能资源丰富,居世界首位,具有大规模发展的潜力。图 1-6 为风力发电示意图。

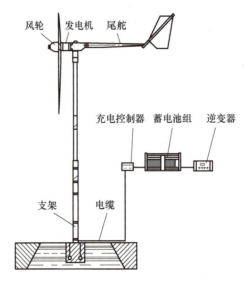

a) 风力发电做功流程

b) 风力发电场景

图 1-6 风力发电示意图

截至 2020 年底，全国全口径发电装机容量为 22.0 亿 kW，其中煤电装机容量占比 49.1%，非化石能源总装机容量占比 44.8%。2020 年全国全口径发电量为 7.62 万亿 kW·h，其中煤电发电量占比 60.8%，非化石能源发电量占比为 33.9%。2020 年全国全社会用电量累计 7.51 万亿 kW·h，其中第一产业用电量 859 亿 kW·h，第二产业用电量 5.12 万亿 kW·h，第三产业用电量 1.21 万亿 kW·h，城乡居民生活用电量为 1.09 万亿 kW·h。

## 1.1.2 电能的输送

发电站一般都建设在远离城市的能源产地或水陆运输比较方便的地方，因此发电站发出的电能必须要用输电线进行远距离输送，以供给电能消费场所使用。为了增大供电的可靠性，提高供电质量和均衡供电与用电的需求，目前世界各国都将本国或一个大地区的各发电站并入一个强大的电网，构成一个集中管理、统一调度的大电力系统（电力网）。

目前,世界各国都采用高压输电,并不断地由高压(110~220kV)向超高压(330~750kV)和特高压(750kV以上)升级。我国目前高压输电的电压等级有110kV、220kV、330kV、500kV、750kV等多种。由于发电机本身结构及绝缘材料的限制,不可能直接产生这样高的电压,因此在输电时首先必须通过升压变压器将电压升高。

高压电能输送到用电区域后,为了保证用电安全并满足用电设备的电压等级要求,还必须通过各级降压变电站将电压降至合适的数值。例如,工厂输电线路,高压为35kV或10kV,低压为380V和220V。

### 1.1.3 电能的分配

当高压电送到工厂以后,由工厂的变、配电站进行变电和配电。变电是指变换电压的等级;配电是指电力的分配。大、中型工厂都有自己的变、配电站。

在配电过程中,通常把动力用电和照明用电分别配电,即把各动力配电线路和照明配电线路分开,这样可以缩小局部故障带来的影响。

### 1.1.4 电力负荷的分类

根据对供电可靠性的要求及中断供电在政治、经济上所造成的损失或影响的程度,电力负荷可分为以下3个等级。

**1. 一级负荷**

1)中断供电将造成人身伤亡的负荷。

2)中断供电将造成重大政治、经济损失的负荷,例如重大设备损坏、重大产品报废、用重要原料生产的产品大量报废、有害物质溢出严重污染环境、国民经济中重点企业的连续生产过程被打乱需要长时间才能恢复等。

3)中断供电将影响有重大政治、经济意义的用电单位正常工作的负荷,例如重要交通枢纽、重要通信枢纽、重要宾馆、大型体育场、经常用于国际活动的大量人员集中的公共场所等用电单位中的重要电力负荷。

在一级负荷中,当中断供电将发生中毒、爆炸和火灾等情况的负荷,以及特别重要场所不允许中断供电的负荷,应视为特别重要的负荷,例如在工业生产中正常电源中断时处理安全生产所必须的应急照明、通信系统、保证安全停产的自动控制装置等;民用建筑中大型金融中心的关键电子计算机系统和防盗报警系统、大型国际比赛场(馆)的记分系统及监控系统等。

**2. 二级负荷**

1)中断供电将在政治、经济上造成较大损失的负荷,例如主要设备损坏、大量产品报废、连续生产过程被打乱需较长时间才能恢复、重点企业大量减产等。

2)中断供电将影响重要用电单位正常工作的负荷,如交通枢纽、通信枢纽等用电单位中的重要电力负荷,以及中断供电将造成大型影剧院、大型商场等较多人员集中的重要公共场所秩序混乱的负荷。

**3. 三级负荷**

不属于一级和二级的电力负荷。由于各行业的一级负荷、二级负荷很多,规范只能对负荷分级做原则性规定,具体划分需要在行业标准中规定。

## 1.2 电工材料与选用

常用的电工材料分为四类：导电材料、绝缘材料、电热材料和磁性材料。

### 1.2.1 导电材料

1. 导电材料的特点

导电材料大部分为金属，属于导电材料的金属应具备导电性能好、不易氧化和腐蚀、容易加工和焊接、有一定的机械强度、资源丰富、价格低廉等特点，所以并不是所有的金属都可以用作导电材料。

铜和铝基本符合上述特点，因此它们是最常用的导电材料。比如架空线要具有较高的机械强度，常选用铝镁硅合金；熔丝要具有易熔断的特点，故选用铅锡合金；电光源灯丝的要求是熔点高，需选用钨丝作为导电材料等。

2. 常用导线

常用导线按结构特点可分为绝缘电线、裸导线和电力电缆。由于使用条件和技术特性不同，导线结构差别较大，有些导线只有导电线芯；有些导线由导电线芯和绝缘层组成；有的导线在绝缘层外面还有保护层。

（1）绝缘电线 绝缘电线是用铜或铝作为导电线芯，外层敷以绝缘材料的电线。常用导线的外层材料有聚氯乙烯塑料和橡胶等。目前常用电线的名称、型号、特性及其用途见表 1-1。

表 1-1 常用电线的名称、型号、特性及其用途

| 产品名称 | 型号 | | 长期最高工作温度/℃ | 用途 |
| --- | --- | --- | --- | --- |
| | 铜芯 | 铝芯 | | |
| 橡胶绝缘电线 | BX | BLX | 65 | 用于交流 500V 及以下或直流 1000V 及以下环境，固定敷设于室内（明敷、暗敷或穿管），可用于室外，也可作设备内部安装用线 |
| 氯丁橡胶绝缘电线 | BXF | BLXF | | 同 BX 型。耐候性好，适用于室外 |
| 橡胶绝缘软线 | BXR | | | 同 BX 型。仅用于安装时要求柔软的场合 |
| 聚氯乙烯绝缘软电线 | BVR | | | 适用于各种交流、直流电气装置，电工仪表、仪器，电信设备，动力及照明线路固定敷设 |
| 聚氯乙烯绝缘硬线 | BV | BLV | | 同 BVR 型。耐湿性和耐候性较好 |
| 聚氯乙烯绝缘护套圆型电线 | BVV | BLVV | | 同 BVR 型。用于对潮湿的机械防护要求较高的场合，可明敷、暗敷或直接埋于土壤中 |
| 聚氯乙烯绝缘护套圆型软线 | RVV | | | 同 BV 型。用于潮湿和机械防护要求较高以及经常移动、弯曲的场合 |
| 聚氯乙烯绝缘软线 | RV、RVB、RVS | | | 用于各种移动电器、仪表、电信设备及自动化装置接线用（B 为两芯平型；S 为两芯绞型） |

常用电线的结构形式如图 1-7 所示。

1）B 系列塑料、橡胶电线。该系列电线的结构简单，质量轻，价格低廉，电气和机械性能有较大的裕度，广泛应用于各种动力、配电和照明线路，并用于中小型电气设备做安装线。

项目 1 电工基本知识

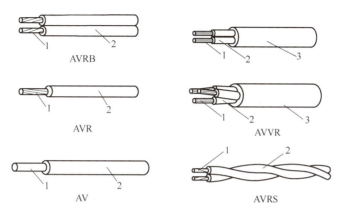

图 1-7 常用电线的结构形式
1—铜导体 2—PVC 绝缘 3—PVC 护套

其交流工作耐压为 500V，直流工作耐压为 1000V。常用的 B 系列聚氯乙烯绝缘硬线的结构形式如图 1-8a 所示。

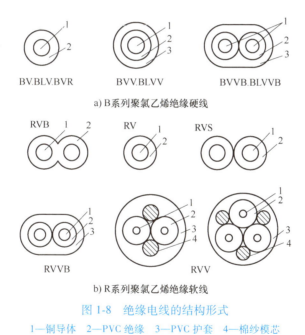

a) B系列聚氯乙烯绝缘硬线

b) R系列聚氯乙烯绝缘软线

图 1-8 绝缘电线的结构形式
1—铜导体 2—PVC 绝缘 3—PVC 护套 4—棉纱模芯

2）R 系列橡胶、塑料软线。该系列软线的线芯是用多根细铜线绞合而成的，它除了具备 B 系列电线的特点外，还比较柔软，广泛用于家用电器、仪表及照明线路。常用 R 系列聚氯乙烯绝缘软线的结构形式如图 1-8b 所示。

3）Y 系列通用橡套电缆。该系列电缆适用于一般场合，作为各种电动工具、电气设备、仪器和家用电器的移动电源线，所以又称为移动电缆。

4）电线电缆的允许载流量。它是电线电缆的一个重要参数，是指在不超过最高工作温度的条件下，允许长期通过的最大电流值，所以又称为允许载流量。常用电线在空气中敷设时的载流量（环境温度为+25℃）见表 1-2。

表 1-2 BV、BLV 聚氯乙烯电线长期允许载流量 （单位：A）

| 导线截面积 /mm² | 固定敷设 芯线股数/单股直径（mm） | 明线安装 | | 钢管敷设 | | | | 塑料管敷设 | | | |
|---|---|---|---|---|---|---|---|---|---|---|---|
| | | | | 一管二根线 | | 一管三根线 | | 一管二根线 | | 一管三根线 | |
| | | 铜 | 铝 | 铜 | 铝 | 铜 | 铝 | 铜 | 铝 | 铜 | 铝 |
| 1.0 | 1/1.13 | 17 | | 12 | | 11 | | 10 | | 10 | |
| 1.5 | 1/1.37 | 21 | 16 | 17 | 13 | 15 | 11 | 14 | 11 | 13 | 10 |
| 2.5 | 1/1.76 | 28 | 22 | 23 | 17 | 21 | 16 | 21 | 16 | 18 | 14 |
| 4 | 1/2.24 | 35 | 28 | 30 | 23 | 27 | 21 | 27 | 21 | 24 | 19 |
| 6 | 1/2.73 | 48 | 37 | 41 | 30 | 36 | 28 | 36 | 27 | 31 | 23 |
| 10 | 7/1.33 | 65 | 51 | 56 | 42 | 49 | 38 | 49 | 36 | 42 | 33 |
| 16 | 7/1.70 | 91 | 69 | 71 | 55 | 64 | 49 | 62 | 48 | 56 | 42 |
| 25 | 7/2.12 | 120 | 91 | 93 | 70 | 82 | 61 | 82 | 63 | 74 | 56 |
| 35 | 7/2.50 | 147 | 113 | 115 | 87 | 100 | 78 | 104 | 78 | 91 | 69 |
| 50 | 19/1.83 | 187 | 143 | 143 | 108 | 127 | 96 | 130 | 99 | 114 | 88 |
| 70 | 19/2.14 | 230 | 178 | 177 | 135 | 159 | 124 | 160 | 126 | 145 | 113 |

（2）裸导线 裸导线是只有导体（如铝、铜、钢等）而不带绝缘和护层的导电线材。常见的裸导线有绞线、软接线和型线等。按外观形态可分为单线、绞线和型线（包括型材）三类。

1）单线。单线有圆单线和扁线两种，主要用作各种电线电缆的导电体。常见圆单线的外形如图 1-9 所示。

2）绞线。绞线的结构可分为四种：

① 简单绞线：由材质相同线径相等的圆单线同心绞制而成，主要用于强度要求不高的架空导线。

② 组合绞线：由导电线材和增强线材组合同心绞制而成，主要用于强度要求较高的架空导线。

③ 复绞线：由材质相同线径相等的束（绞）股线同心绞制而成，可用作仪表或电气设备的软接线。

图 1-9 常见圆单线的外形

④ 特种导线：由导电线材各不同外形或尺寸的增强线材通过特种组合方式绞制而成，用于有特种使用要求的架空电力线路，如扩径导线在高压线路上可减少电晕损失和无线电干扰；自阻尼导线可使导线减振；倍容量导线可增大线路的传输容量。

在工厂供电系统中，最常用的是铝绞线、铜绞线、钢绞线和钢芯铝绞线等，常见铝绞线的外形如图 1-10 所示。

图 1-10 常见铝绞线的外形

（3）电力电缆　电缆是一种特殊的导线，它是将一根或数根绝缘导线组合成线芯，裹上相应的绝缘层（橡皮、纸或塑料），外面再包上密闭的护套层（常为铝、铅或塑料等）。所以，电缆一般由导电线芯、绝缘层和保护层三个主要部分组成。

1) 导电线芯。导电线芯用来输送电流，必须具有高的导电性、一定的抗拉强度和伸长率、耐蚀性好以及便于加工制造等。电缆的导电线芯一般由软铜或铝的多股绞线做成。

2) 绝缘层。绝缘层的作用是将导电线芯与相邻导体以及保护层隔离，抵抗电压、电流、电场对外界的作用，保证电流沿线芯方向传输。

电缆的绝缘层材料，有均匀质（橡胶、沥青、聚乙烯等）和纤维质（棉、麻、纸等）两类。三芯统包型电缆的结构如图1-11所示。

3) 保护层。保护层简称护层，主要作用是保护电缆在敷设和运行过程中，免遭机械损伤和各种环境因素（如日光、水、火灾、生物等）的破坏，以保持长期稳定的电气性能。保护层分为外保护层和内保护层。

① 外保护层。外保护层是用来保护内保护层的，防止铅包、铝包等不受外界的机械损伤和腐蚀，在电缆的内保护层外面包上浸过沥青混合物的黄麻、钢带或钢丝等。而没有外保护层的电缆，如裸铅包电缆，则用于无机械损伤的场合。

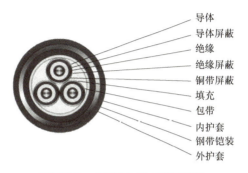

图1-11　三芯统包型电缆的结构

② 内保护层。内保护层直接包在绝缘层上，保护绝缘不与空气、水分或其他物质接触，所以要包得紧密无缝，并具有一定的机械强度，使其能承受在运输和敷设时的机械力。内保护层有铅包、铝包、橡套和聚氯乙烯等。

电缆分为电力电缆和电器装备用电缆（如软电缆和控制电缆），其常见外形如图1-12所示。在电力系统中，最常用的电缆有电力电缆和控制电缆两种。电力电缆是指输配电能用的电缆；控制电缆则是用在保护、操作回路中的。常用电缆的型号含义见表1-3。

图1-12　常见电缆的外形

表1-3　常用电缆的型号含义

| 类　　别 | 绝　　缘 | 导　　体 | 内　护　套 | 特　　征 |
| --- | --- | --- | --- | --- |
| 电力电缆（省略不表示） | Z 纸绝缘 | T 铜线（一般省略） | Q 铅包 | D 不滴流 |
| K 控制电缆 | X 天然橡胶 | L 铝线 | L 铝包 | F 分相金属护套 |
| P 信号电缆 | （X）D 丁基橡胶 |  | H 橡套 | P 屏蔽 |
| B 绝缘电线 | （X）E 乙丙橡胶 |  | （H）F 非燃性橡套 |  |
| R 绝缘软线 | V 聚氯乙烯 |  | V 聚氯乙烯护套 |  |
| Y 移动式软电缆 | Y 聚乙烯 |  | Y 聚乙烯护套 |  |
| H 室内电话电缆 | YJ 交联聚乙烯 |  |  |  |

## 1.2.2 绝缘材料

绝缘材料的主要作用是隔离带电的或具有不同电位的导体，使电流只能沿导体流动。绝缘材料在使用过程中，由于各种因素的长期作用，会发生化学变化和物理变化，使其电气性能及机械性能变差，这种变化称为老化。影响绝缘材料老化的因素很多，主要是热因素，使用时温度过高会加速绝缘材料的老化过程。因此，对各种绝缘材料都要规定它们在使用过程的极限温度，以延缓材料的老化过程，保证电气产品的使用寿命。

电工绝缘材料按极限温度划分为 7 个耐热等级，见表 1-4。若按其应用或工艺特征，则可划分为 6 大类，见表 1-5。

表 1-4  绝缘材料的耐热等级和极限温度

| 等级代号 | 耐热等级 | 极限温度/℃ | 等级代号 | 耐热等级 | 极限温度/℃ |
| --- | --- | --- | --- | --- | --- |
| 0 | Y | 90 | 4 | F | 155 |
| 1 | A | 105 | 5 | H | 180 |
| 2 | E | 120 | 6 | C | >180 |
| 3 | B | 130 | | | |

表 1-5  绝缘材料的分类

| 分类代号 | 材料类别 | 材料示例 |
| --- | --- | --- |
| 1 | 漆、树脂和胶类 | 如 1030 醇酸浸渍漆、1052 硅有机漆等 |
| 2 | 浸渍纤维制品类 | 如 2432 醇酸玻璃漆布等 |
| 3 | 层压制品类 | 如 3240 环氧酚醛层压玻璃布板、3640 环氧酚醛层压玻璃布管等 |
| 4 | 压塑料类 | 如 4013 酚醛木粉压塑料 |
| 5 | 云母制品类 | 如 5438-1 环氧玻璃粉云母带、5450 有机硅玻璃粉云母带 |
| 6 | 薄膜、薄膜复合制品类 | 如 6020 聚酯薄膜、聚酰亚胺等 |

**1. 绝缘漆**

（1）浸渍漆  浸渍漆主要用来浸渍电机、电器的线圈和绝缘零件，以填充其间隙和微孔，提高它们的电气及机械性能。常用的有 1030 醇酸浸渍漆和 1032 三聚氰胺醇酸浸渍漆，这两种都是烘干漆，都具有较好的耐油性及耐电弧性，漆膜平滑有光泽。

（2）覆盖漆  覆盖漆有清漆和磁漆两种，用来涂覆经浸渍处理后的线圈和绝缘零部件，在其表面形成连续而均匀的漆膜，作为绝缘保护层，以防止机械损伤和受大气、润滑油和化学药品的侵蚀。

常用的清漆是 1231 醇酸晾干漆。它干燥快、漆膜硬度高并有弹性，电气性能较好。

常用的磁漆有 1320 和 1321 醇酸灰漆。1320 是烘干漆，1321 是晾干漆。它们的漆膜坚硬、光滑、强度高。

（3）硅钢片漆  硅钢片漆是用来涂覆硅钢片表面的，以降低铁心的涡流损耗，增强防锈及耐蚀性能。常用的是 1611 油性硅钢片漆。它附着力强，漆膜薄、坚硬、光滑、厚度均匀，且耐油、防潮性好。

**2. 浸渍纤维制品**

（1）玻璃纤维布  玻璃纤维布主要用作电机和电器的衬垫和线圈的绝缘。常用的是 2432

醇酸玻璃漆布。它的电气性能及耐油性、防潮性都比较好，机械强度高，并具有一定的防振性能，可用于油浸变压器及热带型电工产品。

（2）漆管　漆管主要用作电机和电器的引出线和连接线的外包绝缘管。常用的是 2730 醇酸玻璃漆管。它具有良好的电气性能及机械性能，耐油、耐潮性比较好，但弹性较差。可用于电机、电器和仪表等设备引出线和连接线的绝缘。

（3）绑扎带　绑扎带主要用来绑扎变压器铁心和代替合金钢丝绑扎电机转子绕组端部。常用的是 B17 玻璃纤维无纬带。由于合金钢丝价格高，绑扎工艺复杂，钢丝箍内有感应电流会发热，钢丝及线圈之间还要绝缘，而无纬带则完全没有这样的缺点。因此，无纬带在电机工业中已得到广泛的应用。

3. 层压制品

常用的层压制品有三种：3240 层压玻璃布板、3640 层压玻璃布管和 3840 层压玻璃布棒。这三种层压制品适于制作电机的绝缘结构零件，都具有良好的机械性能和电气性能，耐油、耐潮，加工方便。

4. 压塑料

常用的压塑料有两种：4013 酚醛木粉压塑料和 4330 酚醛玻璃纤维压塑料。它们都具有良好的电气性能和防潮性能，尺寸稳定，机械强度高，适于制作电机、电器的绝缘零件。

5. 云母制品

（1）柔软云母板　柔软云母板在室温时较柔软，可以弯曲，主要用于电机的槽绝缘、匝间绝缘和相间绝缘。常用的有 5131 醇酸玻璃柔软云母板及 5131-1 醇酸玻璃柔软粉云母板。

（2）塑料云母板　塑料云母板在室温时较硬，加热变软后可压塑成各种形状的绝缘零件，主要用来制作直流电机换向器的 V 形环和其他绝缘零件。常用的有 5230 及 5235 醇酸塑料云母板，后者含胶量少，可用于温升较高及转速较高的电机。

（3）云母带　云母带在室温时较软，适用于电机、电器线圈及连接线的绝缘。常用的有 5434 醇酸玻璃云母带、5438 环氧玻璃粉云母带和 5430 硅有机玻璃粉云母带，后者厚度均匀、柔软，固化后电气及机械性能良好，但它需低温保存。

（4）换向器云母板　换向器云母板含胶量少，室温时很硬，厚度均匀，主要用来制作直流电机换向器的片间绝缘。常用的有 5535 虫胶换向器云母板及 5536 环氧换向器粉云母板，后者仅用于中小型电机。

（5）衬垫云母板　衬垫云母板适于制作电机、电器的绝缘衬垫，常用的有 5730 醇酸衬垫云母板及 5737 环氧衬垫粉云母板。

6. 薄膜和薄膜复合制品

（1）薄膜　电工用薄膜要求厚度薄、柔软，电气性能及机械强度高，常用的有 6020 聚酯薄膜，适用于电机的槽绝缘、匝间绝缘、相间绝缘，以及其他电器产品线圈的绝缘。

（2）薄膜复合制品　薄膜复合制品要求电气性能好，机械强度高，常用的有 6520 聚酯薄膜绝缘纸复合箔及 6530 聚酯玻璃漆箔，适用于电机的槽绝缘、匝间绝缘、相间绝缘，以及其他电工产品线圈的绝缘。

7. 其他绝缘材料

其他绝缘材料是指在电机、电器中作为结构、补强、衬垫以及起包扎和保护作用的辅助绝缘材料。这类绝缘材料品种多、规格杂，有的无统一的型号。这里将常用的一些品种作简单介绍。

1）电话纸主要用于电信电缆的绝缘，也可以在电机、电器中作为辅助绝缘材料。

2）绝缘纸板可在变压器油中使用。薄型的、不掺棉纤维的绝缘纸板通常称为青壳纸，其外形如图 1-13 所示，主要用作绝缘保护和补强材料。

图 1-13　青壳纸的外形

3）涤纶玻璃丝绳，简称涤纶绳。它强度高，耐热性好，主要用来代替垫片和蜡线绑扎电机定子绕组端部；用涤纶绳并经浸漆、烘干处理后，使绕组端部形成整体，大大提高了电机运行的可靠性，同时也简化了电机制造工艺。

4）聚酰胺（尼龙）1010 是白色半透明体，在常温时具有较高的机械强度，耐油、耐磨，电气性能较好，吸水性小，尺寸稳定，适于制作插座、绝缘套、线圈骨架、接线板等绝缘零件，也可以制作齿轮等机械传动零件。

5）黑胶布带用于低压电线电缆接头的绝缘包扎。其外形如图 1-14 所示。

## 1.2.3　电热材料

电热材料用来制作各种电阻加热设备中的发热元件，作为电阻连接到电路中，把电能转变为热能，使加热设备的温度升高。对电热材料的基本要求是电阻率高，加工性能好，在高温时具有足够的机械强度和良好的抗氧化能力。

图 1-14　黑胶布的外形

## 1.2.4　电阻合金

电阻合金是制造电阻元件的重要材料之一，广泛用于电机、电器、仪表及电子等工业。电阻合金除了必须具备电热材料的基本要求外，还要求电阻的温度系数低，阻值稳定。

电阻合金按其主要用途可分为调节元件用、电位器用、精密元件用及传感器用电阻合金 4 种类型。在此介绍前面两种。

**1. 调节元件用电阻合金**

主要用于制造调节电流（电压）的电阻器与控制元件的绕组，常用的有康铜、新康铜、镍铬铝等。它们都具有机械强度高、抗氧化性能好及工作温度高等特点。

**2. 电位器用电阻合金**

主要用于各种电位器及滑线电阻，一般采用康铜、镍铬合金和滑线锰铜。滑线锰铜具有抗氧化、焊接性能好、电阻温度系数低等特点。

对于精度要求不高的电阻器，也可以用铸铁的电阻元件，它的优点是价格便宜，加工方便；缺点是性脆易断，电阻率较低，电阻温度系数高，因此体积和质量较大。

## 1.3 电气识图

电气图是用来描述电气工程的图。识读电气图就是要把制图者所表达的内容看懂，并通过它来指导电气安装和施工，进行故障诊断或者检修和管理电气设备。

### 1.3.1 电气图连接线的表示方法

1. 连接线的一般表示法

在电气线路图中，各元件之间都采用导线连接，起到传输电能、传递信息的作用。读图者应首先了解它的表示方法。

（1）导线的一般表示法　单根导线可用一般的图线表示。多根导线可分别画出，也可只画一根图线，但必须加以标志。若导线少于四根，可用短画线数量代表根数；若导线多于四根，可在短画线旁加数字表示，如图 1-15a 所示。

要表示电路相序的变换、极性的反向、导线的交换等，可采用交换号表示，如图 1-15b 所示。

要表示导线的型号、截面、安装方法等，可采用短画指引线指引，加标导线属性和敷设方法，如图 1-15c 所示。该图表示导线的型号为 BLV（铝芯塑料绝缘线）；其中 3 根截面积为 25mm$^2$，1 根截面积为 16mm$^2$；敷设方法为穿入塑料管（VG），塑料管管径为 40mm，沿地板暗敷。

导线特征的表示方法是：横线上面标出电流种类、配电系统、频率和电压等；横线下面标出电路的导线数乘以每根导线的横截面积（mm$^2$），当导线的截面不同时，可用"+"将其分开，如图 1-15d 所示。

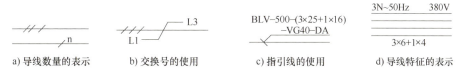

a) 导线数量的表示　　b) 交换号的使用　　c) 指引线的使用　　d) 导线特征的表示

图 1-15　导线表示方法

（2）导线连接点的表示　导线的连接点有"T"形连接点和多线的"+"形连接点。对于"T"形连接点可加实心圆点，也可不加实心圆点，如图 1-16a 所示。对于"+"形连接点，必须加实心圆点，如图 1-16b 所示。而对于交叉不连接的，不能加实心圆点，如图 1-16c 所示。

（3）连接线分组和标记

1）分组。为了方便看图，对多根平行连接线应按功能分组。若不能按功能分组，可任意分组，但每组不多于三条，各组间距应大于线间距。

2）标记。为了便于看出连接线的功能或去向，可在连线上方或连线中断处作信号名标记或其他标记，如图1-17所示。

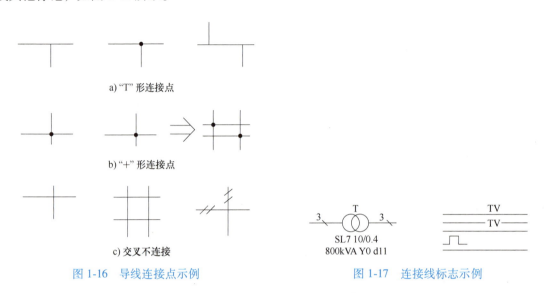

图1-16　导线连接点示例　　　　　　　图1-17　连接线标志示例

## 1.3.2　电气图识读要求和步骤

**1. 读图的基本要求**

（1）电器元件是电路不可缺少的组成部分　在机床等机械设备的控制电路中，常用各种接触器、继电器和控制开关等；在供电电路中常用断路器、隔离开关、负荷开关、熔断器、互感器等；在电力电子电路中，常用各种晶体管、晶闸管和集成电路等。读者应了解这些电器元件的性能、结构、原理、相互的控制关系及在整个电路中的地位和作用等。

（2）熟记并会用各个图形符号和文字符号　电气简图用图形符号和文字符号及项目代号、接线端子标记等是电气技术文件的"词汇"，相当于写文章用的单词、词汇。"词汇"掌握得越多，记得越牢，读图就越快捷、越方便。

图形符号和文字符号很多，个人先熟读背会专业共用的和专业专用的图形符号，然后逐步扩大，掌握更多的符号，就能读懂更多的不同专业的电气技术文件。

（3）掌握各类电气图的绘制特点　各类电气图都有各自的绘制方法和绘制特点，掌握了这些特点，并利用它就能提高读图效率，进而自己也能设计和制作图样。

大型的电气图样往往不只一张，也不只是一种图，因而读图时应将各种有关的图样联系起来，对照阅读。比如通过系统图、电路图找联系，通过接线图、布置图找位置，交错阅读收到事半功倍的效果。

（4）把电气图与土建图、管路图等对应起来读图　电气施工往往与主体工程（土建工程）及其他工程、工艺管道、蒸汽管道、给排水管道、采暖通风管道、通信线路、机械设备等安装工程配合进行。电气设备的布置与土建平面布置、立面布置有关，线路走向与建筑结构的梁、柱、门窗、楼板的位置有关，还与管道的规格、用途有关，安装方法又与墙体结构、楼板材料有关，特别是一些暗敷线路、电气设备基础及各种电气预埋件更与土建工程密切相关。所以，阅读某些电气图要与有关的土建图、管路图及安装图对应起来看。

(5) 了解涉及电气图的有关标准和规程　读图的主要目的是用来指导施工、安装，指导运行、维修和管理。有一些技术要求不可能都一一在图样上反映出来、标注清楚，因为这些技术要求在有关的国家标准或技术规程、技术规范中已作了明确的规定。在读电气图时，还必须了解这些相关标准、规程和规范，这样才能真正读懂电气图。

2. 读图的一般步骤

(1) 详看图样说明　拿到图样后，首先要仔细阅读图样的主标题栏和有关说明，如图样目录、技术说明、元件明细表、施工说明书等，结合自己已有的电工知识，对该电气图的类型、性质、作用有一个明确的认识，从整体上理解图样的概况和所要表述的重点。

(2) 阅读系统图和框图　系统图和框图是用符号或带注释的框概略表示系统或分系统的基本组成、相互关系及其主要特征的一种简图。由于系统图和框图只是概略表示系统的组成、关系及特征，因此紧接着就要详细阅读电路图，才能搞清它们的工作原理。

系统图或框图常用来表示整个工程或其中某一项目的供电方式和电能输送关系，也可表示某一装置或设备各主要组成部分的关系。例如，图 1-18 为某变电所供电系统图，表示该变电所把 10kV 电压通过变压器变换成 380V 电压，经断路器 QF 和母线后通过 FU1、FU2、FU3 分别供给三条支路。

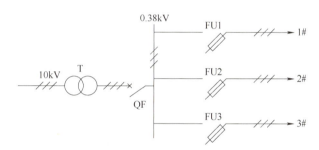

图 1-18　某变电所供电系统图

系统图和框图多采用单线图，只有某些 380V/220V 低压配电系统概略图才部分地采用多线图表示。

(3) 阅读电路图是读图的重点和难点　电路图是电气图的核心，是内容最丰富，也最难读懂的电气图样。阅读电气图时首先要看清图中有哪些图形符号和文字符号，了解电路图各组成部分的作用，分清主电路和辅助电路，交流回路和直流回路；其次，按照先看主电路，再看辅助电路的顺序进行读图。

阅读主电路时，通常要从下往上看，即先从用电设备开始，经控制元件往电源端看；看辅助电路时，则自上而下、从左至右看，即先看主电源，再依次看各条回路，分析各条回路元件的工作情况及其对主电路的控制关系，注意电气与机械机构的连接关系。

通过看主电路，要搞清电气负载是怎样和电源连接的，电源都经过哪些元件到达负载。通过看辅助电路，则应搞清辅助电路的回路构成，各元件之间的相互联系和控制关系及其动作情况等。同时还要了解辅助电路和主电路之间的相互关系，进而搞清楚整个电路的工作原理和来龙去脉。

(4) 电气图与接线图对照起来阅读　接线图和电气图互相对照读图，可以帮助搞清楚接线图。读接线图时，要根据端子标志、回路标号从电源端依次查下去，搞清楚线路走向和电路的连接方法，搞清楚每个回路是怎样通过各个元件构成的。

配电盘（屏）内外线路相互连接必须通过接线端子板。一般来说，配电盘内有线号，端子板上就会有线号的接点，外部电路的线号只要在端子板的同号接点上接出即可。因此，看接线图时，要把配电盘（屏）内外的线路走向搞清楚，就必须注意搞清楚端子板的接线情况。

例如：图1-19中标明了电源进线、按钮板、电动机、照明灯与机床电气安装板之间的连接关系，还标明了所用金属软管的直径、长度和导线根数、横截面积及颜色，同时也标明了它们与端子排之间对应的接线编号。

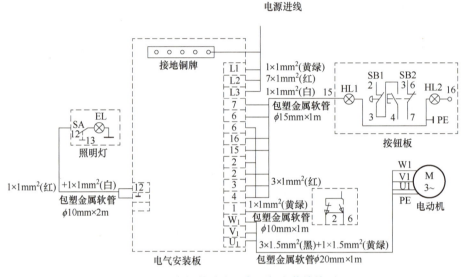

图1-19　车间某动力设备电气安装接线图

### 1.3.3　常用照明电气图的识读

住宅照明线路图，多以施工（安装）图的形式出现，有平面图和系统图两种。住宅照明的电源取自供电系统的低压配电电路，即进户线穿过进户管后，先接入配电箱（屏），再接到用户的分配电箱（屏），经电能表、刀开关或断路器，最后接到灯具和其他用电设备上。

为了使每盏灯的工作不影响其他灯具（用电器），各条控制电路均应并联连接在相线和中性线之间，并在各自控制电路中串接单独控制用的开关。为了保证用电安全，每条线路最多能安装25盏灯（每只插座也作为1盏灯具计算），并且电流不能超过15A，否则要相应减少灯具的盏数。

住宅照明电气线路，有明敷设和暗敷设两种。明敷设线路一般沿墙走，横平竖直比较规矩，其长度一般可参照建筑物平面图的尺寸来算得。暗敷设线路总以最短的距离到达灯具，其长度往往依靠比例尺在建筑物平面图上量取算得。

图1-20所示为住宅照明线路施工平面图，从图中可以看出，进线位置在纵向墙南往北第二道轴线处。在楼梯间有一个配电箱，室内有荧光灯、天棚座灯、墙壁座灯，楼梯间有吸顶灯、插座、开关及连接这些灯具的线路。

读图时应注意这些线路平面实际是在房间内的顶上部，沿墙的安装要求离地最少2.5m，

项目1 电工基本知识

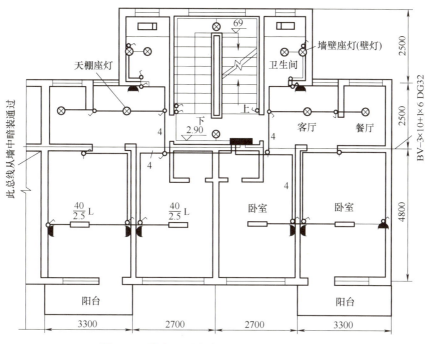

图1-20 住宅照明线路施工平面图（1∶100）

图中间位置的线路实际均装设在顶棚上。线路通过门时实际均在门框上部分，所以读图时应有这种想象。

图1-20中的文字符号，如荧光灯处标的符号，其意义是："40"表示灯管功率为40W，"2.5"表示灯具距地面高2.5m，"L"表示采用吊链式吊装。总线BV-3×10+1×6DG32，其意义是：3根截面积为10mm²加1根截面积为6mm²的BV型铜芯电线，从墙中安装的、直径为32mm的管道通过。图1-20中"1∶100"是指图样与实际比例为1∶100。

图1-21为三室一厅标准层单元的系统图和电气平面图。由图1-21a所示的系统图可识读出：单元总线为2根16mm²加1根6mm²的BV型铜芯电线，设计使用功率为11.5kW，经断路器（型号C45N/2P50A）控制，安装管道直径为32mm。

图1-21a中共有8路控制（其中一只在配电箱内配用），分别由低压断路器（型号：C45N/1P16A）控制一路。每条支路由2.5mm²直径的BV铜芯线3根，穿线管道直径为20mm。各支路设计使用功率分别为2.5kW、1.5kW、1.1kW、2.0kW、1.0kW、1.5kW和3.0kW。在图中，标出空调器插座、厨房冰箱用插座、洗衣机用插座及开关等电器元件距地面的安装技术数据。

图1-21b中：有客厅1间、卧室3间、卫生间2间，厨房、储藏室各1间等，共计8间。在门厅过道有配电箱1个，分8路（其中1路在配电箱内做备用）引出；室内天棚灯座10处、插座20处、开关及连接这些灯具（电器）的线路。所有的开关和线路为暗敷设，并在线路上标出①、②、③、④、⑤、⑥、⑦字样，与图1-21a系统图一一对应。

以上电气图是常用的主要电气图，对于较复杂的成套电气设备、智能化楼宇或装置，为了便于施工，应有局部的放大图；有时为了安装技术的保密，只给出安装或系统的功能图、流程图等。

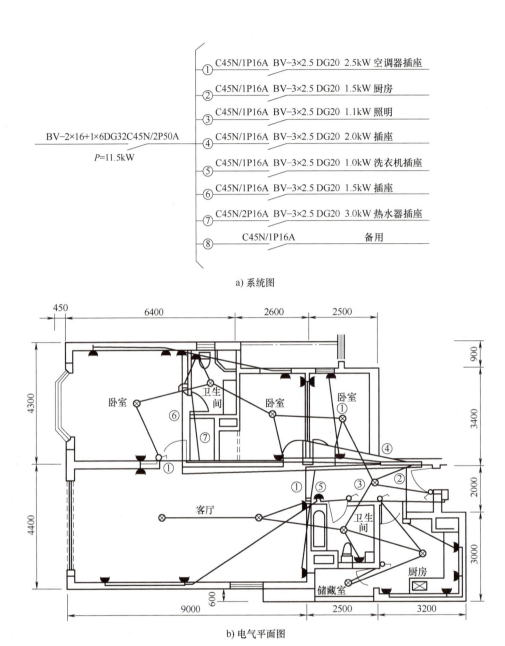

a) 系统图

b) 电气平面图

图 1-21 三室一厅标准层单元的系统图和电气平面图

电气图作为一种工程语言，在表达清楚的前提下，越简单越好，以便于工程人员进行识读。

1. 火力发电的基本过程是什么？火力发电的缺点是什么？
2. 太阳能发电系统由哪些部分组成？简述各部分的作用。
3. 我国的电力负荷是如何分类的？

4. 常用的电工材料是如何分类的？
5. 导电材料的特点是什么？
6. 什么是电线电缆的允许载流量？
7. 电工绝缘材料按极限温度划分为哪几个耐热等级？不同极限温度各是多少？
8. 什么是绝缘材料的老化？影响老化的因素有哪些？
9. 识读电气图的目的是什么？
10. 识读电气图的一般步骤有哪些？

# 项目 2

# 安全用电技术

**培训学习目标：**

了解安全色和安全标志的类型及应用；掌握触电急救技术；掌握保护接地和保护接零的应用技术；熟悉电气火灾和爆炸的防护措施。

## 2.1 安全标志

安全标志是指在有触电危险的场所或容易产生误判断、误操作的地方，以及存在不安全因素的现场设置的文字或图形标志。

### 2.1.1 安全色及其含义

我国国家标准《安全色》（GB 2893—2008）中采用了红、蓝、黄、绿四种颜色作为安全色。具体安全色的含义及用途见表2-1。

表2-1 安全色的含义及用途

| 颜 色 | 含 义 | 用途举例 |
| --- | --- | --- |
| 红色 | 禁止<br>停止 | 禁止标志；停止信号；机器、车辆上的紧急停止手柄或按钮；禁止人们触动的部位；红色也表示防火 |
| 蓝色 | 指令 | 指令标志：如必须佩戴个人防护用具；道路上指引车辆和行人行驶方向的指令 |
| 黄色 | 警告<br>注意 | 警告标志；警戒标志，如厂内危险机器和坑池边周围的警戒线；行车道中线；机械上齿轮箱内部；安全帽 |
| 绿色 | 提示<br>安全状态<br>通行 | 提示标志；车间内的安全通道行人和车辆通行标志；消防设备和其他安全防护设备的位置 |

### 2.1.2 导体色标

裸母线或电缆芯线的相序或极性标志见表2-2。

项目 2　安全用电技术

表 2-2　裸母线或电缆芯线的相序或极性标志

| 类　别 | 相序或极性 | 旧　标　准 | 新　标　准 |
|---|---|---|---|
| 交流电路 | L1 | 黄 | 黄 |
|  | L2 | 绿 | 绿 |
|  | L3 | 红 | 红 |
|  | N | 黑 | 淡蓝 |
| 直流电路 | 正极 | 红 | 棕 |
|  | 负极 | 蓝 | 蓝 |
| 安全用接地线（PE） |  | 黑 | 绿/黄 |

注：按照国家标准和国际标准，绿/黄双色线只能用作保护接地线或保护接零线。在日本及欧洲一些国家采用单一绿色线作为保护接地（零）线，使用这些产品时，应特别注意。

## 2.1.3　安全标志的构成及分类

安全标志是用以表达特定安全信息的标志，根据国家有关标准，安全标志由图形符号、安全色、几何形状（边框）或文字等构成。使用过程中，严禁拆除、更换和移动。

电力安全标志按用途可分为禁止标志、警告标志、指令标志和提示标志 4 大类型，常悬挂于指定的场所。以下几个表中所示安全标志摘自《安全标志及其使用导则》（GB 2894—2008），该标准适用于工矿企业、建筑工地、厂内运输和其他有必要提醒人们注意安全的场所。

1. 禁止标志

禁止标志的含义是禁止人们不安全行为的图形标志。禁止标志的基本型式是带斜杠的圆边框（其图形符号为黑色、背景为白色）。电力行业中部分禁止标志见表 2-3。

表 2-3　电力行业中部分禁止标志

| 图形标志 | 名　称 | 图形标志 | 名　称 |
|---|---|---|---|
|   | 禁止烟火 |   | 禁止触摸 |
|   | 禁止启动 |   | 禁止靠近 |

(续)

| 图形标志 | 名称 | 图形标志 | 名称 |
|---|---|---|---|
|   | 禁止合闸 |   | 禁止用水灭火 |
|   | 禁止穿化纤服装 |   | 禁止戴手套 |

2. 警告标志

警告标志的基本含义是提醒人们对周围环境引起注意，以避免可能发生危险的图形标志。警告标志的型式是三角形边框（其图形符号为黑色、背景为有警告意义的黄色）。电力行业中部分警告标志见表2-4。

表2-4 电力行业中部分警告标志

| 图形标志 | 名称 | 图形标志 | 名称 |
|---|---|---|---|
|   | 注意安全 |   | 当心触电 |
|   | 当心火灾 |   | 当心电缆 |
|   | 当心机械伤人 |   | 当心自动启动 |
|   | 当心烫伤 |   | 当心伤手 |

## 3. 指令标志

指令标志的含义是强制人们必须做出某种动作或采用防范措施的图形标志。指令标志的基本型式是圆形边框（其背景为具有指令含义的蓝色，图形符号为白色）。电力行业中部分指令标志见表 2-5。

表 2-5　电力行业中部分指令标志

| 图形标志 | 名　　称 | 图形标志 | 名　　称 |
| --- | --- | --- | --- |
|   | 必须戴防护眼镜 |   | 必须系安全带 |
|   | 必须戴防护手套 |   | 必须穿防护服 |
|   | 必须穿防护鞋 |   | 必须戴安全帽 |
|   | 必须接地 |   | 必须拔出插头 |

## 4. 提示标志

提示标志的含义是向人们提供某种信息（如标明安全设施或场所等）的图形标志。提示标志的基本型式是正方形边框（其背景为绿色，图形符号及文字为白色）。电力行业中部分提示标志见表 2-6。

（1）方向辅助标志　当提示目标的位置时要加方向辅助标志，其应用示例见表 2-7。

（2）文字辅助标志　文字辅助标志的基本型式是矩形边框。文字辅助标志有横写和竖写两种形式。其应用示例见表 2-7。

电工（初级）

表 2-6 电力行业中部分提示标志

| 图形标志 | 名称 | 图形标志 | 名称 |
|---|---|---|---|
|  （紧急出口左向图） | 紧急出口（左向） |  （紧急出口右向图） | 紧急出口（右向） |
|  （避险处图） | 避险处 |  （可动火区图） | 可动火区 |

表 2-7 辅助标志应用示例

| 类型 | 图形标志实例 | 说明 |
|---|---|---|
| 方向辅助标志 |   （紧急出口左箭头、右箭头图） | 按实际需要指示左向或下向时，辅助标志应放在图形标志的左方，当指示右向时，则应放在图形标志的右方 |
| 横写的文字辅助标志 |   （禁止吸烟、当心火灾图） | 文字标志写在标志的下方，和标志连在一起，也可以分开。禁止标志、指令标志为白色字；警告标志为黑色字。禁止标志、指令标志衬底色为标志的颜色，警告标志衬底色为白色 |
| 竖写在标志杆上部的文字辅助标志 |   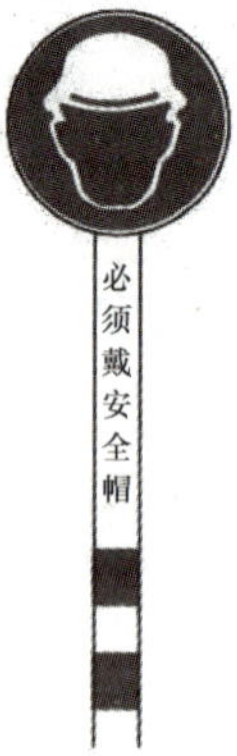 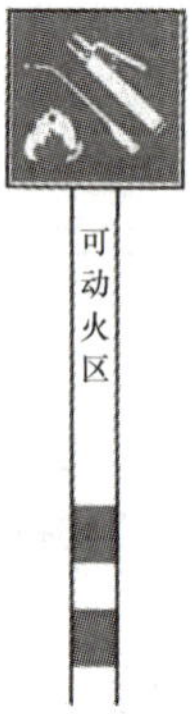 （禁止通行、当心坑洞、必须戴安全帽、可动火区图） | 文字辅助标志写在标志杆的上部。禁止标志、警告标志、指令标志、提示标志均为白色衬底，黑色字。标志杆下部色带的颜色应和标志的颜色相一致 |

另外，电工工作中经常用到的安全牌也属于电力安全标志，常见的安全标示牌规格式样见表 2-8。

表 2-8 常见的安全标示牌规格式样

| 类型 | 图示实例 | 尺寸 | 式样 |
|---|---|---|---|
| 禁止类 |  禁止合闸 有人工作 | 200mm×100mm 或 80mm×50mm | 白底红字 |
| |  配电重地 闲人莫入 | | 红底白字 |
| 允许类 |  在此工作 | 250mm×250mm | 绿底，中部有直径为 210mm 的白圆圈，圈内写黑字 |
| 警告类 |  止步 高压危险！ | 250mm×200mm | 白底红边，黑字，有红色箭头 |

## 2.2 触电与触电急救

人体组织中 60% 以上是由含有导电物质的水分组成的，因此人体是良导体。

### 2.2.1 触电

当人体接触设备的带电部分并形成电流通路时，就会有电流流过人体，导致触电。

1. 触电伤害

触电是指电流流过人体时对人体产生的生理和病理伤害。这种伤害是多方面的，可分为电击和电伤两种类型。

（1）电击 电击是由于电流通过人体而造成的内部器官在生理上的反应和病变，绝大部分触电死亡事故都是由电击造成的。

电击又可分为直接电击和间接电击两种：直接电击是指人体直接触及正常运行的带电体所发生的电击。间接电击则是指电气设备发生故障后，人体触及意外带电部分所发生的电击。因此，直接电击也称为正常情况下的电击，间接电击也称为故障情况下的电击。

（2）电伤 电伤是指由电流的热效应、化学效应或机械效应对人体外表造成的局部伤害，它常常与电击同时发生。最常见的电伤有电灼伤、电烙印、皮肤金属化三种类型。

2. 人体触电的原因

人体触电的原因主要有以下几点：

1) 没有遵守安全工作规程，人体直接接触或过于靠近电气设备的带电部分。
2) 电气设备安装不符合规程的要求，带电体对地距离不够。
3) 人体触及因绝缘损坏而带电的电气设备外壳和与之相连接的金属构架。
4) 靠近电气设备的绝缘损坏处或其他带电部分的接地短路处，遭到较高电位所引起的伤害。
5) 对电气常识不懂或一知半解，乱拉电线、灯具，乱动电器用具等造成触电。

**3. 人体触电的形式**

人体触电的形式见表2-9。

### 2.2.2 安全电流和安全电压

**1. 电流对人体的危害**

电流对人体的危害与通过人体的电流、持续时间、电压、频率、人体电阻、通过人体的途径以及人体的健康状况等因素相关，而且各种因素之间有着十分密切的联系。

表 2-9 人体触电的形式

| 触电形式 | 触电情况 | 危险程度 | 图　示 |
|---|---|---|---|
| 单相触电（变压器低压侧中性点接地） | 电流从一根相线经过电气设备、人体再经大地流到中性点。此时加在人体上的电压是相电压 | ① 若绝缘良好，一般不会发生触电危险；若绝缘被破坏或绝缘很差，就会发生触电事故<br>② 触电电流大，几乎是致命的，加上电弧灼伤，情况更为严重 |  |
| 单相触电（变压器低压侧中性点不接地） | ① 在1kV以下，人触到任何一相带电体时，电流经电气设备，通过人体到另外两根相线对地绝缘电阻和分布电容而形成回路<br>② 在6~10kV高压侧中性点不接地系统中，电压高，所以触电电流大 | | 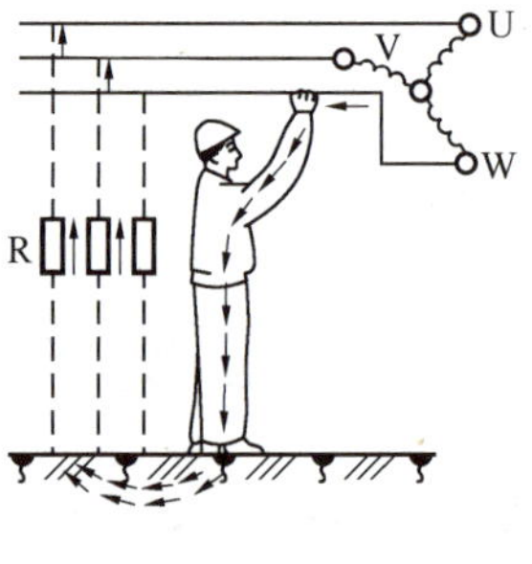 |
| 两相触电 | 电流从一根相线经过人体流至另一根相线，由于在电流回路中只有人体电阻，所以两相触电非常危险 | 触电者即使穿着绝缘鞋或站在绝缘台上也起不到保护作用 | 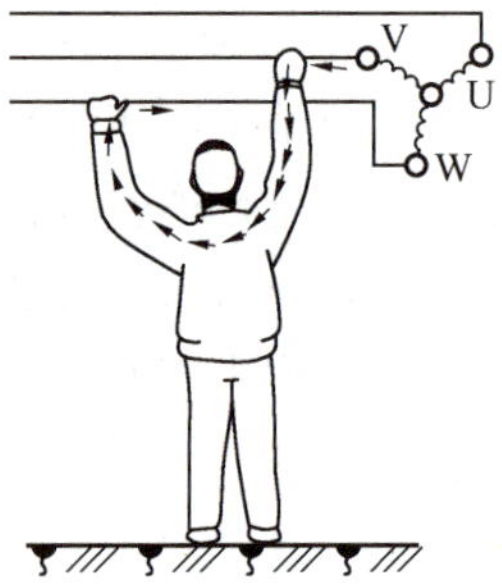 |

（续）

| 触电形式 | 触电情况 | 危险程度 | 图　　示 |
|---|---|---|---|
| 跨步电压触电 | 输电线断线落地或运行中的电气设备因绝缘损坏漏电时，电流经过接地体向大地作半环形流散，并在落地点或接地体周围地面产生强大电场。当有人走过落地点周围时，其两脚之间的电位差称为跨步电压。跨步电压触电时，电流从人的一只脚经下身通过另一只脚流入大地形成回路 | 电场强度随与断线落地点距离的增加而减小。距断线点1m范围内，约有60%的电压降；距断线点2～10m范围内，约有24%的电压降；距断线点11～20m范围内，约有8%的电压降 | 跨步电压 |

当电流流经人体时，会产生不同程度的刺痛和麻木，并伴随不自觉的皮肤收缩。肌肉收缩时，胸肌、膈肌和声门肌的强烈收缩会阻碍呼吸，使触电者死亡。电流通过中枢神经系统的呼吸控制中心可使呼吸停止。电流通过心脏造成心脏功能紊乱，即心室性纤颤，会使触电者因大脑缺氧而迅速死亡。

通过人体的电流越大，人体的生理反应越明显，感觉越强烈，从而引起心室颤动所需的时间越短，致命的危险就越大。不同的电流通过人体时产生的反应见表2-10。

表 2-10　不同的电流通过人体时产生的反应

| 电流/mA | 交流电（50Hz） | 直　流　电 |
|---|---|---|
| 0.6～1.5 | 手指开始感觉发麻 | 无感觉 |
| 2～3 | 手指感觉强烈发麻 | 无感觉 |
| 5～7 | 手指肌肉感觉痉挛 | 手指感觉灼热和刺痛 |
| 8～10 | 手指关节与手掌感觉痛，手已难于脱离电源，但尚能摆脱电源 | 感觉灼热增加 |
| 20～25 | 手指感觉剧痛，迅速麻痹，不能摆脱电源，呼吸困难 | 灼热感更增，手的肌肉开始痉挛 |
| 50～80 | 呼吸麻痹，心室开始震颤 | 强烈灼痛，手的肌肉痉挛，呼吸困难 |
| 90～100 | 呼吸麻痹，持续3s后或更长时间后心脏麻痹或心房停止跳动 | 呼吸麻痹 |
| >500 | 延续1s以上有死亡危险 | 呼吸麻痹，心室颤动，心跳停止 |

2. 安全电压

为了使通过人体的电流不超过安全电流值，我国把安全电压的额定值分为6V、12V、24V、36V和42V五种等级。安全电压的等级和选用见表2-11。

表 2-11 安全电压的等级和选用

| 安全电压（交流有效值）/V | | 选用举例 |
| --- | --- | --- |
| 额定值 | 空载上限值 | |
| 6 | 8 | 人体需要长期触及器具上带电体的场所 |
| 12 | 15 | |
| 24 | 29 | 工作面积狭窄且操作者易大面积接触带电体的场所，如锅炉、金属容器内 |
| 36 | 43 | 潮湿场所，如矿井、多导电粉尘及类似场所使用的行灯等 |
| 42 | 50 | 在有危险的场所使用的手持电动工具 |

## 2.2.3 触电急救

一旦发现有人触电后，周围人员首先应迅速拉闸断电，尽快使其脱离电源。在施工现场发生触电事故后，应将触电者迅速抬到宽敞、空气流通的地方，使其平卧，采取相应的抢救方法。

触电急救的要点是：抢救迅速和救护得法，即用最快的速度在现场采取积极措施，保护触电者的生命，减轻伤情，减少痛苦，并根据伤情需要迅速联系医疗救护等部门救治。

触电急救必须分秒必争，并坚持不断地进行，同时及早与医疗部门取得联系，争取医务人员接替救治。触电急救十分辛苦，要耐心一直抢救到触电者复活为止，或经过医生确定停止抢救方可停止。在医务人员未接替抢救前，现场人员不得放弃现场抢救。

1. 解救触电者脱离电源的方法

触电急救的第一步是使触电者迅速脱离电源，具体方法见表 2-12。

表 2-12 使触电者迅速脱离电源的方法

| 电源 | | 实施方法 | 图示 |
| --- | --- | --- | --- |
| 低压电源 | 拉 | 附近有电源开关或插座时，应立即拉下开关或拔掉插头 | 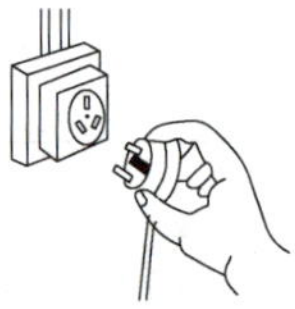 拔掉插头 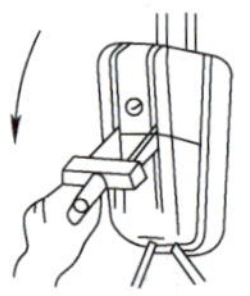　　拉下开关 |
| | 切 | 若一时找不到断开电源的开关，应迅速用绝缘完好的钢丝钳或断线钳剪断电线，以断开电源 | 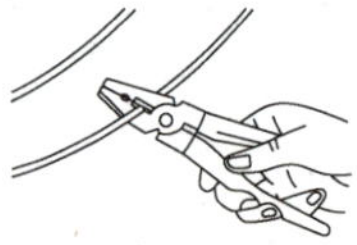 剪断连接的电线 |
| | 挑 | 对于由导线绝缘损坏造成的触电，急救人员可用绝缘工具、干燥木棒等将电线挑开 |  用干燥木棒挑开电线 |

## 项目2 安全用电技术

（续）

| 电源 | 实施方法 | 图　　示 |
|---|---|---|
| 低压电源 | 拽 | 抢救者可戴上手套或在手上包缠干燥的衣服等绝缘物品拖拽触电者；也可站在干燥木板、橡胶垫等绝缘物品上，用一只手将触电者拖拽开来 |  采取绝缘保护并单手拽开触电者 |
| 高压电源 | | 发现有人在高压设备上触电时，救护者应戴上绝缘手套、穿上绝缘靴后拉下开关 |  戴上绝缘手套、穿上绝缘靴后救护 |

2. 触电急救的方法

对触电人员采取的急救方法见表2-13。

表2-13　触电的急救方法

| 急救方法 | 实施方法 | 图　　示 |
|---|---|---|
| 进行简单诊断 | ① 将脱离电源的触电者迅速移至通风、干燥处，使其仰卧，松开上衣和裤带<br>② 观察触电者的瞳孔是否放大。当处于假死状态时，人体大脑细胞严重缺氧，处于死亡边缘，瞳孔自行放大<br>③ 观察触电者有无呼吸存在，摸一摸颈部的颈动脉有无搏动 | 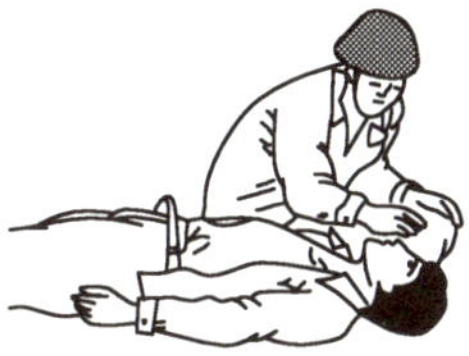 a) 使触电者仰卧  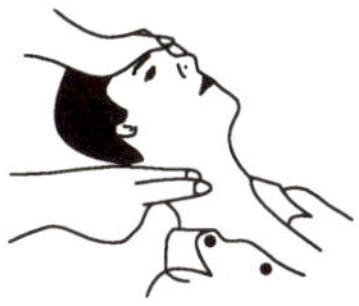<br><br>瞳孔正常　瞳孔放大<br><br>b) 检查颈动脉 |

(续)

| 急救方法 | 实施方法 | 图示 |
|---|---|---|
| 对"有心跳而呼吸停止"的触电者，应采用"口对口人工呼吸法"进行急救 | ① 使触电者仰卧，颈部枕垫软物，头部偏向一侧，松开衣服和裤带，清除触电者口中的血块、假牙等异物。抢救者跪在病人的一边，使触电者的鼻孔朝天后仰<br>② 用一只手捏紧触电者的鼻子，另一只手托在触电者颈后，将颈部上抬，深深吸一口气，用嘴紧贴触电者的嘴，大口吹气<br>③ 放松捏着鼻子的手，让气体从触电者肺部排出，如此反复进行，每5s吹气一次，坚持连续进行，不可间断，直到触电者苏醒为止 | <br>a) 清理口腔并使鼻孔朝天<br><br>b) 贴嘴吹气胸扩张<br><br>c) 放开嘴鼻好换气 |
| 对"有呼吸而心跳停止"的触电者，应采用"胸外心脏按压法"进行急救 | ① 使触电者仰卧在硬板上或地上，颈部枕垫软物使头部稍后仰，松开衣服和裤带，急救者跪跨在触电者腰部<br>② 急救者将右手掌根部按于触电者胸骨下1/2处，中指指尖对准其颈部凹陷的下缘，当胸一手掌，左手掌复压在右手背上<br>③ 掌根用力下压至少5cm，然后突然放松。按压与放松的动作要有节奏，每分钟至少100次，必须坚持连续进行，不可中断<br>④ 在向下按压的过程中，就将肺内空气压出，形成呼气。停止按压，放松后，由于压力解除，胸廓扩张，外界空气进入肺内，形成吸气 | <br>a) 按压准备<br> <br>b) 中指对凹腔 当胸一手掌 　c) 掌根用力向下压 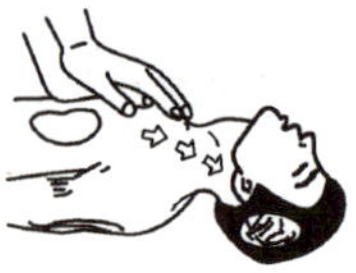<br> <br>d) 慢慢向下 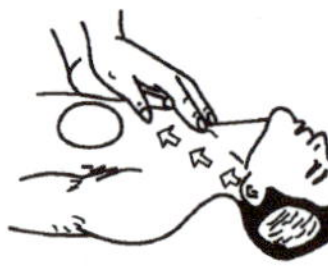　　e) 突然放 |

# 项目 2　安全用电技术

(续)

| 急救方法 | 实施方法 | 图　　示 |
|---|---|---|
| 对"呼吸和心跳都已停止"的触电者,应同时采用"口对口人工呼吸法"和"胸外心脏按压法"进行急救 | ① 单人急救:两种方法应交替进行,即先按压心脏30次,再吹气2次,且速度都应快些<br>② 两人急救:每5s吹气一次,每1s按压一次,两人同时进行 | 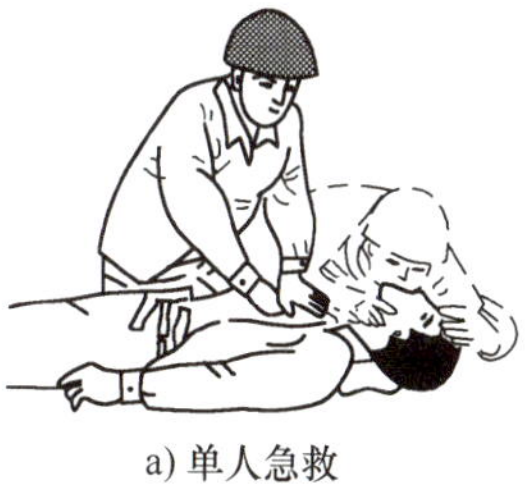 a) 单人急救 <br><br>b) 两人急救 |
| 注意事项 | 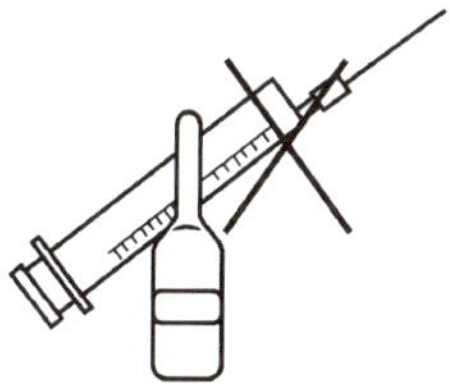 | 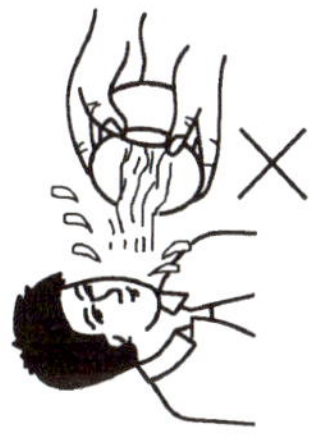 a) 禁止乱打肾上腺素等强心针　　b) 禁止用冷水浇淋 |

## 2.3　保护接地

为满足电气装置和系统的工作特性和安全保护的要求,而将电气装置和系统的任何部分与土壤间做良好的电气连接,称为接地保护。按用途不同,接地分为工作接地和保护接地两类,见表 2-14。

### 2.3.1　保护接地的原理

所谓保护接地,就是将电气设备在故障情况下可能出现危险对地电压的金属部分(如外壳等)用导线与大地进行电气连接。

当发生设备碰壳接地故障时,接地电流通过设备的接地电阻和系统的接地电阻形成回路,并在两电阻上产生压降,由于分压作用,设备外壳上所带的电压远比相电压小,当人触及外壳时,受到的接触电压变小,从而起到保护作用。保护接地的另一个作用是可防止金属外壳和构架等产生感应电压,这对高压设备和高压配电装置来说是十分必要的。因此,保护接地是电力生产中常用的一种保护措施。

表 2-14 接地的分类

| 类型 | 图 例 | 概 念 | 举 例 |
|---|---|---|---|
| 工作接地 | 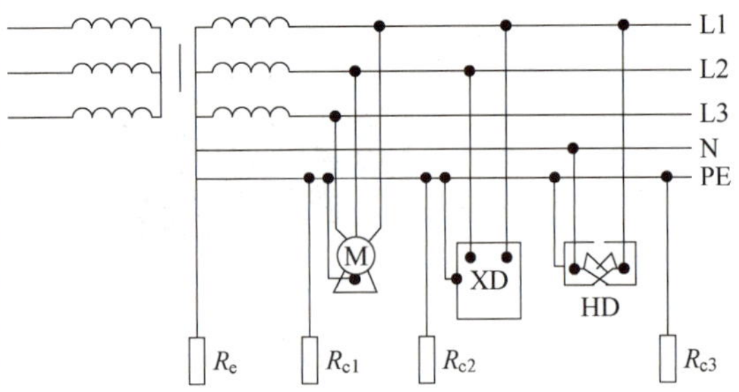 (图示：L1 L2 L3 N PE，M、XD、HD，$R_e$、$R_{c1}$、$R_{c2}$、$R_{c3}$) | 根据电力系统运行工作的需要而进行的接地，称为工作接地 | 变压器的中性点接地 |
| 保护接地 | 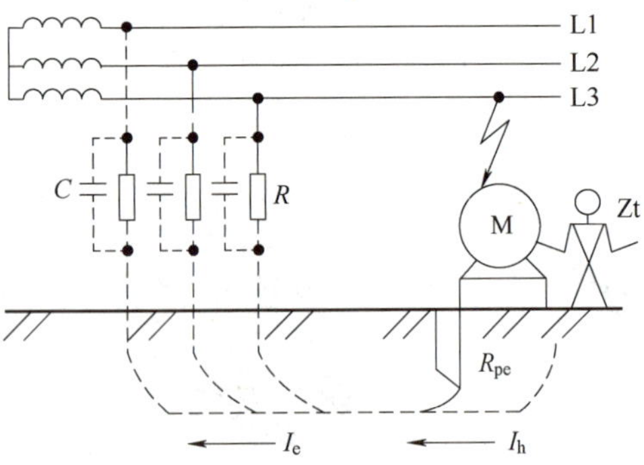 (图示：L1 L2 L3，C、R，M、Zt，$R_{pe}$，$I_e$、$I_h$) | 正常情况下没有电流流过的起防止事故作用的接地 | 防止触电的保护接地、防雷接地；用电设备金属外壳的保护接地 |

1. 保护接地的应用范围

国际电工委员会（IEC）对供电系统作了统一规定，称为 TT 系统、TN 系统、IT 系统。其中，TN 系统又分为 TN-C 系统、TN-S 系统、TN-C-S 系统。

在不接地配电网中采用接地保护的系统，这种系统即为 IT 系统。字母 I 表示配电网不接地或经高阻抗接地，字母 T 表示电气设备外壳接地。

对电气设备实行保护接地后，接地短路电流将同时沿接地体和人体两条通路通过。保护接地的应用见表 2-15。

2. 接地电阻值的规定

只要适当控制保护接地电阻的大小，即可限制漏电设备对地电压在安全范围内。凡由于绝缘破坏或其他原因可能呈现危险电压的金属部分，除另有规定外，均应接地。

1) 低压电力系统电气装置的接地电阻：

① 配电变压器低压侧中性点的工作接地电阻，一般不应大于 4Ω，但当变压器容量不大于 100kV·A 时，工作接地电阻可不大于 10Ω，非电能计量的电流互感器的工作接地电阻，一般可不大于 10Ω。

② 保护接地电阻值一般不应大于 4Ω，但当配电变压器容量不超过 100kV·A 时，保护接地电阻可不大于 10Ω。在高土壤电阻率地区的接地电阻不大于 30Ω。

表 2-15 保护接地的应用

| 范 围 | 实 例 |
| --- | --- |
| 各种不接地配电网 | 1）电机、变压器、电器、便携式或移动式用电器具的金属底座和外壳<br>2）电气设备的传动装置<br>3）室内外配电装置的金属或钢筋混凝土构架，以及靠近带电部分的金属遮栏和金属门<br>4）配电、控制、保护用的屏（柜、箱）及操作台等的金属框架和底座<br>5）交、直流电力电缆的金属接头盒、终端头、膨胀器的金属外壳和电缆的金属护层，可触及的金属保护管和穿线的钢管<br>6）电缆桥架、支架和井架<br>7）装有避雷线的电力线路杆塔<br>8）装在配电线路杆上的电力设备<br>9）在非沥青地面的居民区内，无避雷线的接地短路电流架空电力线路的金属杆塔和钢筋混凝土杆塔<br>10）电除尘器的构架<br>11）封闭母线的外壳及其他裸露的金属部分<br>12）六氟化硫封闭式组合电器和箱式变电站的金属箱体<br>13）电热设备的金属外壳<br>14）控制电缆的金属护层 |
| 电气设备的某些金属部分 | 电气设备下列金属部分，除另有规定外，可不接地：<br>1）在木质、沥青等不良导电地面，无裸露接地导体的干燥的房间内，交流额定电压 380V 及以下，直流额定电压 440V 及以下的电气设备的金属外壳；但当有可能同时触及上述电气设备外壳和已接地的其他物体时，则仍应接地<br>2）在干燥场所，交流额定电压 127V 及其以下，直流额定电压 110V 及其以下的电气设备的外壳<br>3）安装在配电屏、控制屏和配电装置上的电气测量仪表、继电器和其他低压电器等的外壳，以及当发生绝缘损坏时不会在支持物上引起危险电压的绝缘子的金属底座等<br>4）安装在已接地金属框架上的设备，如穿墙套管等（但应保证设备底座与金属框架接触良好）<br>5）额定电压 220V 及其以下的蓄电池室内的金属支架<br>6）由发电厂、变电所和工业企业区域内引出的铁路轨道<br>7）与已接地的机床、机座之间有可靠电气接触的电动机和电器的外壳<br>8）木结构或木杆塔上方的电气设备的金属外壳一般不必接地 |

③ 中性点直接接地的低压电力网中，采用保护接零时应将零线重复接地，接地电阻值不应大于 10Ω，但当变压器容量不大于 100kV·A 且重复接地点不少于三处时，允许接地电阻不大于 30Ω。

2）独立避雷针的接地电阻，在土壤电阻率不大于 500Ω·m 的地区不应大于 10Ω。

3）防雷电感应的接地电阻不应大于 30Ω。

## 2.3.2 保护接地的安装要求

1）在采用保护接地的系统中，采用插头自插座上接入电源至用电设备的，应采用带专用保护接地的插头，使保护接地在电源接入前接通、电源撤除后才断开保护接地。

2）保护接地干线的允许电流不应小于供电网中最大负载线路相线允许载流量的 1/2。单独用电设备，其接地线的允许电流不应小于供电分支网络相线允许载流量的 1/3，保护接地线的最小截面积应符合表 2-16 的规定。

表 2-16 保护接地线的最小截面积　　　　　　　　　　　（单位：$mm^2$）

| 供电相导线 | | 标称截面积 | | | | | | | | |
|---|---|---|---|---|---|---|---|---|---|---|
| | | <0.5 | 0.75 | 1 | 1.5 | 2.5 | 4 | 6 | 10 | 16 | 25 |
| 绝缘铜芯线作为保护导线 | 绝缘电力电缆 | 0.5 | 0.75 | 1 | 1.5 | 2.5 | 4 | 6 | 10 | 16 | 16 |
| | 低压多芯电缆 | — | — | — | 1.5 | 2.5 | 4 | 6 | 10 | 16 | 16 |
| 裸铜线作为保护导线 | | — | — | — | 1.5 | 1.5 | 2 | 4 | 6 | 10 | 16 |

| 供电相导线 | | 标称截面积 | | | | | | | | |
|---|---|---|---|---|---|---|---|---|---|---|
| | | 35 | 50 | 70 | 95 | 120 | 150 | 185 | 240 | 300 | 400 |
| 绝缘铜芯线作为保护导线 | 绝缘电力电缆 | 16 | 25 | 35 | 50 | 70 | 70 | 95 | — | — | — |
| | 低压多芯电缆 | 16 | 25 | 35 | 50 | 70 | 70 | 95 | 120 | 150 | 185 |
| 裸铜线作为保护导线 | | 16 | 25 | 35 | 50 | 50 | 50 | 50 | 50 | 50 | 50 |

3）必须有保护中性点接地线及保护接地装置接地线的措施，以防机械损伤。

4）保护接地系统投入运行前及每隔一定时间后，要进行检验，以检查接地情况。

### 2.3.3 接地装置

接地装置是接地体（极）和接地线的总称。运行中电气设备的接地装置应当始终保持良好状态。

**1. 接地体**

接地体分为人工接地体和自然接地体两类。

（1）人工接地体　人工接地体可采用钢管、角钢、圆钢或废钢铁等材料制成。人工接地体宜采用垂直接地体，多岩石地区可采用水平接地体。垂直埋设的接地体可采用直径为 40～50mm 的钢管或 40mm×40mm×4mm 至 50mm×50mm×5mm 的角钢。垂直接地体可以成排布置，也可以作环形布置。水平埋设的接地体可采用 40mm×4mm 的扁钢或直径为 16mm 的圆钢，多呈放射形布置，也可成排布置或环形布置。

为了保证足够的机械强度，并考虑到防腐蚀的要求，对钢质接地体的最小尺寸有一定要求，见表 2-17。

表 2-17 钢质接地体和接地线的最小尺寸

| 材料种类 | | 地　上 | | 地　下 | |
|---|---|---|---|---|---|
| | | 室　内 | 室　外 | 交　流 | 直　流 |
| 圆钢直径/mm | | 6 | 8 | 10 | 12 |
| 扁钢 | 截面积/$mm^2$ | 60 | 100 | 100 | 100 |
| | 厚度/mm | 3 | 4 | 4 | 6 |
| 角钢厚度/mm | | 2.0 | 2.5 | 4.0 | 6.0 |
| 钢管管壁厚度/mm | | 2.5 | 2.5 | 3.5 | 4.5 |

注：电力线路杆塔接地体引出线应镀锌，截面积不得小于 $50mm^2$。

（2）自然接地体　自然接地体是用于其他目的，且与土壤保持紧密接触的金属导体。例如，埋设在地下的金属管道（有可燃或爆炸性介质的管道除外）、金属井管，与大地有可靠连接的建筑物的金属结构、水工构筑物及类似构筑物的金属管、桩等自然导体，均可用作自然接地体。利用自然接地体不但可以节省钢材和施工费用，还可以降低接地电阻，并能等化地面及设备间的电位。如果有条件，应当优先利用自然接地体。

当自然接地体的接地电阻符合要求时，可不敷设人工接地体（发电厂和变电所除外）。在利用自然接地体的情况下，应考虑到自然接地体拆装或检修时，接地体被断开，断口处出现的电位差及接地电阻发生变化的可能性。自然接地体至少应有两根导体在不同地点与接地网相连（线路杆塔除外）。利用自来水管及电缆的铅、铝铠皮作接地体时，必须取得主管部门的同意，以便互相配合施工和检修。变电所经常采用以水平接地体为主的复合接地体，即人工接地网。

2. 接地线

交流电气设备应优先利用自然导体作接地线。在没有爆炸危险的环境，如自然接地线有足够大的截面积，可不再另行敷设人工接地线。如果车间电气设备较多，宜敷设接地干线。

各电气设备外壳分别与接地干线连接，而接地干线经两条连接线与接地体连接；各电气设备的接地支线应单独与接地干线或接地体相连，不应串联连接。接地线的最小尺寸不得小于表2-18中规定的数值。选用时，一般应比表2-18中的数值选得大一些，接地线截面积应与相线载流量相适应。

表2-18　低压电气设备外露铜、铝接地线的截面积　　　　　　　　（单位：mm²）

| 材料种类 | 铜 | 铝 |
| --- | --- | --- |
| 明设的裸导线 | 4 | 6 |
| 绝缘导线 | 1.5 | 2.5 |
| 电缆接地芯或与相线包在同一保护套内的多芯导线的接地芯 | 1.0 | 1.5 |

注：接地线的涂色和标志应符合国家标准。未经允许，接地线不得作其他电气回路使用。不得用蛇皮管、管道保温层的金属外皮或金属网以及电缆的金属护层作为接地线。

## 2.4　保护接零

保护接零系统即TN系统。由于保护接零和保护接地都是防止间接接触电击的安全措施，因此做法上存在一些相似之处。保护接零有利于明确区分不接地配电网中的保护接地，还有利于区分中性线和零线，有利于区分工作零线和保护零线，有其独特的科学性。

### 2.4.1　保护接零的原理

TN系统中的字母N表示电气设备在正常情况下不带电的金属部分与配电网中性点之间金属性的连接，即与配电网保护零线（保护导体）的紧密连接。这种做法就是保护接零。或者说TN系统就是配电网低压中性点直接接地，电气设备接零的保护接零系统。

保护接零的工作原理如图2-1所示。当某相带电部分碰连设备外壳（即外露导电部分）时，通过设备外壳形成该相对零线的单相短路，短路电流能促使线路上的短路保护元件迅速动作，从而把故障部分设备断开电源，消除电击危险。

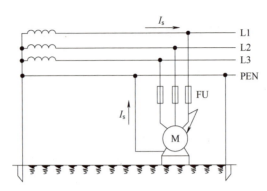

图 2-1　保护接零的工作原理

在三相四线配电网中，应当区别工作零线和保护零线。前者即中性线，用 N 表示；后者即保护导体，用 PE 表示。如果一根线既是工作零线又是保护零线，则用 PEN 表示。

TN 系统分为 TN-S、TN-C-S、TN-C 三种方式，见表 2-19。

表 2-19　TN 系统的分类

| 类　型 | 图　例 | 说　明 |
|---|---|---|
| TN-S 系统 | | 保护零线是与工作零线完全分开的 |
| TN-C-S 系统 | | 干线部分的前一部分保护零线是与工作零线共用的 |
| TN-C 系统 | | 干线部分保护零线是与工作零线完全共用的 |

### 2.4.2　保护接零的实施

1. 保护接零的应用范围

保护接零用于中性点直接接地的 220V/380V 三相四线配电网。在这种配电网中，接地保护方式（TT 系统）难以保证安全，不能轻易采用。在这种系统中，凡因绝缘损坏而可现危险对地电压的金属部分均应接零。要求接零和不要求接零的设备和部位与保护接地的要求大致相同。

TN-S 系统可用于有爆炸危险、火灾危险性较大或安全要求较高的场所，宜用于独立附设变电站的车间。TN-C-S 系统宜用于厂内设有总变电站，厂内低压配电的场所及民用楼房。TN-C 系统可用于无爆炸危险、火灾危险性不大、用电设备较少、用电线路简单且安全条件较好的场所。

在接地的三相四线配电网中，应当采取接零保护。但实践中会发现如图 2-2 所示的接零系统中个别设备只接地、不接零的情况，即在 TN 系统中个别设备构成 TT 系统的情况。这种情况是不安全的，除非接地的设备或区段装有快速切断故障的保护装置，否则，不得在 TN 系统中混用 TT 方式。

如果将接地设备的外露金属部分再同保护零线连接起来，构成 TN 系统，对安全是有益无

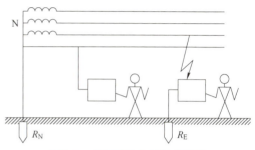

图 2-2　接零系统中的异常情况

害的。在同一建筑物内，如果有中性点接地和中性点不接地的两种配电方式，则应分别有接零措施和保护接地措施。在这种情况下，允许两者共用一套接地装置。

2. 重复接地

重复接地指零线上除工作接地以外的其他点的再次接地。重复接地是提高 TN 系统安全性能的重要措施。

在零线断线情况下，重复接地一般只能减轻零线断线时触电的危险，而不能完全消除触电的危险。

3. 重复接地的要求

电缆或架空线路引入车间或大型建筑物处、配电线路的最远端及每 1km 处、高低压线路同杆架设时，共同敷段的两端应做重复接地。

线路上的重复接地宜采用集中埋设的接地体，车间内宜采用环形重复接地或网络重复接地。零线与接地装置至少有两点连接，除进线处的一点外，其对角线最远点也应连接，而且车间周围过长，超过 400m 时，每 200m 应有一点连接。一个配电系统可敷设多处重复接地，并尽量均匀分布，以等化各点电位。

每一重复接地的接地电阻不得超过 10Ω；在变压器低压工作接地的接地电阻允许不超过 10Ω 的场合，每一重复接地的接地电阻允许不超过 30Ω，但不得少于三处。

## 2.5　电气设备防爆和防火

火灾和爆炸危险环境使用的电气设备，结构上应能防止由于在使用中产生火花、电弧或

危险温度而成为安装地点爆炸性混合物的引燃源。

## 2.5.1 选用防爆电气设备的一般要求

防爆电气设备分为两类：

1）Ⅰ类：煤矿用电设备。

2）Ⅱ类：除煤矿外的其他爆炸性气体环境用电气设备（Ⅱ类电气设备可以按爆炸性气体的特性进一步分类。Ⅱ类隔爆型"d"和本质安全型"i"电气设备又分为ⅡA、ⅡB和ⅡC类）。

选用防爆电气设备的一般要求：

① 在进行爆炸性环境的电力设计时，应尽量把电气设备，特别是正常运行时发生火花的设备，布置在危险性较小或非爆炸性环境中。火灾危险环境中的表面温度较高的设备，应远离可燃物。

② 在满足工艺生产及安全的前提下，应尽量减少防爆电气设备的使用量。火灾危险环境下不宜使用电热器具，非用不可时应用非燃烧材料进行隔离。

③ 防爆电气设备应有防爆合格证。

④ 少用便携式电气设备。

⑤ 可在建筑上采取措施，把爆炸性环境限制在一定范围内，如采用隔墙法等。

## 2.5.2 电气设备防爆的类型及标志

防爆电气设备的类型很多，性能各异。电气设备的防爆标志可在铭牌右上方设置清晰的永久性凸纹标志"Ex"；小型电气设备及仪器、仪表可采用标志牌铆或焊在外壳上，也可采用凹纹标志。常用防爆电气设备见表2-20。

表2-20 常用防爆电气设备

| 类 型 | 图 例 | 说 明 |
|---|---|---|
| 防爆灯具 | 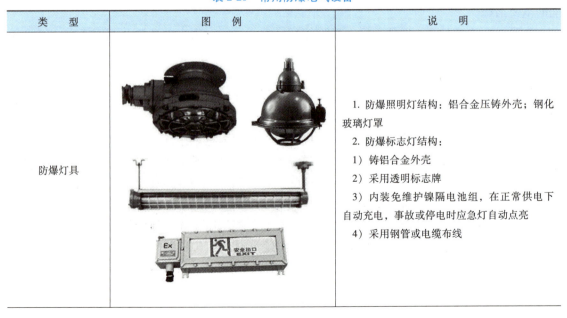 | 1. 防爆照明灯结构：铝合金压铸外壳；钢化玻璃灯罩<br>2. 防爆标志灯结构：<br>1）铸铝合金外壳<br>2）采用透明标志牌<br>3）内装免维护镍隔电池组，在正常供电下自动充电，事故或停电时应急灯自动点亮<br>4）采用钢管或电缆布线 |

(续)

| 类　型 | 图　例 | 说　明 |
|---|---|---|
| 防爆开关 |  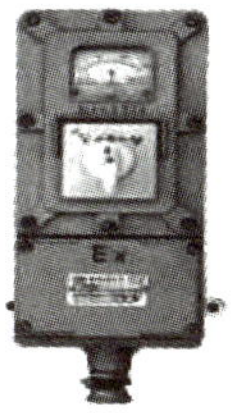 | 适用于电气线路中,供手动不频繁地接通和断开电路,换接电源和负载以及作为控制5kW以下三相异步电动机的直接起动、停止和换向 |
| 防爆按钮 | 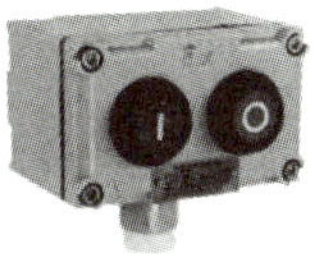 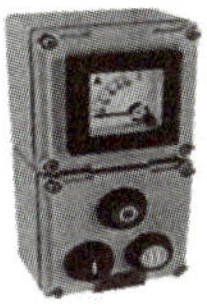 | 适用于在控制电路中发出"指令",去控制接触器、继电器等电器,再控制主电路<br>外壳采用密封式结构,具有防水、防尘等优点,所有紧固件均为不锈钢,防强腐蚀 |
| 防爆接线盒 |   | 在盒内实现导线连接。外壳采用密封式结构,具有防水、防尘、防腐蚀等优点 |
| 防爆电铃和防爆扬声器 |   | 适用于矿井作业场所中发出声音指令。外壳采用密封式结构,具有防气体爆炸、防尘、防腐蚀等特点 |
| 防爆电动机 |  | YB2系列电动机是全封闭自扇冷式笼型隔爆异步电动机,是全国统一设计的防爆电机基本系列,是YB系列电动机的更新换代产品 |
| 隔爆型真空电磁起动器 |  | QBZ18系列矿用隔爆型真空电磁起动器适用于有爆炸性气体(如甲烷等)和煤尘的矿井中,适用于频繁操作的机电设备,多用于交流50Hz,电压660V或1140V的电网中,就地或远距离控制隔爆型三相笼型异步电动机的起动、停止及换向 |

## 2.5.3　电气消防知识

当电气设备或电气线路发生火灾,若没有及时切断电源,扑救人员的身体或所持器械可能接触带电部分而造成触电事故。因此，发现电气火灾时，首先要设法切断电源。

1. 触电危险和断电

切断电源时，应注意以下几点：

1）火灾发生后，由于受潮和烟熏，开关设备绝缘能力降低，因此，拉闸时最好用绝缘工具操作。

2）对于低电压，应先操作电磁起动器而不应该先操作刀开关切断电源，以免引起弧光短路；而对于高电压，应先操作断路器，而不应该先操作隔离开关切断电源。

3）切断电源的地点要选择适当，防止切断电源后影响灭火工作。

4）剪断电线时，不同相的电线应在不同的部位剪断，以免造成短路。剪断空中的电线时，剪断位置应选择在电源方向的支持物附近，以防止电线剪断后掉落下来，造成接地短路和触电事故。

2. 电气灭火安全知识

在发生电气设备火警时，或邻近电气设备附近发生火警时，电工人员应运用正确的灭火知识，指导和组织群众采取正确的方法灭火。

1）当电气设备或电气线路发生火警时，应立即切断电源，防止火情蔓延和灭火时发生触电事故。

2）不可用水或泡沫灭火机灭火，尤其是有油类的火警，应采用黄砂、二氧化碳、二氟二溴甲烷或干粉灭火机灭火。

3）灭火人员不可使身体或手持的灭火器材触及有电的导线或电气设备，以防触电。灭火时，人体与带电体之间保持必要的安全距离（用水灭火时，水枪喷嘴至带电体的距离：电压为 10kV 及其以下时不应小于 3m；电压为 220kV 及其以上时不应小于 5m。用二氧化碳等有不导电灭火剂的灭火器灭火时，机体、喷嘴至带电体的最小距离：电压为 10kV 时不应小于 0.4m；电压为 35kV 时不应小于 0.6m 等）。

4）对架空线路等空中设备进行灭火时，人体位置与带电体之间的仰角不应超过 45°。

3. 充油电气设备的灭火

充油电气设备的油，其闪点多在 130~140℃，有较大的危险性。如果只在该设备外部起火，可用二氧化碳、干粉灭火器带电灭火。如果火势较大，应切断电源，并可用水灭火。当油箱破坏，喷油燃烧，火势很大时，除切断电源外，有事故储油坑的应设法将油放进储油坑，坑内和地面上的油火可用泡沫扑灭。

发电机和电动机等旋转电机起火时，为防止轴和轴承变形，可令其慢慢转动，用喷雾水灭火，并使其均匀冷却；也可用二氧化碳或蒸气灭火，但不宜用干粉、砂子或泥土灭火，以免损伤电气设备的绝缘。

## 2.6 基本技能训练

**技能训练1　电工作业安全标志的辨识**

1）考核项目：电工作业安全标志的辨识。

项目 2  安全用电技术

2）考核方式：辨识、选用安全标志+讲述。

3）考核时间：15min。

4）评分标准：见表 2-21。

表 2-21  电工作业安全标志的辨识项目评分表

| 考核项目 | 考核要求 | 配分 | 评分标准 | 扣分 | 得分 |
|---|---|---|---|---|---|
| 电工作业安全标志的辨识 | 熟悉电工作业安全标志 | 20 分 | 辨认图片上的安全标志（任选 5 个），错一个扣 4 分 | | |
| | 常用安全标志用途解释 | 20 分 | 能对指定的安全标志（任选 5 个）名称进行说明，并解释其用途，错一个扣 4 分 | | |
| | 正确布置安全标志 | 60 分 | 按照指定作业场景，正确布置相关安全标志（任选 2 个），选错标志一个扣 20 分，摆放位置错误一个扣 10 分 | | |
| 合 计 | | | | | |

## 技能训练 2  模拟人触电急救

1）考核项目：单人急救-心肺复苏操作。

2）考核方式：心肺复苏操作+讲述。

3）考核时间：15min。

4）评分标准：见表 2-22。

表 2-22  单人急救-心肺复苏操作项目评分表

| 考核项目 | 考核要求 | 配分 | 评分标准 | 扣分 | 得分 |
|---|---|---|---|---|---|
| 判断现象 | 简单诊断 | 15 分 | 脱离电源操作正确 5 分；检查模拟人意识和瞳孔状况正确 5 分；检查模拟人呼吸、脉搏状况正确 5 分 | | |
| 单人急救-心肺复苏操作 | 胸外心脏按压法操作 | 35 分 | 正确实施胸外心脏按压，按压幅度、按压速率不正确每次扣 1 分 | | |
| | 口对口呼吸操作 | 30 分 | 正确实施口对口呼吸，动作熟练和准确；不熟练、不准确每次扣 3 分 | | |
| | 讲述及回答 | 20 分 | 讲述：   问题 1：<br>问题 2：<br>回答问题完整、正确，每个得 10 分 | | |
| 合 计 | | | | | |

## 复习思考题

1. 安全标志由哪几部分组成？安全标志的类型有哪些？

2. 警告标志的含义是什么？警告标志的型式是什么？
3. 安全色是指什么？具体安全色的含义及用途有哪些？
4. 电流对人体的危害与哪些因素有关？
5. 触电急救的要点是什么？
6. 安全电压有几种等级？
7. 什么是保护接地？
8. 什么是保护接零？
9. 选用防爆电气设备的一般要求有哪些？
10. 在发生电气设备火警时，电工人员应如何处置？

# 项目 3

# 电工工具和电工仪表的使用

**培训学习目标：**

了解常用电工工具的种类和使用方法；掌握常用电工仪表的种类和使用技术；熟悉常用登高工具的使用方法；熟悉常用电动工具的使用和维护技术。

## 3.1 常用电工工具的使用

电工常用工具是指一般专业电工工作时经常使用的工具。

### 3.1.1 验电器

1. 低压验电器

低压验电器俗称测电笔（简称电笔），是检验导线及设备是否带电的工具，是电工的必备工具。

（1）低压验电器的结构和工作原理　常见的电笔有螺钉旋具式和钢笔式两种，其外形与结构如图 3-1a、b 所示。它主要由氖管、电阻、弹簧及笔端、笔尾的金属体等构成。验电器的测试范围多为 60~500V。验电器还有两种常见形式，分别是可以进行断点测量的数显式验电器以及可以测量线路通断的由发光二极管和内置电池组成的感应式验电器，其结构如图 3-1c、d 所示。

如图 3-2 所示，当使用验电器验电时，被测带电体通过验电器、人体与大地之间形成电位差（被测物体与大地之间的电位差超过 60V），产生电场，验电器中的氖管在电场作用下便可发出红光。

（2）低压验电器的作用　低压验电器除了可以检测被测物体是否带电以外，还具备以下功能：

1）区别相线（俗称火线）和中性线（俗称零线）。对于交流电路，使氖管发光的即为相线，正常情况下，触及中性线是不会发光的，如图 3-3 所示。

2）区别直流电和交流电。根据氖管内电极的发光情况，可以区分交流电和直流电，测量交流电时，两个电极都发光；测量直流电时则只能使一个电极发光，而且光线比较暗。

3）识别相线碰壳。可根据氖管是否发光判断设备的金属外壳有没有与相线相碰的现象。

（3）低压验电器的使用方法　使用验电器时，手与尾端金属（笔尖）体接触，使观察窗背光朝向自己，用前端金属（笔尖）接触被测物体，验电器的握法如图 3-4 所示。

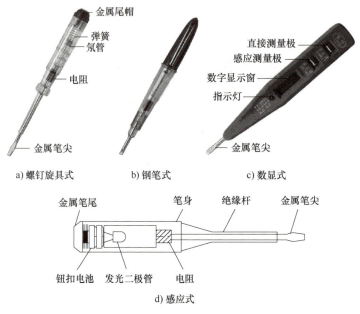

图 3-1　低压验电器

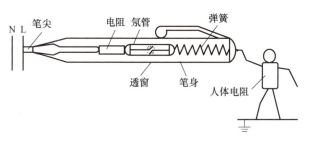

图 3-2　人体验电工作原理

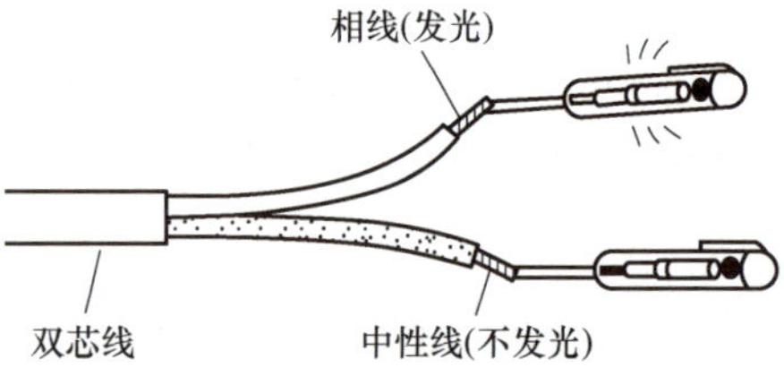

使用低压验电器时的注意事项：

1）验电器使用前，应在已知带电体上测试，证明验电器确实良好方可使用。

2）使用时，应使验电器逐渐靠近被测物体，直至氖管发光，只有氖管不发光时，人体才可以与被测体试接触。

3）螺钉旋具式验电器刀杆较长，应加套绝缘套管，避免测试时造成短路及触电事故。

图 3-3　区分相线和中性线

2. 高压验电器

高压验电器是用来检测高压架空线路、电缆线路、高压用电设备是否带电的工具。

（1）高压验电器的分类和结构　高压验电器的主要类型有发光型高压验电器、声光型高压验电器、高压电磁感应旋转验电器。常见高压验电器的外形如图3-5所示。

1）发光型高压验电器。它由握柄、护环、紧固螺钉、氖管窗、氖管和金属探针（钩）等部分组成。

项目3 电工工具和电工仪表的使用

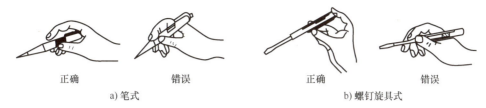

a) 笔式　　　　　　　　　　　b) 螺钉旋具式

图3-4　验电器的握法

2）声光型高压验电器　其验电灵敏性高，不受光线、噪声的影响；报警时发出警告声音。广泛使用的棒状伸缩型高压验电器，内设过电压保护，温度自动补偿，具备全电路自检功能；内设电子自动开关，电路采用集成电路屏蔽，保证在高电压、强电场下集成电路安全可靠地工作。

(2) 高压验电器的使用方法　验电操作由两人完成，一人验电，一人监护。验电人员手持高压验电器，使顶端的金属钩或球形闪光器逐渐靠近带电体，直到闪光器亮或发出音响警报信号为止。

注意：验电后不要直接接触高压验电器的验电端，宜用接地线对验电端进行放电，避免感应电伤人。

(3) 使用高压验电器时的注意事项

1）验电前要检查高压验电器是否良好，以免现场测试时误判。高压验电器指示要灵敏；接地设备不得与验电器相连，以免由于接地线造成短路事故。

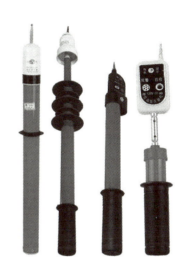

图3-5　常见高压验电器的外形

2）验电人员必须穿好工作服，戴上绝缘手套，穿上绝缘靴。

3）验电操作前应进行自检试验，确认验电器警报音提示良好。按下验电器上的试验按钮，应有警报音，发光二极管发出闪光。若自检发现无声光指示和报警，说明有故障，不得进行验电操作。当自检试验不能发出声光报警时，应检查电池。更换电池时应注意正负极不能装反。

4）验电操作前应确认与被测电压等级相同的高压验电器表面无破损、裂纹，合格证必须在有效期内。

5）验电时先将高压验电器在有电的电器上进行测试，反应正常后，再到停电的设施上验电。

6）如图3-6所示，手握部位不得超过保护环；验电人员逐渐靠近被测体，看氖管是否发光，若氖管一直不亮，则说明被测体不带电。验电人员不能太靠近带电电气设备的任何部位，如10kV高压设备，按规定间距不能小于0.7m。5s后，可撤下高压验电器。长时间操作，会损坏高压验电器或将其蓄电池的电能耗尽。

7）在雷雨天（听见雷声或者看见闪电）禁止验电。

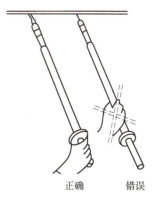

正确　　　　错误

图3-6　高压验电器的握法

### 3.1.2 螺钉旋具与活扳手

1. 螺钉旋具

螺钉旋具俗称起子、改锥或螺丝刀，它们的式样和规格很多，头部形状最常用的为一字形和十字形两种，如图 3-7 所示。其中，一字形刀头可以得到较大扭矩，但容易滑脱；十字形刀头定位准确，故在电动、气动工具上得到广泛应用。

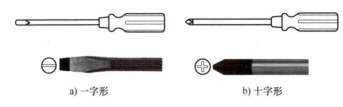

a) 一字形　　　　　　　　b) 十字形

图 3-7　螺钉旋具

螺钉旋具常用规格有 50mm、100mm、150mm 和 200mm 等，电工必备的是 50mm 和 150mm 两种。磁性螺钉旋具刀口端焊有磁性金属材料，可以吸住待拧紧或拆下的螺钉，能准确定位，使用也很方便。

螺钉旋具的使用方法：

1) 短螺钉旋具的使用：多用来松紧电气装置接线桩上的小螺钉，使用时可用大拇指和中指夹住握柄，用食指顶住柄的末端捻旋，如图 3-8a 所示。

2) 长螺钉旋具的使用：多用来松紧较大的螺钉。使用时，除大拇指、食指和中指要夹住握柄外，手掌还要顶住柄的末端，这样就可以防止旋转时滑脱，如图 3-8b 所示。

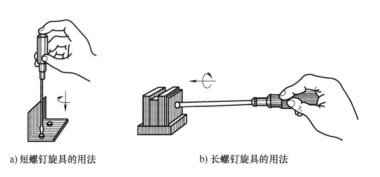

a) 短螺钉旋具的用法　　　　　　b) 长螺钉旋具的用法

图 3-8　螺钉旋具的使用

3) 较长螺钉旋具的使用：可用一只手压紧并转动手柄，另一只手握住螺钉旋具的中间（不得放在螺钉的周围），以防刀头滑脱将手划伤。

有些无线电修理工作中还经常用到仪表螺钉旋具，其外形如图 3-9a 所示。

使用螺钉旋具时的注意事项：

① 电工不可使用金属杆直通柄顶的螺钉旋具（见图 3-9b），否则易造成触电事故。

② 使用螺钉旋具紧固和拆卸带电的螺钉时，手不得触及金属杆，以免发生触电事故。

③ 为了避免螺钉旋具的金属杆触及皮肤或触及邻近带电体，应在金属杆上穿套绝缘管。

项目3 电工工具和电工仪表的使用

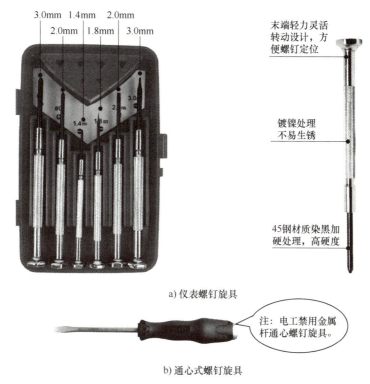

a) 仪表螺钉旋具

b) 通心式螺钉旋具

图3-9 其他螺钉旋具的使用

2. 活扳手

活扳手，是一种旋紧或拧松有角螺钉、螺栓或螺母的工具。其外形如图3-10所示。电工常用的有200mm、250mm等，使用时应根据螺母的大小选配。

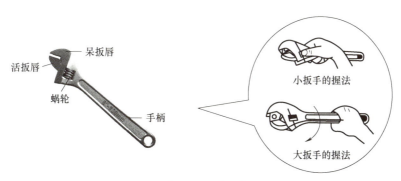

图3-10 活扳手

如图3-10所示，使用活扳手时，右手握手柄。手越靠后，扳动起来越省力。扳动小螺母时，因需要不断地转动蜗轮，调节扳口的大小，所以手应握在靠近呆扳唇处，并用大拇指调制蜗轮，以适应螺母的大小。在拧不动时，切不可采用钢管套在活扳手的手柄上来增加扭力，因为这样极易损伤活扳唇。

呆扳手、套筒扳手、梅花扳手等专用扳手，其常见外形如图3-11所示。梅花扳手（俗称眼镜扳手）用于拆装六角螺母或螺栓，拆装位于稍凹处的六角螺母或螺栓特别方便。套筒扳手由一套尺寸不等的梅花筒组成。

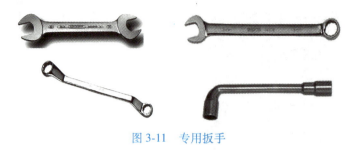

图 3-11　专用扳手

### 3.1.3　钢丝钳

钢丝钳有铁柄和绝缘柄两种，电工应使用绝缘柄的钢丝钳。常用的规格有 150mm、175mm、200mm 和 250mm 等多种。

1. 电工钢丝钳的构造和用途

电工钢丝钳由钳头和钳柄两部分组成，钳头由钳口、刀口等部分组成，如图 3-12 所示。钳口用来弯绞或钳夹导线线头，刀口用来剪切导线、剖削软导线绝缘层或者剪切电线线芯、钢丝或铁丝等较硬金属。

如图 3-12 所示，使用钢丝钳时用右手操作，将钳口朝内侧，便于控制钳切部位，用小指伸在两钳柄中间来抵住钳柄，张开钳头，这样分开钳柄灵活。

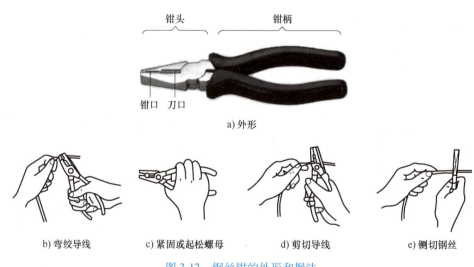

图 3-12　钢丝钳的外形和握法

2. 使用电工钢丝钳的安全知识

1）使用前，必须检查钢丝钳绝缘柄是否完好。如果绝缘柄损坏，则不得使用，以免带电作业时发生触电事故。

2）使用电工钢丝钳剪切带电导线时，不得用刀口同时剪切相线和中性线或同时剪切两根相线，以免发生电路短路。

### 3.1.4 尖嘴钳

尖嘴钳的头部尖细，适用于在狭小的空间操作。尖嘴钳也有铁柄和绝缘柄两种，绝缘柄的耐电压为500V，其外形如图3-13a所示。

尖嘴钳的用途：

① 带有刀口的尖嘴钳能剪断细小金属丝。

② 夹持较小螺钉、垫圈、导线等元器件。

③ 将单股导线弯成所需的各种形状。

尖嘴钳的正确握法如图3-13b、c所示，手指处于两手柄间的目的是便于灵活地控制手柄的张开和合拢。

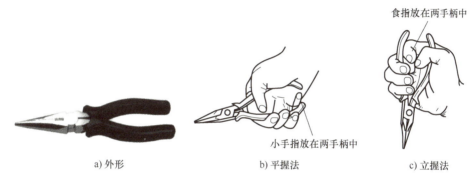

图3-13 尖嘴钳的外形和握法

### 3.1.5 断线钳

断线钳是专供剪断金属丝、线材及导线电缆时使用的。钳柄有铁柄、管柄和绝缘柄三种。其常见外形如图3-14所示。

图3-14 断线钳

### 3.1.6 剥线钳

剥线钳是用来剥削小直径导线绝缘层的专用工具，其外形如图3-15所示。剥线钳为内线电工、电机修理、仪器仪表电工等常用的工具之一。它适宜于塑料、橡胶绝缘电线、电缆芯线的剥皮。

使用剥线钳时，将被剥削的导线绝缘层的长度用标尺定好后，即可把导线放入相应的刃口中，用手将两侧钳柄握紧，导线的绝缘层即被割破并剥下。

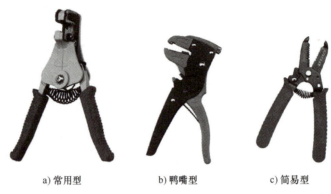

a) 常用型　　　　b) 鸭嘴型　　　　c) 简易型

图 3-15　剥线钳

### 3.1.7　电工刀

电工刀是用来剖削电线、切割圆木缺口、削制木榫的专用工具，其外形如图 3-16 所示。电工刀由刀片、刀刃、刀把、刀挂等构成。多用电工刀除了刀柄外，还有锯片、锥子、扩孔锥等。装修工作中的电工作业多使用工具刀来完成，如图 3-17 所示。

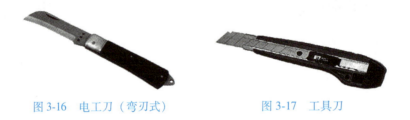

图 3-16　电工刀（弯刃式）　　　　图 3-17　工具刀

使用电工刀时的注意事项：

① 使用时，应将刀刃朝外剥削。剥削导线绝缘层时，应使刀刃与导线成较小的锐角，以免割伤导线。

② 使用电工刀时应注意避免伤手，不得传递未折进刀柄的电工刀，如图 3-18 所示。

图 3-18　折进（平刃式多用电工刀）刀柄

## 3.2　导线连接技术

连接导线是电工作业人员必须掌握的技术，是安装线路及维修工作中经常用到的技术。

导线连接的质量对线路的安全程度和可靠性影响很大,导线连接处通常是电气故障的高发部位。所以采用正确的导线连接方法可以降低故障的发生率,既加强了线路运行的可靠性,又可减轻工作强度。连接导线前,应先对导线的绝缘层进行剖削处理。

### 3.2.1 导线的剖削

电工必须学会用电工刀或钢丝钳来剖削导线的绝缘层,对于芯线截面积为 4mm² 及以下的导线常采用剥线钳或钢丝钳来剖削;而对于芯线截面积为 4mm² 及以上的导线,多采用电工刀来完成剖削。常用导线的剖削方法见表 3-1。

表 3-1 常用导线的剖削方法

| 名称 | 剖削步骤 | 图示 |
|---|---|---|
| 塑料软线 | 剥线钳或钢丝钳剖削 | ① 左手拇指、食指先捏住线头,按连接所需长度,用钳头刀口轻切绝缘层刀口(轻切时不可用力过大)<br>② 左手食指缠绕一圈导线,右手握住钳头部,攥拳捏住导线,两手同时反向用力(右手用力要大于左手),即可把端部绝缘层剥离芯线 | 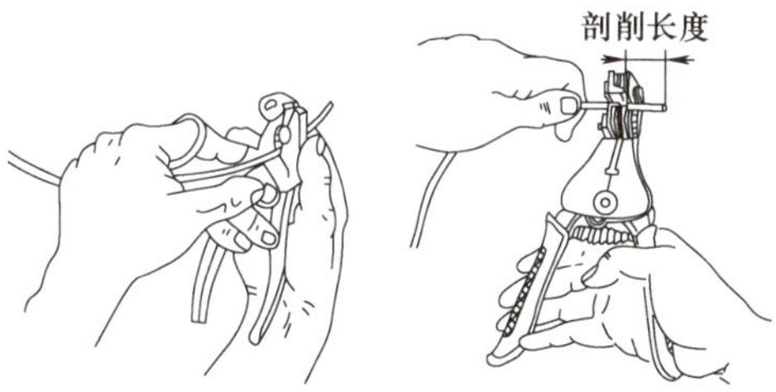 a)  b) |
| 塑料硬线 | 芯线截面积 4mm² 及以下使用钢丝钳剖削 | ① 左手捏住电线,根据线头所需长度用钢丝钳刀口环绕轻切绝缘层<br>② 右手握住钢丝钳头部用力向外勒去塑料绝缘层 | 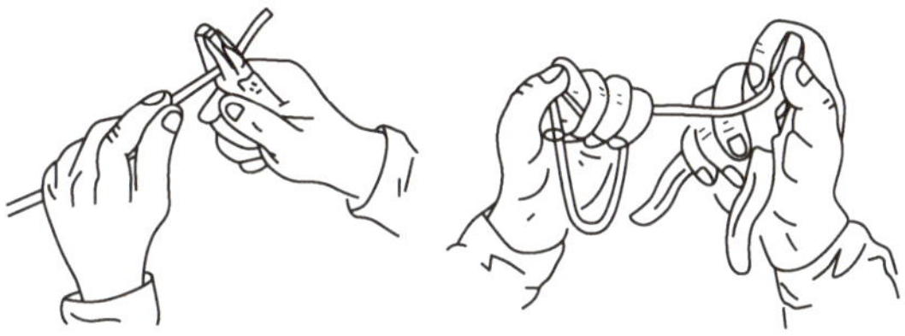 a)  b) |
| 塑料硬线 | 芯线截面积大于 4mm² 使用电工刀剖削 | ① 根据所需长度用电工刀以 45°倾角切入塑料绝缘层<br>② 刀面与芯线保持 15°~25°,用力向前端推削,直到削完上面一层塑料绝缘层<br>③ 将下面塑料绝缘层向后扳翻,用电工刀齐根切去 | 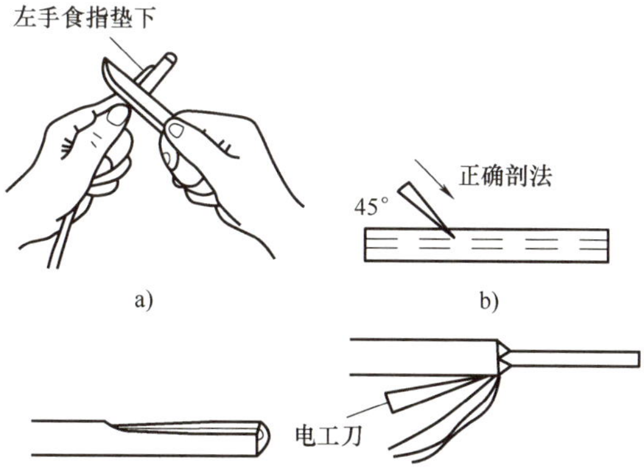 a)  b)  c)  d) |

| 名 称 | | 剖削步骤 | 图 示 |
|---|---|---|---|
| 塑料护套线 | 电工刀剖削 | ① 根据所需长度用电工刀刀尖对准护套线中缝,划开护套层<br>② 向后扳翻护套层,用刀齐根切去<br>③ 在离护套层 5~10mm 处,用电工刀以 45°倾角切入绝缘层,剖削方法同塑料硬线 | 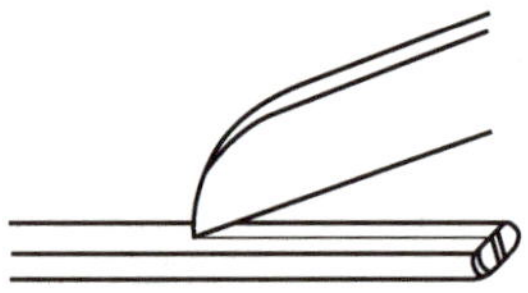 a) 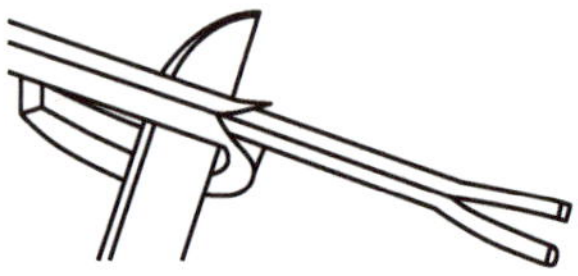<br>b) |
| 橡胶软线 | 电工刀和钢丝钳剖削 | ① 从导线端头任意两芯线缝隙中割破部分橡胶护套层<br>② 把已分开的护套层向外分拉,撕破护套层;当无法撕开护套层时,可用电工刀补割,直到所需长度为止<br>③ 在根部切断扳翻的护套层<br>④ 将麻线扣结加固<br>⑤ 每根芯线的绝缘层按所需长度用塑料软线的剖削方法进行剖削 |  a)  b) 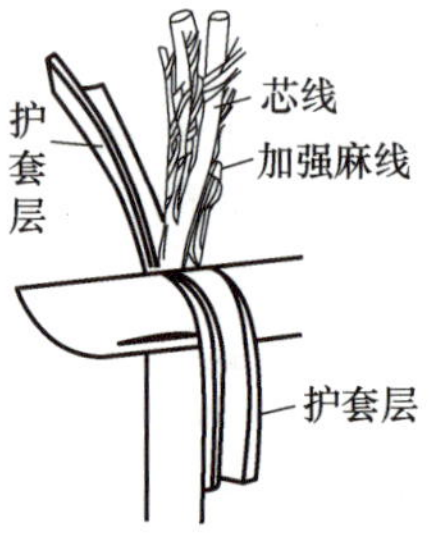<br>c) |

### 3.2.2 导线的连接

连接导线时应根据导线的材料、规格、种类等采用不同的连接方法。连接导线的基本要求是:电气接触好,即接触电阻要小;要有足够的机械强度。

1. 铜芯导线的连接

常用铜芯导线有单股、多股等多种线芯结构形式,其连接方法也有所不同,见表 3-2。

2. 线头与接线桩的连接

电工工作中,许多电器与导线的连接是用接线柱或螺钉压接的,具体连接方法见表 3-3。

项目3　电工工具和电工仪表的使用

表 3-2　铜芯导线的连接方法

| 名　称 | | 连 接 步 骤 | 图　示 |
|---|---|---|---|
| 单股铜芯导线 | 直接连接 | ① 将两线头的芯线呈"×"形交叉<br>② 两线头的芯线互相绞绕 3~4 圈<br>③ 绞绕后，扳直两端线头<br>④ 将两个线头在各侧芯线上紧绕 6~8 圈，钳去余下的芯线，并钳平芯线的末端 | 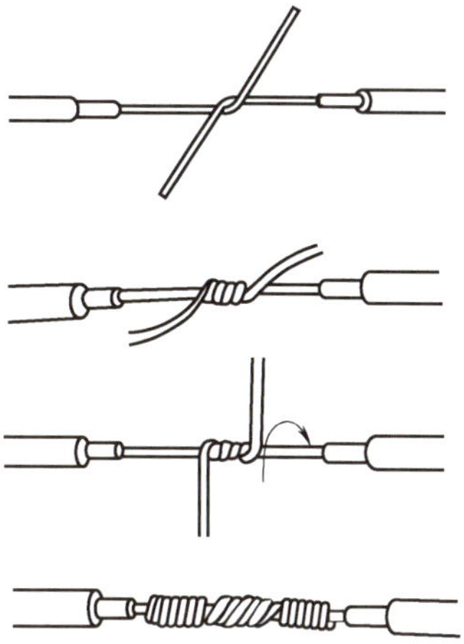 |
| | T字分支连接 | ① 将支路芯线的线头与干线芯线"+"形相交后按顺时针方向缠绕支路芯线<br>② 缠绕 6~8 圈后，钳去余下的芯线，并钳平芯线末端<br>③ 对于较小截面积的芯线，应先环绕结扣，再把支路线头扳直，紧密缠绕 8 圈，随后剪去多余芯线，钳平切口毛刺 | 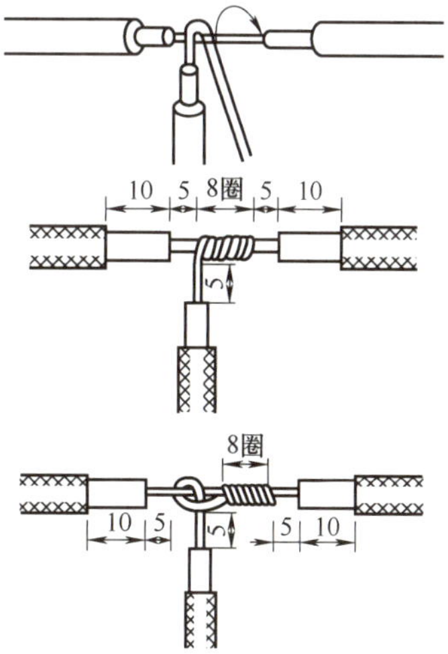 |
| 单股铜芯导线与多股铜芯导线 | T字分支连接 | ① 在距多股导线的左端绝缘层切口 3~5mm 处的芯线上，用螺钉旋具把多股线芯均分两组<br>② 勒直芯线，把单股芯线插入多股芯线的两组芯线中间，但不可到底，应使绝缘层切口离多股芯线约 5mm<br>③ 用钢丝钳把多股芯线的插缝钳平钳紧<br>④ 把单股芯线按顺时针方向紧绕在多股芯线上，缠绕 10 圈，钳断余端，并钳平切口毛刺 | 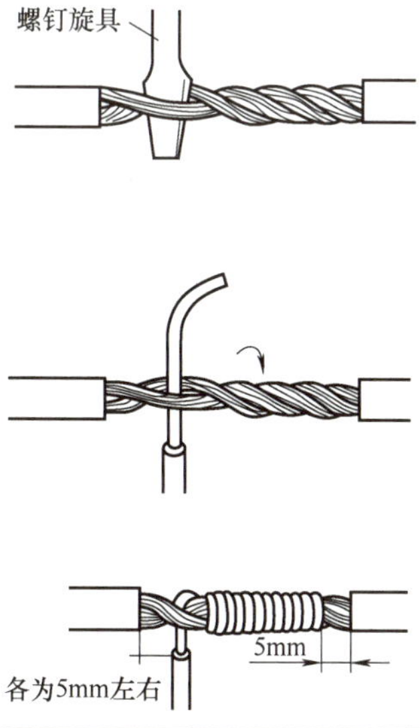 |

(续)

| 名称 | | 连接步骤 | 图示 |
|---|---|---|---|
| 七股铜芯（或铝芯）导线 | 直接连接 | ① 将两芯线头绝缘层剖削（长度为 $l$）后，散开并拉直，把靠近绝缘层根部 1/3 线段的芯线绞紧<br>② 将余下的 2/3 芯线分散成伞状，并拉直每根芯线<br>③ 把两组伞状芯线线头隔根对插，并捏平两端芯线，选择右侧 1 根芯线扳起，垂直于芯线，并按顺时针方向缠绕 3 圈<br>④ 将余下的芯线向右扳直，再把第 2 根芯线扳起垂直于芯线，仍按顺时针方向紧紧压住前 1 根扳直的芯线缠绕 3 圈<br>⑤ 将余下的芯线向右扳直，再把剩余的 5 根芯线依次按上述步骤操作后，切去多余的芯线，钳平线端<br>⑥ 用同样的方法缠绕另一侧芯线 | 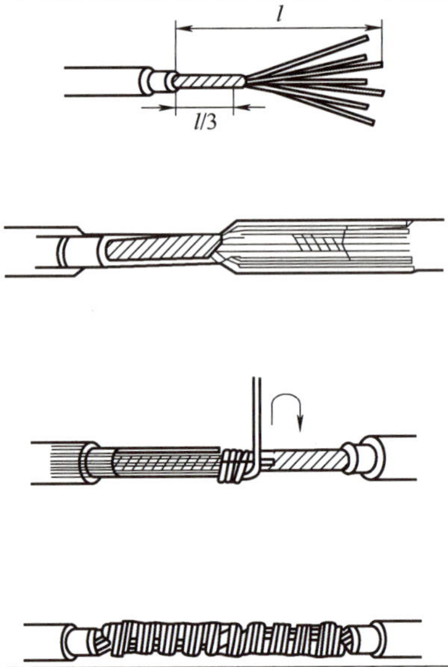 |
| 七股铜芯（或铝芯）导线 | T 字分支连接 | ① 将分支芯线散开钳直，接着把靠近绝缘层 1/8 线段的芯线绞紧<br>② 将其余线头 7/8 的芯线分成 4、3 两组并排齐，用一字槽螺钉旋具把干线的芯线撬分两组，将支线中 4 根芯线的一组插入两组芯线干线中间，而把 3 根支线的一组支线放在干线芯线的前面<br>③ 把右边 3 根芯线的一组在干线一边按顺时针方向紧紧缠绕 3~4 圈，钳平线端，再把左边 4 根芯线的一组芯线按逆时针方向缠绕，缠绕 4~5 圈后，钳平线端 | 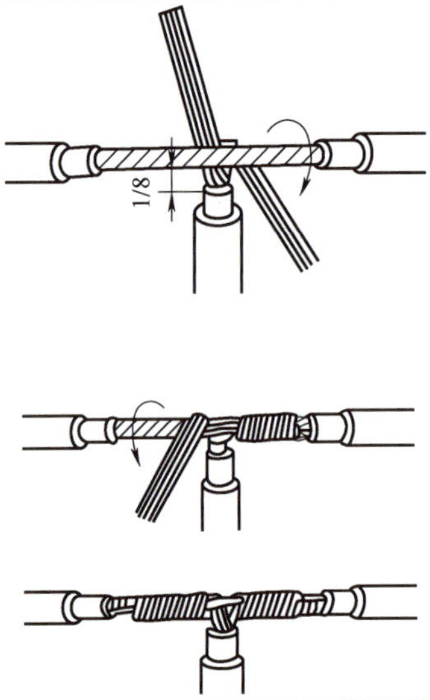 |

表 3-3 线头与接线桩的连接方法

| 方式 | 连接步骤 | 图示 |
|---|---|---|
| 线头与针孔式接线桩 | ① 若单股芯线与接线桩插线孔大小适宜，则将芯线插入针孔，旋紧螺钉即可；若单股芯线较细，则要把芯线折成双根，再插入针孔<br>② 若是多股细丝的软线芯线，应先绞紧线芯，再插入针孔，决不应有细丝露在外面，以免发生短路 | 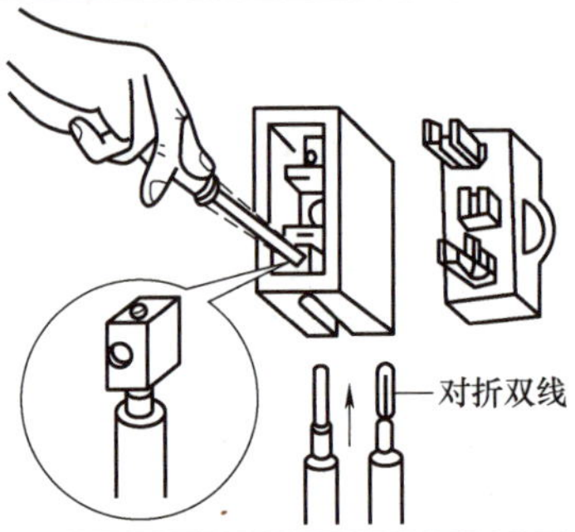 对折双线 |

（续）

| 方 式 | 连 接 步 骤 | 图 示 |
|---|---|---|
| 线头与螺钉平压式桩 | ① 对于较小截面积的单股芯线，应把线头弯成接线圈，弯的方向应与螺钉拧紧的方向一致<br>② 对于较大截面积的多股芯线，线头应安装配套的接线耳，将接线耳与接线桩连接一起<br>③ 采用多股软线压接前，应将导线线头弯成接线圈 | 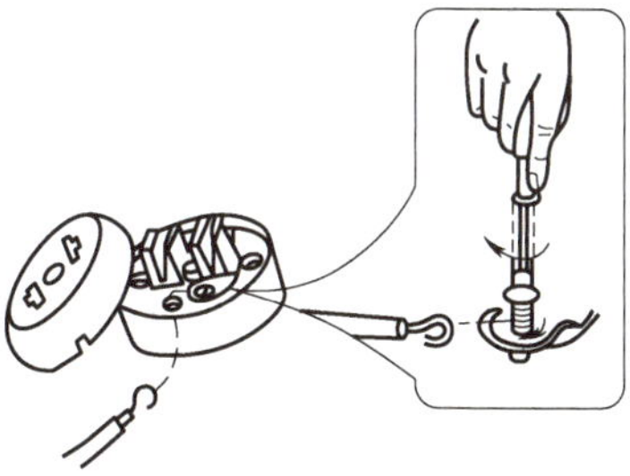 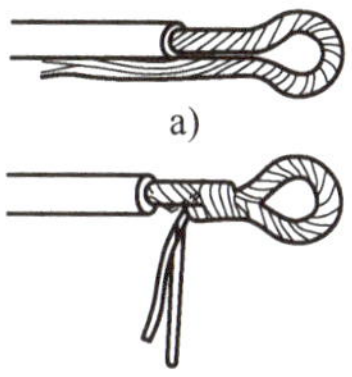 a)<br>b)<br>c) |
| 线头与瓦形接线桩 | ① 对于较小截面积的单股芯线，应把线头卡入瓦形接线桩内进行压接<br>② 对于较大截面积的芯线，可直接将线芯塞入瓦形接线桩下压接，但压后要拽拉接头检查接线紧固情况 | 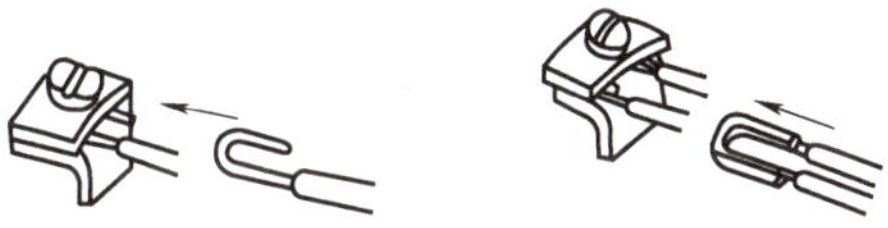 a)　　　b) |
| 电线快速接头 | 芯线截面积为4mm²及以下的导线，也采用直接将线芯塞入快速接头连接的方式<br>① 快捷：能在几秒内完成一对接头的连接，提高效率90%以上<br>② 安全：无连接松脱的隐患，无胶布脱落的风险<br>③ 简单：简单两步就能完成一组接头连接 | 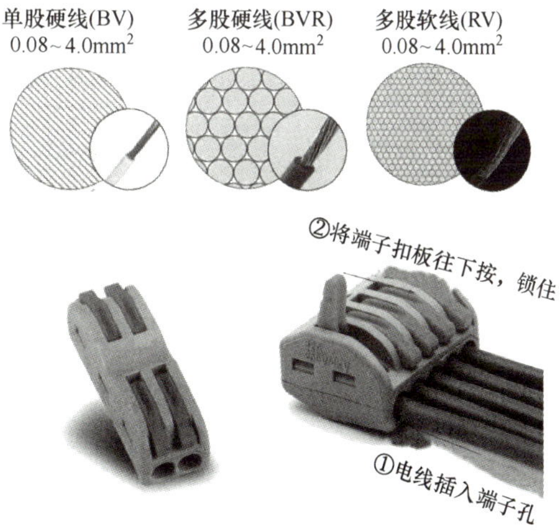 单股硬线(BV) 多股硬线(BVR) 多股软线(RV)<br>0.08~4.0mm² 0.08~4.0mm² 0.08~4.0mm²<br>②将端子扣板往下按，锁住<br>①电线插入端子孔 |

**3. 铝芯导线的连接**

铜芯导线通常可以直接连接，而铝芯导线由于常温下易氧化且氧化铝的电阻率较高，故一般采用压接方式。

铜芯导线与铝芯导线不能直接连接。原因有两点：

1）铜、铝的热膨胀率不同，连接处容易产生松动。

2）铜、铝直接连接会产生电化腐蚀现象。

通常铜芯导线与铝芯导线之间的连接要采用专用的铜、铝过渡接头，连接方法见表3-4。

表3-4 铝芯导线的连接方法

| 名 称 | 连 接 步 骤 | 图 示 |
|---|---|---|
| 采用压接管连接 | ① 将导线连接处表面清理干净，不应存在氧化层或杂质尘土<br>② 清理表面后，将中性凡士林加热，熔成液体油脂，涂在铝筒内壁上，并保持清洁，然后使用压线钳和压接管连接 | 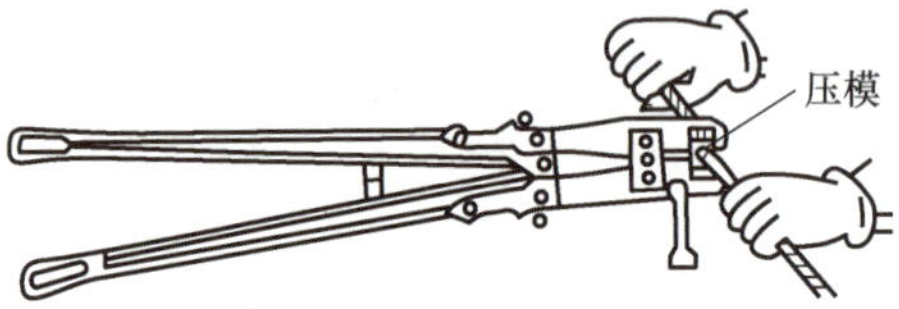 a)压接 <br>b)铝压接管 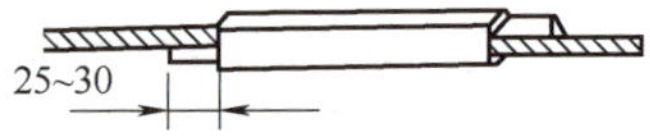<br>c)伸出长度 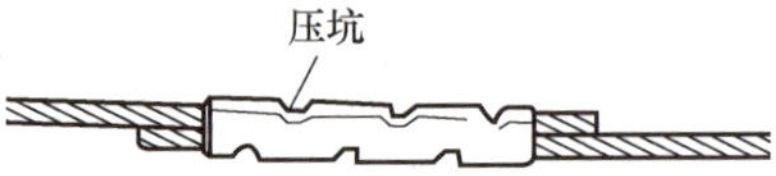<br>d)压坑 |
| 采用接线端子、接线夹、连接管和并沟线夹 | ① 若是铝芯导线与电气设备连接，应采用铜铝接线端子进行过渡。铜铝接线端子适用于配电装置中各种圆型、半圆扇型铝线、电力电缆与电气设备铜端的过渡连接<br>② 铜铝接线夹适用于户内配电装置中电气设备与各种电线、电缆的过渡连接<br>③ 若是铝芯导线与铜芯导线连接，应采用铜铝过渡连接管，把铜芯导线插入连接管的铜端，把铝芯导线插入连接管的铝端，使用压线钳压接。连接管适用于配电装置中各种圆型、半圆扇型电线、电缆之间的连接<br>④ JB-TL系列铜铝过渡并沟线夹适用于电力线路铝芯导线与铜芯导线的连接 |   铜铝接线端子　铜铝接线夹 <br>铜铝过渡连接管 <br>铜铝过渡并沟线夹 |

项目3　电工工具和电工仪表的使用

4. 铜芯导线端头的连接

对于导线端头与各种电器螺钉之间的连接，广泛采用一种快捷而优质的连接方法，即用压线钳（见图3-19）和冷压接线端头来完成。压接工作非常简单，只要遵从正确的工作顺序、配备适合的压接工具即可完成。

压线钳操作简便，接头工艺美观，因而广泛使用。

冷压接线端头（简称铜接头），又称为配线器材和线鼻子、接线耳等，其材质多为优质红铜、青铜，以确保导电性能。端头表面一般镀锡，防氧化，耐腐蚀，品种较多，以适应不同设备的装配需要。

图3-19　压线钳

新型冷压端头在工业（如机床、电器）、仪器、仪表、汽车、空调等行业广泛采用，其为国内电气连接技术达到国际标准搭起了一座桥梁。常用冷压接线端头见表3-5。

表3-5　常用冷压接线端头

| 名　　称 | 外　　形 | 名　　称 | 外　　形 |
| --- | --- | --- | --- |
| 叉形冷压端头 |  | 叉形预绝缘端头 |  |
| 圆形冷压端头 |  | 圆形预绝缘端头 |  |
| 针形冷压端头 |  | 针形、片形预绝缘端头 |  |
| 公预绝缘端头 |  | 片式插接件 |  |
| 母预绝缘端头 |  | 子弹型公预绝缘端头 |  |

5. 截面积较大导线端头的连接

对于截面积较大的导线（6mm² 以上）使用压线钳时应配备可互换的压接模套。采用专用压接钳来完成，专用压接钳有手动、液压、电动等多种形式。图 3-20 所示为液压快速压接钳和铜接线端头。

图 3-21 所示为压接导线接头的操作步骤。

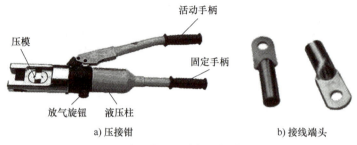

图 3-20　液压快速压接钳和铜接线端头

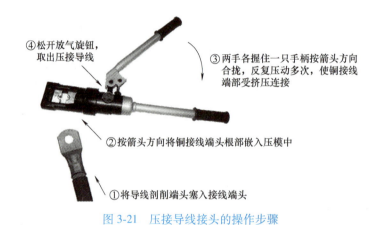

图 3-21　压接导线接头的操作步骤

### 3.2.3　导线绝缘的恢复

对于照明线路、电气设备导线的接头及破损的导线绝缘，多数情况下是使用黑胶布直接包缠来完成导线绝缘恢复的，除此之外还有绝缘胶带等材料。

1. 绝缘带的包缠方法

1）包缠时，从导线左边完整的绝缘层上开始包缠，包缠两根带宽后方可进入无绝缘层的芯线部分，如图 3-22a 所示。

2）包缠时，黑胶布与导线保持约 55°的倾斜角，每圈压叠带宽的 1/2，如图 3-22b 所示。

3）包缠一层黑胶布后，可按另一斜叠方向包缠第二层黑胶布，也应每圈叠压前面带宽的 1/2，如图 3-22c、d 所示。

对于压接后的导线端头通常采用 PVC 电气绝缘胶带或黑胶带包缠绝缘，具体方法如图 3-23 所示。

注意：存放绝缘胶带时要避免高温，也不可接触油类。

2. 压线帽的使用

在现代电气照明用具的安装及接线工作中，使用专用压线帽来完成导线线头的绝缘恢复已成为快捷的工艺，通常是借助于压线钳来完成的，如图 3-24 所示。

a) 包缠示意图

b) 胶布与导线间的角度

c) 完成第一层

d) 第二层开始

图 3-22　导线绝缘层的包缠

a) PVC电气绝缘胶带

b) 使用黑胶带包缠

c) 包缠后的导线端头

图 3-23　压接导线端头的包缠

a) 压线帽

b) 使用方法

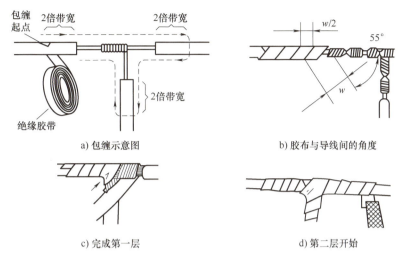

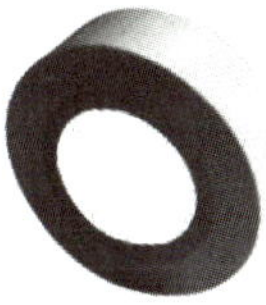

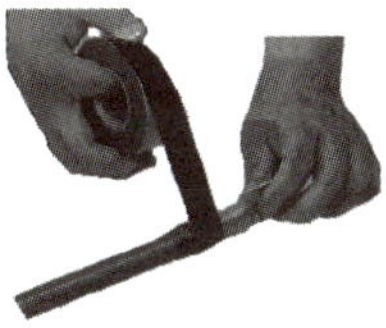

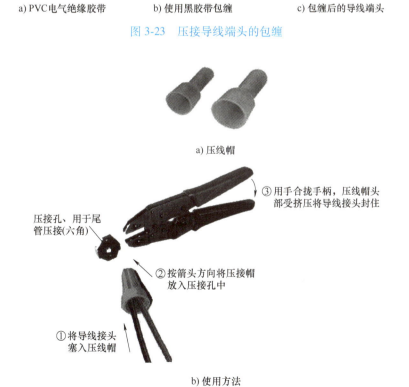

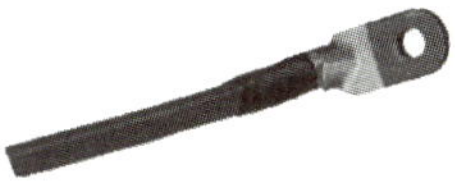

图 3-24　压线帽外形及其使用方法

## 3.3 常用电工仪表的使用

电工仪表按照测量的对象不同，分为电流表（安培表）、电压表（伏特表）、功率表（瓦特表）、电能表（千瓦时表）、电阻表（欧姆表）等；按照仪表工作原理的不同，可分为磁电式、电磁式、电动式、感应式等；按照被测电量种类的不同分为交流表、直流表、交直流两用表等；按照使用性质和装置方法的不同分为固定式（开关板式）、携带式等；按误差等级的不同，可分为 0.1 级、0.2 级、0.5 级、1.0 级、1.5 级、2.5 级和 4 级共 7 个等级。

此节主要介绍电工工作中常用的几种仪表。

### 3.3.1 指针式万用表

万用表是用来测量交、直流电压，交、直流电流和电阻等的常用仪表，有的万用表还可测量电感和电容。其因价格低廉、使用和携带方便，所以广泛应用于电气维修和测试工作。万用表是电工必备的仪表之一，每个电气工作者都应该熟练掌握其工作原理及使用方法。常用的指针式万用表如图 3-25 所示。

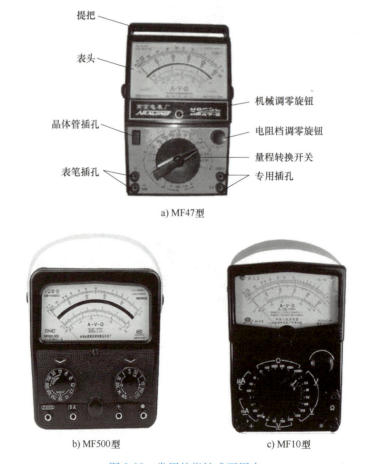

a) MF47型

b) MF500型　　　c) MF10型

图 3-25　常用的指针式万用表

图 3-25b 中的 MF500 型万用表是一种高灵敏度、多量限的整流系仪表。仪表标度盘宽阔,读数清晰,具有 24 个测量量限,能分别测量交、直流电压,直流电流,电阻及音频电平,适宜于无线电、电信及电工作业中作精密测量使用。这里以测量使用较多的 MF47 型万用表进行介绍。

1. 万用表的工作原理

万用表的工作原理是建立在欧姆定律和电阻串联分压、并联分流等规律基础上的。指针式万用表的测量原理如图 3-26 所示。

万用表的基本原理是利用一只灵敏的磁电式直流电流表(微安表)做表头,当微小电流通过表头时,就会有电流指示。但表头不能通过大电流,所以必须在表头上并联与串联一些电阻进行分流或降压,从而测量出电路中的电流、电压和电阻。

(1)测量直流电流原理 如图 3-26 所示,在表头上并联一个适当的电阻(叫作分流电阻)进行分流,就可以扩展电流量程。改变分流电阻的阻值,就能改变电流测量范围。

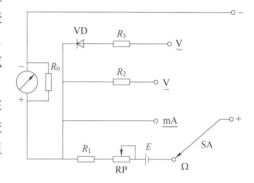

图 3-26 指针式万用表的测量原理

(2)测量直流电压原理 如图 3-26 所示,在表头上串联一个适当的电阻(叫作倍增电阻)进行降压,就可以扩展电压量程。改变倍增电阻的阻值,就能改变电压的测量范围。

(3)测量交流电压原理 如图 3-26 所示,因为表头是直流表,所以测量交流时,需加装二极管形成半波整流电路,将交流整流变成直流后再通过表头,这样就可以根据直流电的大小来测量交流电压。扩展交流电压量程的方法与直流电压量程相似。

(4)测量电阻原理 如图 3-26 所示,在表头上并联和串联适当的电阻,同时串接一节电池,使电流通过被测电阻,根据电流的大小,就可以测量出电阻值。改变分流电阻的阻值,就能改变电阻的量程。

2. 万用表的使用方法

(1)正确选用转换开关和表笔插孔 万用表有红、黑两只表笔,使用前先将红表笔插入"+"极性孔,黑表笔插入"-"极性孔。测量直流电流、电压等物理量时,必须注意正负极性。根据测量对象,将转换开关旋至所需位置,在被测量大小不详时,应先选用量程较大的高档试测,如不合适再逐步改用较低的档位。

(2)正确读数 万用表有数条供测量不同物理量的标尺,读数前一定要根据被测量的种类、性质和所用量程认清所对应的读数标尺,如图 3-27 所示。

(3)测量电阻的方法 电阻量程分别为×1、×10、×100、×1k、×10k 五档,如图 3-28a 所示。

测量电阻的步骤如下:

① 合理选择电阻倍率档,将量程开关旋至合适的量程。

图 3-27 万用表的面板刻度标尺

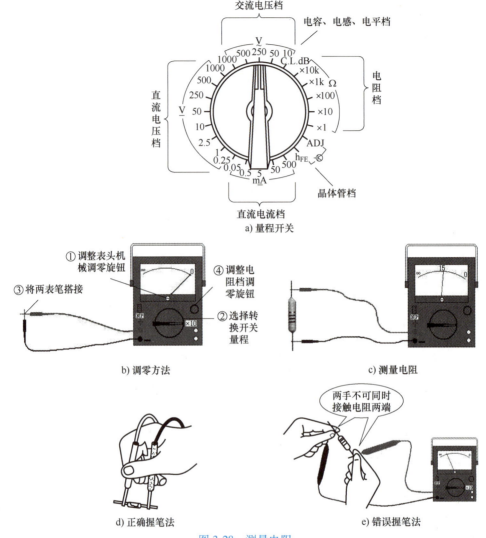

图 3-28 测量电阻

② 调零：将红、黑两表笔搭接，调节欧姆调零旋钮，使指针在第 1 条欧姆刻度线（见图 3-27）的右侧终端"0"位上。调零的方法如图 3-28b 所示。

③ 将两表笔接入被测电阻，按第 1 条刻度线（见图 3-27）读数，并乘以转换开关所指示的倍数，即为被测电阻值。若改变量程，需重新调零。

例如：将量程开关旋转至"×10"，调零后测得电阻指针指示在刻度线"15"的位置，如图 3-28c 所示，则被测电阻的阻值为 $15×10\Omega=150\Omega$，若将量程开关旋至"×100"，调零后测得指针指示在刻度线"1.5"的位置，则被测电阻的阻值为 $1.5×100\Omega=150\Omega$。

（4）测量直流电压的方法　直流电压的量程范围有 8 档，按第 2 条刻度线（见图 3-27）读数。用 2500V 档时，量程开关应放在 1000V 的量程上，表笔应插在"2500V"和"COM"插孔内。

（5）测量直流电流的方法　直流电流的量程范围有 5 档。将仪表与被测电路串联，仍按第 2 条刻度线（见图 3-27）读数。用 5A 档测量时，表笔应插在"5A"和"COM"插孔内，量程开关可放在电流量程的任意位置上。

（6）测量交流电压的方法　交流电压的量程范围也有 5 档。测量时，仪表表笔与被测电压并联，仍按第 2 条刻度线（见图 3-27）读数。用 2500V 档时，量程开关应放在 1000V 档位上，表笔应插在"2500V"和"COM"插孔内。

3. 使用指针式万用表时的注意事项

1）在测量中，不能转动量程开关，特别是测量高电压和大电流时，严禁带电转换量程。

2）若不能确定被测量大约数值时，应先将档位开关旋转到最大量程上，然后再按测量值选择适当的档位，使表针得到合适的偏转。所选档位应尽量使指针指示在标尺位置的 1/2～2/3 的区域（测量电阻时除外）。

3）测量电阻时，一定要使被测电阻不与其他电路有任何接触，也不要用手接触表笔的导电部分（见图 3-28d），以免影响测量结果。

4）测量电路中的电阻阻值时，应将被测电路的电源切断，如果电路中有电容器，应先将其放电后才能测量。切勿在电路带电的情况下测量电阻。

5）测量完毕后，最好将量程开关旋至交流电压最大量程上，防止再次使用时因疏忽未调节测量范围而将仪表烧坏。

4. 万用表的维护

万用表应水平放置，要防止振动、受潮，使用前首先看指针是否指在机械零位上，如果不在，应调至零位。每次测量完毕，要将转换开关置于空档或最高电压档上。在测量电阻时，如果将两只表笔短接后指针仍调整不到欧姆标尺的零位，则说明应更换万用表内部的电池（见图 3-29）；长期不用万用表时，应将电池取出，以防电池受腐蚀而影响表内其他元器件。

### 3.3.2 数字式万用表

1. 数字式万用表的特点

数字式万用表是利用模/数转换原理，将被测量转化为数字量，并将测量结果以数字形式显示出来的一种测量仪表。数字式万用表与指针式万用表相比，具有精度高、速度快、输入阻抗大、数字显示、读数准确、抗干扰能力强，测量自动化程度高等优点而被广泛应用。

图 3-29　MF47 型万用表内部的电池

数字式万用表采用液晶显示器作为读数装置，其型号品种较多，测量非常简便。数字式万用表的内部通常采用专用集成电路芯片，具有功耗小、量程可自动切换的优点。常见数字式万用表的外形如图 3-30a 所示。下面以其为例简单介绍数字式万用表的使用方法。

2. 数字式万用表的使用

（1）交、直流电压的测量　将电源开关置于 ON 位置，根据需要将量程开关（见图 3-30b）拨至 DCV（直流）或 ACV（交流）范围内的合适量程，红表笔插入 V/Ω 孔，黑表笔插入 COM 孔，然后将两只表笔连接到被测点上，液晶显示器上便直接显示被测点的电压。在测量仪器仪表的交流电压时，应当用黑表笔去接触被测电压的低电位端（信号发生器的公共地端或机壳），从而减小测量误差。

a) 外形

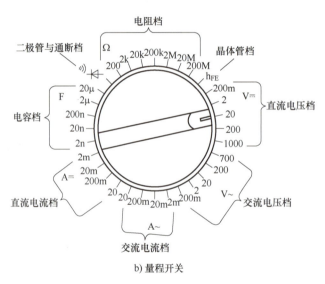

b) 量程开关

图 3-30　数字式万用表

（2）交、直流电流的测量　将量程开关拨至 DCA（直流）或 ACA（交流）范围内的合适量程，红表笔插入 A 孔（≤200mA）或 10A 孔（>200mA），黑表笔插入 COM 孔，通过两只表笔将万用表串联在被测电路中。在测量直流电流时，数字式万用表能自动转换或显示极性。

数字式万用表使用完毕，应将红表笔从电流插孔中拨出，插入电压插孔。

（3）电阻的测量　将量程开关拨至 Ω（OHM）范围内的合适量程，红表笔（正极）插入 V/Ω 孔，黑表笔（负极）插入 COM 孔。如果被测电阻超出所选量程的最大值，万用表将显示过量程"1"，这时应选择更高的量程。对大于 1MΩ 的电阻，要等待几秒钟稳定后，再读数。当检查内部线路阻抗时，要保证被测线路电源切断，所有电容放电。

注意：仪表在电阻档及检测二极管、检查线路通断时，红表笔插入 V/Ω 孔，为高电位；黑表笔插入 COM 孔，为低电位。当测量晶体管、电解电容等有极性的电子元器件时，必须注意表笔的极性。

（4）电容的测量　将量程开关拨至 CAP 档相应量程，旋动零位调节旋钮，使初始值为 0，然后将电容直接插入电容测试座中，这时显示器上将显示其电容量。测量时两手不得碰触电容的电极引线或表笔的金属端，否则数字式万用表将跳数，甚至过载。

3. 使用数字式万用表时的注意事项

1）测量电阻时，红表笔为测试源正端，黑表笔为负端，这与指针式万用表比较恰好相反。当万用表显示电源电压低时，应及时更换电池，否则所测量电压的数值会偏高。

2）测量交直流电压时，在有"交流"干扰的情况下，黑表笔一定要接地，因为黑表笔接着表内屏蔽罩，可防止环境对万用表正常工作的干扰。严禁在测量高电压或大电流的过程中拨动开关，以防电弧烧坏转换开关的触头。

3）测量电压时，量程开关选择要准确，防止误接。如果误用交流电压档去测直流电压，或误用直流电压档去测交流电压，则将显示"000"，或在低位上出现跳字。

4）使用低档测电阻（如用 200Ω 档）时，为精确测量，可先将两表笔短接，测出两表笔的引线电阻，并根据此数修正测量结果。严禁带电测量电阻。

5）在测量电压、电流时，若显示屏上的数值为"1"，则表明量程太小，应加大量程后再测；若在数值左边出现"-"，则表明表笔极性与实际电源极性相反，此时红表笔接的是负极。

4. 数字式万用表的常见故障

通常情况下，数字式万用表的损坏多是因测量档位错误造成的。例如在测量交流电时，测量档位选择置于电阻档，这种情况下表笔一旦接触交流电，瞬间即可造成万用表内部元器件损坏。因此，在使用万用表测量前一定要先检查测量档位是否正确。在使用完毕后，将测量选择置于交流 750V 或者直流 1000V 处，这样在下次测量时无论测量什么参数，都不会引起数字式万用表的损坏。

有些数字式万用表的损坏是由于测量的电压或电流超过量程范围所造成的，比如在交流 20V 档位测量交流市电，很易引起数字式万用表交流放大电路损坏，使万用表失去交流测量功能。在测量直流电压时，所测电压超出测量量程，同样易造成表内电路故障。在测量电流时，如果实际电流值超过量程，一般会使万用表内的熔丝烧断，不会造成其他损坏。

### 3.3.3　绝缘电阻表

绝缘电阻表是专门用来测量大电阻和绝缘电阻值的便携式仪表，在电气安装、检修和试验中得到广泛应用。它的计量单位是兆欧（MΩ）。

绝缘电阻表的种类很多，但其作用原理大致相同，常用 ZC 系列绝缘电阻表的外形如图 3-31 所示。

1. 绝缘电阻表的使用方法

绝缘电阻表有三个接线柱，其中两个较大的接线柱上分别标有"接地（E）"和"线路（L）"，另一个较小接线柱上标有"保护环（G）"（或"屏蔽"）。使用时各接线柱的接线方法如图 3-32 所示。

2. 使用绝缘电阻表时的注意事项

1）测量电气设备的绝缘电阻时，必须先切断电源，再将电气设备进行放电，以保证人身安全和测量正确。

a) ZC25(500V)绝缘电阻表

b) ZC—7(1000V)绝缘电阻表

图 3-31　常用 ZC 系列绝缘电阻表的外形

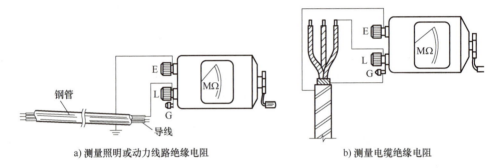

a) 测量照明或动力线路绝缘电阻　　　　　　　b) 测量电缆绝缘电阻

图 3-32　绝缘电阻表的接线方法

2）使用绝缘电阻表测量前应水平放置，见表 3-6。首先对仪表进行"开路试验"，转动绝缘电阻表手柄时间需大于 10s，绝缘电阻表指针应指向"∞"；然后进行"短路试验"，缓慢转动绝缘电阻表手柄时间需小于 2s，看指针是否指在"0"处，若指在"0"处，则说明绝缘电阻表可以使用。测量中的均匀转速为 120r/min。

3）测量完毕后应使被测物放电，见表 3-6。在绝缘电阻表的摇把未停止转动和被测物未放电前，不可用手去触及被测物的测量部分或拆除导线，以防触电。

表 3-6　使用绝缘电阻表测量的方法和注意事项

| 操作步骤 | | 图　示 | 注意事项 |
| --- | --- | --- | --- |
| 使用前 | 放置要求 | | 应水平并平稳放置，以免在摇动手柄时，因表身抖动和倾斜产生测量误差 |

（续）

| 操作步骤 | | 图　示 | 注意事项 |
|---|---|---|---|
| 使用中 | 开路试验 | | 先将绝缘电阻表的两接线端分开，再摇动手柄。正常时，绝缘电阻表指针应指向"∞" |
| | 短路试验 | | 先将绝缘电阻表的两接线端接触，再短时间摇动手柄。绝缘电阻表指针指向"0"时立即停止转动，即为正常 |
| 使用后 | | | 使用后，将"L"和"E"两导线短接，对绝缘电阻表做放电工作，以免发生触电事故 |

图 3-33 所示的数字式自动量程绝缘电阻表是一种袖珍式测试仪，它采用自动量程切换技术，具有测量精度高、测量速度快、读数稳定性好，输出电压可任意切换，携带、使用方便，使用成本低等优点。

## 3.3.4　钳形电流表

钳形电流表是一种携带方便、可在不断电时测量电路中电流的仪表。目前常用的钳形电流表多为小型组合结构，其常见外形如图 3-34 所示。

**1. 钳形电流表的使用方法**

如图 3-35 所示，使用钳形电流表时，用右手将活动铁心捏开，利用开口将被测导线嵌入，被测电流的大小通过表头或液晶显示屏显示出来，即可进行读数。

**2. 使用钳形电流表时的注意事项**

1）钳形电流表不能用于测量高压线路的电流，且被测线路的电压不能超过钳形电流表所规定的数值，以防绝缘击穿，造成触电。

图 3-33　新型数字式自动量程绝缘电阻表

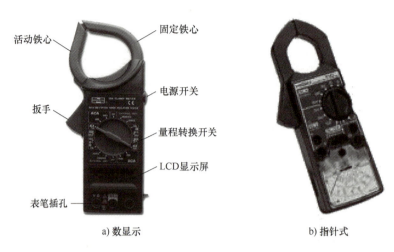

图 3-34　钳形电流表的外形

2）测量前应估计被测电流的大小，选择适当的量程，不可用小量程档去测量大电流。

3）每次测量时只能钳入一根导线，当测量小电流读数困难、误差较大时，可将导线在铁心上绕几圈。此时读出的电流数除以圈数，才是电路的实际电流值。

4）不能用于测量裸导线的大小，以防触电。

### 3.3.5　接地电阻表

接地是为了保证人身和电气设备的安全以及设备的正常工作。如果接地不符合要求，人身安全就

图 3-35　钳形电流表的使用方法

无法保证，而且会造成严重的事故。例如避雷装置的接地，变压器的中性点接地等。使用接地电阻表定期测量接地装置的接地电阻是安全用电的保障。

接地电阻表又称为接地电阻测量仪，常用的 ZC—8 型接地电阻测量仪，是一种专门用于测量接地电阻的仪器，其外形如图 3-36 所示。

接地电阻表的使用方法：

① 使用前先将仪表放平，然后调零。

② 接地电阻表的接线方法如图 3-37 所示，将电压探针插在被测接地极和电流探针之间，三者之间成一直线且彼此相距 20 倍的被测接地体长度；再用导线将被测接地体与仪表端钮 $C_2$ 相接，电压探针与端钮 $P_1$ 相接，电流探针与端钮 $C_1$ 相接。

③ 将倍率开关置于最大倍数上，缓慢摇动发电机手柄，同时转动测量标度盘，使检流计指针处于中心线位置上。当检流计接近平衡时，要加快摇动手柄，使转速平均为 120r/min，同时调节测量标度盘，使检流计指针稳定指在中心线位置。此时读取被测接地电阻=倍率×测量标度盘读数。

 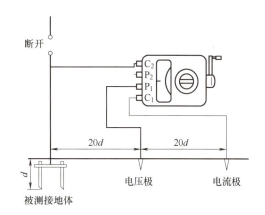

图 3-36　ZC—8 型接地电阻表　　　　图 3-37　接地电阻表的接线方法

## 3.4　常用电动工具的使用和维护

### 3.4.1　电动工具的分类

电动工具按其触电保护方式，分为Ⅰ、Ⅱ、Ⅲ三种类型。

Ⅰ类工具在防止触电保护方面不仅依靠基本绝缘，而且还包含一个附加安全预防措施。其方法是将可触及的可导电的零件与已安装的固定线路中的保护（接地）导线连接起来。因此这类工具使用时一定要进行接地或接零，最好装设漏电保护装置。

Ⅱ类工具在防止触电的保护方面不仅依靠基本绝缘，而且它还提供双重绝缘或加强绝缘的附加安全预防措施和没有保护接地或依赖安装条件的措施。使用时不必接地或接零。

Ⅲ类工具在防止触电保护方面依靠由安全特低电压电源供电和工具内部不会产生比安全特低电压高的电压。其额定电压不超过50V，一般为36V，故工作更加安全可靠。

### 3.4.2　冲击钻

1. 冲击钻的用途

冲击钻一般为两用，既可当作普通电钻在金属材料上钻孔，又可在砖混结构的墙面或地面等处钻孔，常见冲击钻如图 3-38 所示。

1）作为普通电钻用：用时把调节开关调到标记为"旋转"的位置，即可作为电钻使用，此时配用的是普通的麻花钻头。

2）作为冲击钻用：用时把调节开关调到标记为"冲击"的位置，并换用前端镶有硬质合金的冲击钻头，即可用来冲打砌块和砖墙等建筑材料的电器安装孔。由于其结构上的原因，一般不适于冲打穿墙孔或直径较大的墙孔。冲击钻可冲打的孔径范围通常为6~16mm。

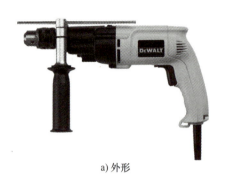
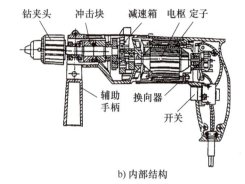

a) 外形　　　　　　　　　　　　　b) 内部结构

图 3-38　冲击钻

2. 冲击钻的使用及维护常识

1）使用冲击钻前应检查软电线的绝缘是否完好。

2）为了保证冲击电钻正常工作，应保持换向器的清洁。当电刷的有效长度小于 3mm 时，应及时更换。

3）使用时应保持钻头锋利。在钻或冲的过程中不能用力过猛。遇到转速变慢或突然刹住时，应减少用力，并及时退出或切断电源，防止过载。在使用时应使风路畅通，并防止金属屑等杂物进入而损坏电钻。

4）冲击钻内的滚珠轴承和减速齿轮的润滑脂要经常保持清洁，并注意添换。

5）长期搁置不用的冲击电钻，在使用前必须测量绝缘电阻（带电零件与外壳间），如小于 7MΩ，必须进行干燥处理和维护，经检查合格后方可使用。

### 3.4.3　电锤

电锤是一种专用的墙孔冲打工具，其工作原理是通过活塞的往复运动，利用气压来形成冲击，具有较大的冲击力，一般用于大直径的墙孔或是穿墙孔的冲打。但由于其体积、重量以及冲击力、扭矩较大，故不适于小孔径墙孔的冲打。常见电锤如图 3-39 所示。

电锤大大地减轻了工作人员的劳动强度，提高了工作效率。但由于其冲击力和扭矩较大，有较大的后坐力，使用电锤进行墙孔冲打作业时，要做好防护工作，最好有专人在旁边监护，以免发生意外。

电锤的使用及维护常识：

① 在使用前空转 1min，检查电锤各部分的状态，待转动灵活无障碍后，装上钻头开始工作。

② 装上钻头后，最好先将钻头顶在工作面上再开钻，避免空打，而使锤头受冲击影响。装钻头时，只要将钻杆插进锤头孔，锤头槽内圆柱自动挂住钻杆便可工作。若要更换钻头，将弹簧套轻轻往后一拉，钻头即可拔出。

③ 使用电锤向下钻孔时，只需双手握紧手柄，不需向下用力。向其他方向钻孔时只要稍许加力即可。

项目3 电工工具和电工仪表的使用

a) 小型电锤　　　　　　　　b) 大型电锤

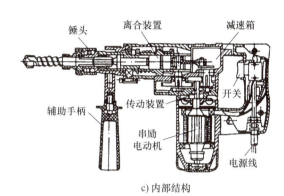

c) 内部结构

图 3-39　电锤

④ 辅助手柄上的定位杆是间接测量钻孔深度时使用的,钻孔时,可用定位杆来控制钻孔的深度。

⑤ 在操作过程中,如有不正常的声音和现象,应立即停机,切断电源并进行检查。若连续使用时间太长,电锤过热,也应停机,让其自行冷却后再使用。

⑥ 应定期检查电锤的换向器部件是否光洁完好,通风道是否清洁通畅,并清洗机械部分的每个零件。注意应将所有的零件按原来的位置装好。

### 3.4.4　手持电动工具安全操作规程

① 在使用前,操作者应认真阅读产品使用说明书或安全操作规程,详细了解工具性能和掌握正确的使用方法。

② 在一般作业场所,应尽可能使用Ⅱ类工具,使用Ⅰ类工具时必须采用漏电保护器、隔离变压器等保护措施。

③ 在潮湿作业场所或金属构架上等导电性能良好的作业场所,必须使用Ⅱ类或Ⅲ类工具。

④ 在锅炉金属容器、管道内等作业场所,必须使用Ⅲ类工具,或装置漏电保护器的Ⅱ类工具;Ⅲ类工具的安全隔离变压器、Ⅱ类工具的漏电保护器及Ⅱ类、Ⅲ类工具的控制箱和电源连接器等必须放在作业场所外面,在狭窄作业场所工作时必须有专人在外安全监护。

⑤ 在湿热、雨雪等作业环境,应使用具有相应防护等级的工具。

⑥ Ⅰ类工具电源线中的黄绿双色线在任何情况下只能用作保护线。

⑦ 工具的电源线不得任意接长或拆换；工具电源线上的插头不得任意拆除或调换。

⑧ 插头、插座中的接地极在任何情况下只能单独联接保护线，严禁在插头、插座内用导线直接将接地极与中性线连接起来。

⑨ 工具的危险运动零部件的防护装置（如防护罩盖）等不得随意拆卸。

## 3.5 基本技能训练

### 技能训练1 单股铜芯导线的连接

1）考核项目：单股铜芯导线的直接连接和T字分支连接。

2）考核方式：技能操作。

3）实训器件和耗材：

① 常用电工工具。

② BV1.5mm$^2$ 单股铜芯导线，长度约70cm。

4）考核时间：30min。

5）评分标准：见表3-7。

表3-7 单股铜芯导线的直接连接和T字分支连接项目评分表

| 序号 | 考核项目 | 考核要求 | 配分 | 评分标准 | 扣分 | 得分 |
|---|---|---|---|---|---|---|
| 1 | 绝缘层剖削 | 剖削导线绝缘层的方法正确，不损伤线芯 | 20分 | 工具使用及剖削方法不正确，扣5~10分 | | |
| | | | | 剖削长度不符合标准，每处扣5分 | | |
| | | | | 严重损伤线芯，每处扣5分 | | |
| 2 | 导线直接连接 | 直接连接牢固、整齐、规范 | 40分 | 导线缠绕方法不正确，扣10分 | | |
| | | | | 缠绕不整齐，扣5~10分 | | |
| | | | | 连接不紧密，扣5~10分 | | |
| | | | | 缠绕线圈数不够，扣2~5分 | | |
| | | | | 连接处变形，扣5分 | | |
| 3 | 导线T字分支连接 | T字分支连接牢固、整齐、规范 | 40分 | 导线缠绕方法不正确，扣10分 | | |
| | | | | 缠绕不整齐，扣5~10分 | | |
| | | | | 连接不紧密，扣5~10分 | | |
| | | | | 缠绕线圈数不够，扣2~5分 | | |
| | | | | 连接处变形，扣5分 | | |
| | 合计 | | 100分 | | | |

项目 3　电工工具和电工仪表的使用

## 技能训练 2　七股导线的连接和绝缘恢复

1）考核项目：七股导线的直接连接和绝缘恢复。

2）考核方式：技能操作。

3）实训器件和耗材：

① BV10mm² 七股导线，长度约 60cm。

② 绝缘胶布，长度约 60cm。

③ 常用电工工具。

4）考核时间：45min。

5）评分标准：见表 3-8。

表 3-8　七股导线的直接连接和绝缘恢复项目评分表

| 序号 | 考核项目 | 考核要求 | 配分 | 评分标准 | 扣分 | 得分 |
|---|---|---|---|---|---|---|
| 1 | 绝缘层剖削 | 剖削导线绝缘层的方法正确，不损伤线芯 | 20 分 | 工具使用及剖削方法不正确，扣 5~10 分 | | |
| | | | | 剖削长度不符合标准，每处扣 5 分 | | |
| | | | | 严重损伤线芯，每处扣 5 分 | | |
| 2 | 导线连接 | 连接牢固、整齐、规范 | 60 分 | 清除线芯表面氧化层，未清除扣 10 分 | | |
| | | | | 导线缠绕方法不正确，扣 10 分 | | |
| | | | | 缠绕线圈数不够，扣 2~5 分 | | |
| | | | | 缠绕不整齐，扣 5~10 分 | | |
| | | | | 连接不紧密，扣 5~10 分 | | |
| | | | | 连接处变形，扣 5~10 分 | | |
| 3 | 绝缘恢复 | 包缠方法正确，叠压严密 | 20 分 | 包缠方法不正确，扣 10 分 | | |
| | | | | 绝缘层叠压不严密，扣 10 分 | | |
| | 合计 | | 100 分 | | | |

## 技能训练 3　指针式万用表的测量和读数

1）考核项目：使用万用表测量交流电压。

2）考核方式：技能操作 + 讲述。

3）实训器件和耗材：

① MF47 型指针式万用表、单相带开关的插排。

② 常用电工工具。

4）考核时间：15min。

5）评分标准：见表 3-9。

表 3-9 使用万用表测量交流电压项目评分表

| 考核项目 | 考核要求 | 配分 | 评分标准 | 扣分 | 得分 |
|---|---|---|---|---|---|
| 使用万用表测量交流电压 | 正确讲述万用表的用途和结构 | 10 分 | 问题 1：万用表的用途。讲述不正确扣 5 分<br>问题 2：万用表的结构。讲述不正确扣 1~5 分 | | |
| | 正确检查仪表 | 10 分 | 正确检查仪表外观，未检查外观扣 5 分，未检查完好性扣 5 分 | | |
| | 准确选择万用表量程 | 20 分 | 针对测量任务，正确选择档位和量程，档位和量程选择不正确扣 10~20 分 | | |
| | 对交流电压进行正确测量和读数 | 50 分 | 违反安全规程得零分，测量方法不正确扣 25 分；读数不正确扣 25 分 | | |
| | 测量完毕，调整档位 | 10 分 | 调整档位应正确，不正确扣 10 分 | | |
| 合计 | | 100 分 | | | |

## 技能训练 4　绝缘电阻表的测量和读数

1）考核项目：使用绝缘电阻表测量电动机的绝缘电阻。

2）考核方式：技能操作 + 讲述。

3）实训器件和耗材：

① ZC25 型绝缘电阻表、小型三相异步电动机。

② 常用电工工具。

4）考核时间：15min。

5）评分标准：见表 3-10。

表 3-10 使用绝缘电阻表测量电动机的绝缘电阻项目评分表

| 考核项目 | 考核要求 | 配分 | 评分标准 | 扣分 | 得分 |
|---|---|---|---|---|---|
| 使用绝缘电阻表测量电动机的绝缘电阻 | 讲述绝缘电阻表的用途和结构正确 | 10 分 | 问题 1：绝缘电阻表的用途。讲述不正确扣 5 分<br>问题 2：绝缘电阻表的结构。讲述不正确扣 1~5 分 | | |
| | 检查绝缘电阻表正确 | 10 分 | 正确检查绝缘电阻表外观，未检查外观扣 5 分，未检查完好性扣 5 分 | | |
| | 对定子绕组相对相进行正确测量和读数 | 35 分 | 违反安全规程得零分。仪表操作不正确扣 5 分；测量和读数不正确每相扣 10 分 | | |
| | 对定子绕组相对壳进行正确测量和读数 | 35 分 | 违反安全规程得零分。仪表操作不正确扣 5 分；测量和读数不正确每相扣 10 分 | | |
| | 测量完毕，仪表放电 | 10 分 | 未能正确放电，扣 10 分 | | |
| 合计 | | 100 分 | | | |

复习思考题

1. 低压验电器的用途是什么？

2. 使用高压验电器的注意事项有哪些？
3. 尖嘴钳的用途是什么？
4. 使用电工刀的注意事项有哪些？
5. 连接导线的基本要求有哪些？
6. 电工仪表按误差等级不同，可分为哪些等级？
7. 使用指针式万用表测量电阻的步骤有哪些？
8. 使用数字式万用表的注意事项有哪些？
9. 接地电阻表的使用方法是什么？
10. 手持电动工具安全操作规程有哪些？

# 项目 4

# 照明线路的安装和维修

**培训学习目标：**

熟悉几种电光源照明线路的安装方法；熟悉照明灯具的安装工艺和规范；掌握电能表的安装与接线方法；熟悉低压配电箱（盘）的安装工艺。

## 4.1 电光源照明线路的安装和维修

近年来，新型光源不断出现，例如 LED 发光二极管，它是一种半导体固体发光器件，被称为第 4 代照明光源或绿色光源，具有节能、环保、寿命长、体积小等特点，使用寿命可达 6 万~10 万 h，比传统光源寿命长 10 倍以上；电光功率转换接近 100%，相同照明效果比传统光源节能 80% 以上。

### 4.1.1 白炽灯线路的安装和维修

白炽灯具有结构简单、使用方便、成本低廉、点燃迅速和对电压适应范围宽的特点，但由于其直接由钨丝发光，发光效率较低，只有 2%~3% 的电能转换为可见光，且光色较差，故一般用于对光色要求不高的场合，如走廊、楼梯间等。另外，在移动灯具及信号指示中，白炽灯也得到了广泛应用。目前，世界各国已逐步用节能荧光灯取代能耗高的白炽灯，以减少温室气体排放。

灯泡的灯头有螺口式和插（卡）口式两种。普遍应用的螺口灯泡在电接触和散热方面都比插口式灯泡好得多，其结构如图 4-1a 所示。插口式灯泡具有振动时不易松脱的特点，其外形如图 4-1b 所示，在移动灯具中（如车辆照明）应用较广。另外常用的还有磨砂灯泡，如图 4-1c 所示。

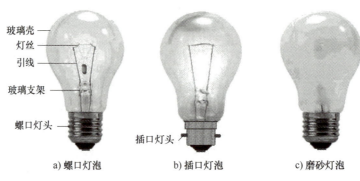

图 4-1 白炽灯泡的结构

功率40W以上的灯泡,将玻璃壳内抽成真空后充入氩气或氮气等惰性气体,使钨丝不易挥发。白炽灯不耐振动,平均寿命一般为1000h左右。

一套完整的白炽灯照明线路是由白炽灯泡、灯座、开关、导线等组成的。

1. 灯座

灯座又称为灯口,使用种类繁多,常用的灯座见表4-1。常用灯座的耐压为250V,E27型负载功率为300W,E40型负载功率为1000W,可按使用场所进行选择。

表 4-1　常用的灯座

| 名　称 | 外　形 | 名　称 | 外　形 |
| --- | --- | --- | --- |
| 螺口吊灯座 |   | 防水螺口吊灯座 | 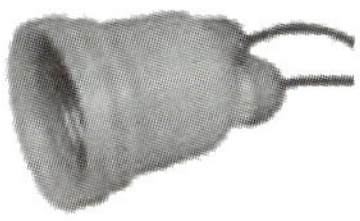  |
| 螺口平灯座 |   | 瓷制螺口平灯座 |   |
| 管接式瓷制螺口灯座 |   | 悬吊式铝壳瓷螺口灯座 |   |
| 带开关螺口吊灯座 |   | 带拉链开关螺口吊灯座 |   |

2. 开关

开关的种类很多,常用的开关见表4-2,可按使用场所进行选择。安装在同一室内的开关,宜采用同一系列的产品,开关的通断位置应一致,且操作灵活、接触可靠。

表4-2 常用的开关

| 名　　称 | 外　形 | 名　　称 | 外　形 |
| --- | --- | --- | --- |
| 床头开关 |  | 拉线开关 | 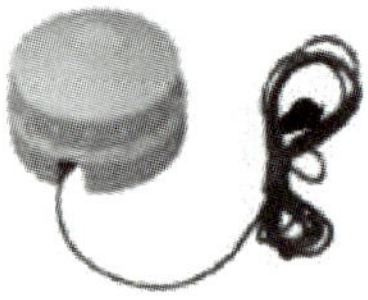 |
| 双联平开关 |  | 电铃按钮 | |
| 调光开关 |  | 声光控开关 |  |
| 暗装单联单控开关 |  | 暗装三联单控开关 | 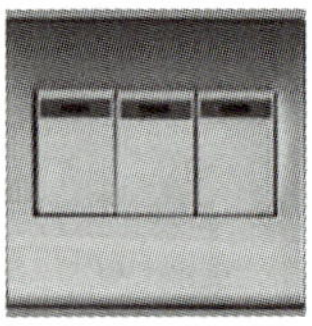 |

　　(1) 吊灯座的安装　吊灯座必须用两根绞合的塑料软线或花线作为与挂线盒（又称吊线盒）的连接线。当塑料软线穿入挂线盒盖孔内时，为使其能承受吊灯的重量，应打个结扣，然后分别接到两个接线桩上，罩上挂线盒盖。接着将下端塑料软线穿入吊灯座盖孔内，也打个结扣，再把两个接线头接到吊灯座上的两个接线桩上，罩上灯座盖即可。安装步骤如图4-2所示。

　　(2) 平灯座的安装　平灯座上有两个接线桩，一个与电源的中性线连接；另一个与来自开关的一根相线连接。为了使用安全，应把电源中性线的线头连接在螺纹圈的接线桩上，把来自开关的连接线线头连接在中心簧片的接线桩上，如图4-3所示。

　　为了用电安全，照明灯具接线时应将相线接进开关。

　　① 单联开关的安装。常用的单联开关为拉线开关和平开关。两者安装时都要注意方向，拉线开关的拉线应自然下垂，平开关应让色点在上方。单控开关控制灯的接线如图4-4所示。图中有两盏灯，每一盏灯由一只开关单独控制。

　　② 双控开关的安装。双控开关一般用于两地控制一盏灯的线路，这种线路通常应用在楼梯或走廊。其接线如图4-5所示。

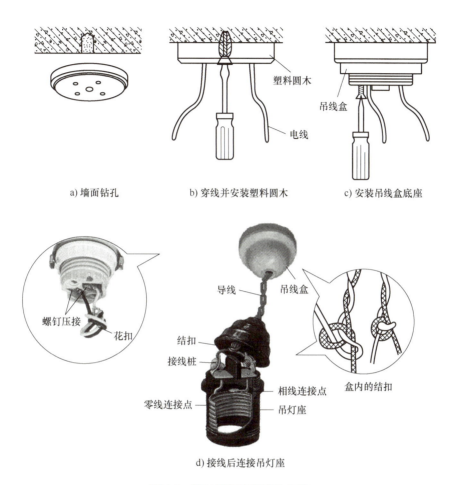

图 4-2 螺口吊灯座的安装步骤

在楼道中安装电路,要求在楼梯的上下两端都能控制它,当上楼梯时,能用下面的开关 S1 开灯;上了楼梯以后,能用上面的开关 S2 关灯。当下楼梯时,又能用 S2 开灯,用 S1 关灯。图 4-5 中有两只双控开关,每只双控开关具有三个接线桩头,其中桩头 1(或 4)为连片(也称为公共端),无论如何按动开关,连片 1(或 4)总要跟桩头 2(或 5)、3(或 6)中的一个保持接触,从而达到控制电路通或断的目的。

在安装扳把开关时,无论是明装开关还是暗装开关,安装好后都应该是往上扳接通电路,往下扳切断电路。

白炽灯照明线路的常见故障分析见表 4-3。

### 4.1.2 荧光灯线路的安装和维修

荧光灯是普遍应用的一种室内照明光源,多用于教室、图书馆、商场、地铁等对显色性要求较高的场合。

1. 荧光灯结构

荧光灯由灯管、镇流器、辉光启动器、灯架和灯座等组成。

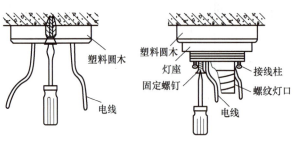
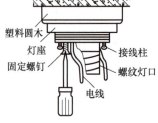

a) 穿线并安装圆木　　b) 安装平顶座　　c) 接线后拧紧外壳

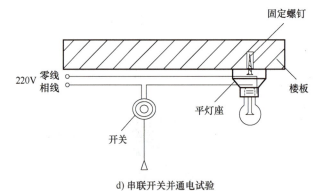

d) 串联开关并通电试验

图 4-3　螺口平灯座的安装

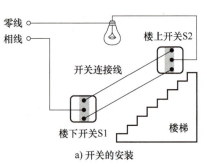

a) 开关的安装

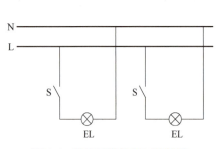

图 4-4　单控开关控制灯的接线

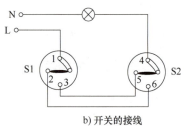

b) 开关的接线

图 4-5　双控开关的安装和接线

## 项目4 照明线路的安装和维修

表 4-3　白炽灯照明线路的常见故障分析

| 故障现象 | 产生原因 | 检修方法 |
| --- | --- | --- |
| 灯泡不亮 | 1. 灯泡钨丝烧断<br>2. 电源熔断器的熔丝烧断<br>3. 灯座或开关接线松动或接触不良<br>4. 线路中有断路故障 | 1. 调换新灯泡<br>2. 检查熔丝烧断的原因并更换熔丝<br>3. 检查灯座和开关的接线并修复<br>4. 用验电器检查线路的断路处并修复 |
| 开关合上后熔断器熔丝烧断 | 1. 灯座内两线头短路<br>2. 螺口灯座内中心铜片与螺旋铜圈相碰短路<br>3. 线路中发生短路<br>4. 用电器发生短路<br>5. 用电量超过熔丝容量 | 1. 检查灯座内两线头并修复<br>2. 检查灯座并扳中心铜片<br>3. 检查导线绝缘是否老化或损坏并修复<br>4. 检查用电器并修复<br>5. 减小负载或更换熔断器 |
| 灯泡忽亮忽暗或忽亮忽熄 | 1. 灯丝烧断，但受振动后忽接忽离<br>2. 灯座或开关接线松动<br>3. 熔断器熔丝接头接触不良<br>4. 电源电压不稳定 | 1. 更换灯泡<br>2. 检查灯座和开关并修复<br>3. 检查熔断器并修复<br>4. 检查电源电压 |
| 灯泡发出强烈的白光，并瞬时或短时烧坏 | 1. 灯泡额定电压低于电源电压<br>2. 灯泡钨丝有搭丝，从而使电阻减小，电流增大 | 1. 更换与电源电压相符合的灯泡<br>2. 更换新灯泡 |
| 灯光暗淡 | 1. 灯泡内钨丝挥发后积聚在玻璃壳内，表面透光度减低，同时由于钨丝挥发后变细，电阻增大，电流减小，光通量减小<br>2. 电源电压过低<br>3. 线路因年久老化或绝缘损坏有漏电现象 | 1. 正常现象不必修理<br>2. 提高电源电压<br>3. 检查线路，更换导线 |

灯管由玻璃管、灯丝和灯丝引出脚等组成，其结构如图 4-6 所示。灯管内部的灯丝上涂有电子粉，玻璃管内抽成真空后充入水银和氩气，管壁涂有荧光粉。

图 4-6　荧光灯管和灯座

辉光启动器由氖泡（玻璃泡）、纸介电容、出线脚和外壳等组成，如图 4-7 所示。纸介电容可以消除当辉光启动器断开时产生的无线电波对周围无线电设备的干扰。镇流器是带有铁心的电感线圈。

2. 荧光灯的工作原理

荧光灯电路如图 4-8 所示。当荧光灯通电后，电源电压经镇流器、灯丝，在辉光启动器的

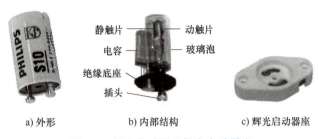

图 4-7 辉光启动器和辉光启动器座

"U"形动、静触片间产生电压,引起辉光放电。放电时产生的热量使动触片膨胀,与静触片相接,从而接通电路,使灯丝预热并发射电子。此时,动、静触片的接触,使两触片间的电压为零而停止辉光放电,动触片冷却并复位脱离静触片。断开瞬间,镇流器两端由于自感应而产生反电动势,此电动势加在灯管两端,使灯管内惰性气体被电离而引起两极间弧光放电,激发产生紫外线,紫外线激发灯管内壁的荧光粉,发出近似日光的灯光。

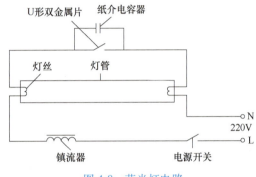

图 4-8 荧光灯电路

从荧光灯灯管形状来分,有 U 形、H 形、O 形等多种,用作装饰的彩色荧光灯由于改变了荧光粉的化学成分,所以发光颜色有多种。电子镇流器已经基本取代了电感式镇流器,它具有节电、启动电压较宽、启动时间短(0.5s)、无噪声、无频闪现象等特点,可以在 15~60℃ 范围内正常工作,使用更加方便,故障率更低。常见的电子镇流器外形及接线示意图如图 4-9 所示。

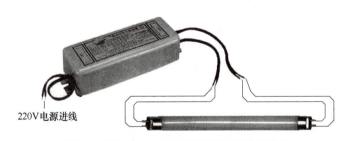

图 4-9 常见的电子镇流器外形及接线示意图

节能型荧光灯全称为三基色节能荧光灯,其基本结构和工作原理都与荧光灯相同。但由于其采用了发光效率更高的三基色荧光粉,故其更加节能。一只 7W 的三基色节能荧光灯发出的光通量与一只 40W 白炽灯发出的光通量相当。与普通荧光灯比较具有发光效率高、体积小、形式多样、使用方便等优点,如图 4-10 所示。O 形荧光灯的接线如图 4-11 所示。

双管荧光灯也是应用较多的室内照明光源,其外形和接线原理如图 4-12 所示。

节能型荧光灯比用钨丝作发光体的白炽灯消耗电能少,虽然价格比白炽灯贵,但是从长期来看,它的使用寿命更长,因此反而相对便宜。由于节能灯的电力能耗低,如果白炽灯被

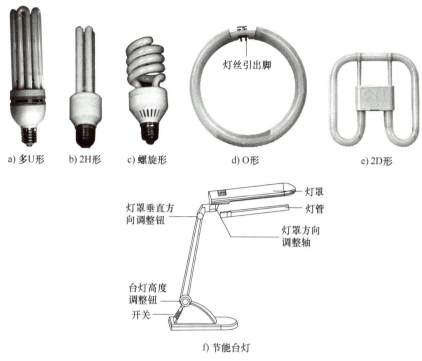

a) 多U形　　b) 2H形　　c) 螺旋形　　d) O形　　e) 2D形

f) 节能台灯

图4-10　节能型荧光灯

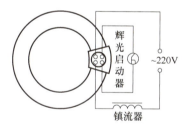

图4-11　O形荧光灯的接线

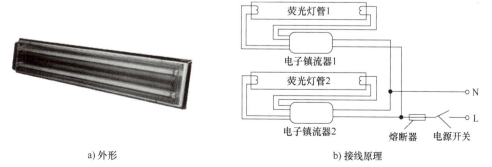

a) 外形　　　　　　　　　　　b) 接线原理

图4-12　双管荧光灯

替代,将会节省大量电能,减少燃料使用量,从而减少二氧化碳等温室气体的排放。

3. 荧光灯照明线路的常见故障

荧光灯照明线路常见故障分析,见表4-4。

表4-4 荧光灯照明线路常见故障分析

| 故障现象 | 产生原因 | 检修方法 |
| --- | --- | --- |
| 不能发光或发光困难,灯管两头发光或灯光闪烁 | 1. 电源电压太低<br>2. 接线错误或灯座与灯角接触不良<br>3. 灯管衰老<br>4. 镇流器配用不当或内部接线松脱<br>5. 气温过低<br>6. 辉光启动器配用不当,接线断开、电容器短路或触头熔焊 | 1. 不必修理<br>2. 检查线路和接触头<br>3. 更换灯管<br>4. 修理或调换镇流器<br>5. 加热或加罩<br>6. 检查后更换 |
| 灯管两头发黑或生黑斑 | 1. 灯管陈旧,寿命将终<br>2. 电源电压太高<br>3. 镇流器配用不合适<br>4. 如系新灯管,可能因辉光启动器损坏而使灯丝发光物质加速挥发<br>5. 灯管内水银凝结,属正常现象 | 1. 调换灯管<br>2. 测量电压并适当调整<br>3. 更换镇流器<br>4. 更换辉光启动器<br>5. 将灯管旋转180°安装 |
| 灯管寿命短 | 1. 镇流器配合不当或质量差,使电压失常<br>2. 受到剧振,致使灯丝振断<br>3. 接线错误致使灯管烧坏<br>4. 电源电压太高<br>5. 开关次数太多或灯光长时间闪烁 | 1. 更换镇流器<br>2. 更换灯管,改善安装条件<br>3. 检修线路后使用新管<br>4. 调整电源电压<br>5. 减少开关次数,及时检修闪烁故障 |
| 镇流器有杂声或电磁声 | 1. 镇流器质量差,铁心未夹紧或沥青未封紧<br>2. 镇流器过载或其内部短路<br>3. 辉光启动器质量差,启动时有杂声<br>4. 镇流器有微弱声响<br>5. 电压过高 | 1. 调换镇流器<br>2. 检查过载原因,调换镇流器,配用适当灯管<br>3. 调换辉光启动器<br>4. 属于正常现象<br>5. 设法调整电压 |
| 镇流器过热 | 1. 灯架内温度太高<br>2. 电压太高<br>3. 线圈匝间短路<br>4. 过载,与灯管配合不当<br>5. 灯光长时间闪烁 | 1. 改进装接方式<br>2. 适当调整<br>3. 处理或更换<br>4. 检查调换<br>5. 检查闪烁原因并修复 |

### 4.1.3 碘钨灯线路的安装

碘钨灯多应用于照度要求和悬挂高度均较高的室内、外照明场所,它具有结构简单、体积小等优点,但也有使用寿命不长和工作温度高的缺点。

碘钨灯的外壳为耐高温的圆柱状石英管,两端灯脚为电源触头,管内中心是螺旋状灯丝

（即钨丝），放置在灯丝支持架上，灯管内抽成真空后，充入微量的碘，如图4-13所示。

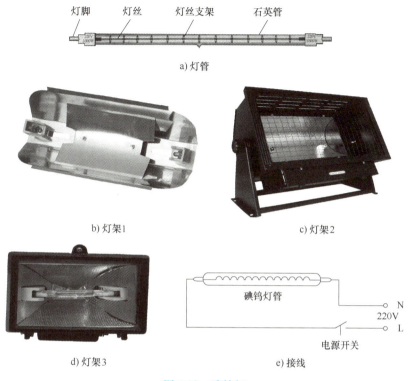

图4-13 碘钨灯

碘钨灯的接线如图4-13c所示。通电后，当灯管内温度升高到250~1200℃后，碘和灯丝蒸发出来的钨化合成为挥发性的碘化钨。碘化钨在靠近灯丝的高温（1400℃）处，又分解为碘和钨，钨留在灯丝上，而碘又回到温度较低的位置，依次循环，从而提高发光效率和延长灯丝寿命。

安装碘钨灯时，必须保持水平位置，水平倾角应小于4°，否则会破坏碘钨循环，缩短灯管寿命。因灯管发光时周围的温度很高，必须装在专用的有隔热装置的金属灯架上。接线时，靠近灯架处的导线要加套耐高温管。

### 4.1.4 高压汞灯和高压钠灯线路的安装

1. 高压汞灯

高压汞灯又称为高压水银荧光灯，是一种气体放电光源。与白炽灯相比，高压汞灯的光色好、发光效率高，而且比普通荧光灯结构简单、使用和维护方便。多用于生产车间、街道、货场、车站和建筑工地等场所。常用的高压汞灯按结构分类有照明荧光高压汞灯（GGY系列）和自镇流式高压汞灯（GLY和GFLY系列）两种类型。

（1）高压汞灯的结构　照明荧光高压汞灯主要由石英放电管、玻璃外壳和灯头等组成，内壁涂有荧光粉。放电管内有辅助电极和引燃极，管内还充有汞和氩气，其结构如图4-14a所示。

当电源接通后，引燃极和辅助电极间首先辉光放电，使放电管温度上升，水银逐渐蒸发，

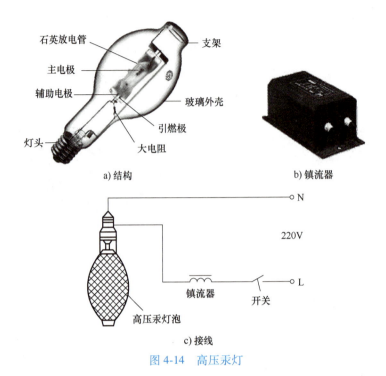

图 4-14 高压汞灯

当达到一定程度时，主、辅两电极间产生弧光放电，使放电管内汞汽化而产生紫外线，从而激发玻璃外壳内壁的荧光粉，发出较强的荧光，灯管稳定工作。由于灯泡工作时放电管内汞蒸汽的压力较高，故称这种灯为高压汞灯。

由于引燃极上串联一个较大的电阻（15~100kΩ），当主、辅两电极间放电导通后，辅助极和引燃极之间停止放电。

自镇流式高压汞灯内部串联灯丝，无需外接镇流器，旋入配套灯座即可使用。其外形如图 4-15a 所示。

通电后，高压汞灯的引燃极与辅助电极之间放电，促使水银蒸发，同时使灯丝发热，帮助主、辅两电极间引起弧光放电。灯丝具有帮助点燃的作用，还起到降压、限流和改善光色的作用。

高压汞灯起动时间长，需要点燃 8~10min 才能正常发光。当电压突然降落 5%时会熄灯，再点燃时间 5~10min。自镇流式高压汞灯的接线如图 4-15b 所示。

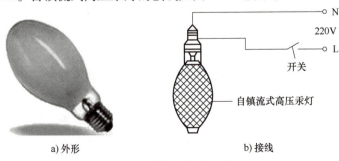

图 4-15 自镇流式高压汞灯

另外还有一种常用的 GYZ 型反射型高压汞灯，如图 4-16 所示。其玻壳内壁镀有铝反射层及聚光设计，可以把 90%的光通定向反射。反射型高压汞灯发光效率高、光线集中、寿命长、光色好，适用于广场、车站、码头、工地投射照明，也可在农业上作人工气候培育室光源用。再有一种球形超高压汞灯紫外线光源，如图 4-17 所示。其波长为 365nm，适用于光学仪器、荧光分析和光刻技术等。

图 4-16　反射型高压汞灯

图 4-17　球形超高压汞灯

（2）高压汞灯的安装要求

1）高压汞灯的功率在 125W 及其以下的，应配用 E27 型瓷质灯座；功率在 175W 及以上的，应配用 E40 型瓷质灯座。

2）外镇流式高压汞灯镇流器的规格必须与高压汞灯的功率保持一致，镇流器宜安装在灯具附近，并安装在人体触及不到的位置，在镇流器接线桩上应覆盖保护物。镇流器安装在室外时应有防雨措施。

2. 高压钠灯

高压钠灯是一种发光效率高、透雾能力强的新型电光源，广泛应用于广场、车站、道路等大面积的照明场所，其结构如图 4-18a 所示。

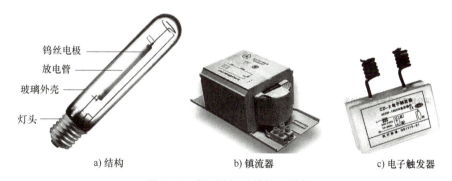

a) 结构　　　　b) 镇流器　　　　c) 电子触发器

图 4-18　高压钠灯的结构及附件

高压钠灯主要由灯丝、双金属热继电器、放电管、玻璃外壳等组成。灯丝由钨丝绕成螺旋形或编织成能储存一定数量的碱土金属氧化物的形状，当灯丝发热时碱土金属氧化物就成为电子发射材料。放电管是用与钠不起反应的高温半透明氧化铝陶瓷或全透明刚玉做成，放电管内充有氙气、汞滴和钠。把放电管和玻璃外壳之间的气体抽成真空，以减少环境气候的影响。双金属热继电器是用两种不同热膨胀系数的金属压接而成的。现在普遍使用的高压钠灯采用电子触发器（见图 4-18c）替代了双金属热继电器。

高压钠灯电路如图 4-19 所示。通电后，电流经过镇流器、热电阻、双金属片常闭触头形成通路，此时放电管内无电流。随后热电阻发热，使双金属片常闭触头断开，在断开的瞬间，镇流器线圈内产生 3kV 的脉冲电压，与电源电压一起加到放电管两端，使管内氙气电离放电，从而使汞变成蒸汽而放电。随着管内温度进一步升高，钠也变为蒸汽状态，5min 左右开始放电而放射出较强的金黄色光。

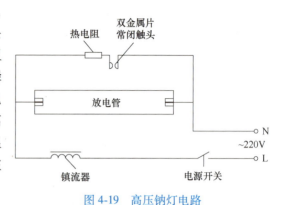

图 4-19 高压钠灯电路

高压钠灯属于节能型电光源，紫外线少，不招飞虫。灯泡熄灭后，必须冷却一段时间，待管内汞蒸气气压降低后，方可再启动使用，所以该灯不能用于有迅速点亮要求的场所。

高压钠灯的管压、功率及光通量随电源电压的变化而变化，且比其他气体放电灯变化大，当电源电压上升或下降 5% 以上时，由于管压的变化，容易引起灯自灭。灯泡破碎后要及时妥善处理，以防止汞害。

### 4.1.5 LED 灯

1. LED 节能灯

LED 节能灯是继紧凑型荧光灯（即普通节能灯）后的新一代照明光源。相比普通节能灯，LED 节能灯具有如下优点：

1）高效节能。以相同亮度比较，3W 的 LED 节能灯 333h 耗 1kW·h 电，而普通 60W 白炽灯 17h 耗 1kW·h 电，普通 5W 节能灯 200h 耗 1kW·h 电。

2）超长寿命。半导体芯片发光，无灯丝，无玻璃泡，不怕振动，不易破碎，使用寿命可达 50000h（普通白炽灯使用寿命仅有 1000h，普通节能灯使用寿命也只有 8000h）。

3）健康。光线健康，光线中含紫外线和红外线少，产生辐射少（普通灯光线中含有紫外线和红外线）。

4）绿色环保。不含汞和氙等有害元素，利于回收，普通灯管中含有汞和铅等元素。

5）保护视力。直流驱动，无频闪（普通灯都是交流驱动，就必然产生频闪）。

6）光效率高。市面上的单颗大功率 LED 也已经突破 100lm/W，制成的 LED 节能灯，由于电源效率损耗，灯罩的光通损耗，实际光效在 60lm/W，而白炽灯仅为 15lm/W 左右，质量好的节能灯在 60lm/W 左右，所以总体来说，LED 节能灯光效与节能灯持平或略优。

7）安全系数高。所需电压、电流较小，安全隐患小。

LED 节能灯作为一种新型的节能、环保的绿色光源产品，是未来发展的趋势。常见的 LED 节能灯如图 4-20 所示。

2. LED 投光灯

LED 投光灯多采用大功率 LED 管（1W、3W 及以上）组装。LED 投光灯又叫作投射

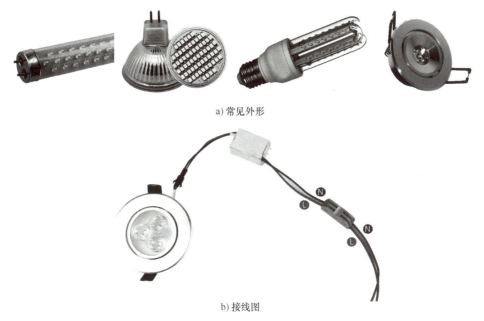

a) 常见外形

b) 接线图

图 4-20  常见的 LED 节能灯

灯、射灯、泛光灯等，主要用来作建筑装饰照明之用，其外形有圆的也有方的，因为一般都要考虑散热的原因，故其外形与传统的投光灯还是有一些区别的。

目前市场上常用的 LED 投光灯基本上是选用 1W 大功率 LED 管（每个 LED 管会带有一个由 PMMA 制成的高光效透镜，其主要功能是二次分配 LED 管发出的光），也有生产企业选用了 3W 甚至更高功率的 LED 管。目前，主要有 1W、3W、8W、12W、18W、36W 等几种功率形式，因为都要考虑散热因素，故而每个大功率 LED 投光灯都会配有一个散热装置（常用的为铝制）。如图 4-21 所示。

图 4-21  LED 投光灯

LED 投光灯有外控和内控两种控制方式，内控无需外接控制器可以内置多种变化模式（最多可达 6 种），而外控则要配置外控控制器方可实现颜色变化，目前市场上的应用还是以外控居多。

### 4.1.6 金属卤化物灯

金属卤化物灯也是一种新型电光源。它是在高压汞灯的放电管内添充一些金属卤化物（如碘、溴、铊、铟、钍等），利用金属卤化物的循环作用，彻底改善了高压汞灯的光色，使其发出的光谱接近天然光，同时还提高了发光效率，是目前比较理想的光源，人们称之为第三代光源。

金属卤化物灯的结构和高压汞灯相似，是在高压汞灯的基础上发展起来的，由于金属激发电位比汞低，放电以金属光谱为主。如果选择几种不同的金属，按一定的比例配比，就可以获得不同颜色。

金属卤化物灯有如下特点：

1) 发光效率高，平均可达 70~100lm/W。光色接近自然光。

2) 显色性好，能让人真实地看到被照物体的本色。

3) 紫外线向外辐射少，但无外壳的金属卤化物灯紫外线辐射较强，应增加玻璃外罩，或悬挂高度不低于 14m。

4) 电压变化影响光效和光色的变化，电压突降会自灭，所以电压变化不宜超过额定值的 ±5%。

5) 在应用中除了要配专用变压器外，1kW 的钠铊铟灯还应配专用的触发器才能点燃。

镝灯属于高强度气体放电灯，是一种具有高光效（75lm/W 以上）、高显色性（显色指数在 80 以上）、长寿命的新型气体放电光源，是金属卤化物灯的一种。它利用充入的碘化镝、碘化亚铊、汞等物质发出其特有的密集型光谱，该光谱十分接近于太阳光谱，从而使灯的发光效率及显色性大为提高。

镝灯光效高、显色性好、亮度高，镝灯有球形、管形、椭球形等多种形状可满足不同用途的需要，使用时需要配备相应的镇流器和触发器。常用镝灯、镇流器及配套灯架如图 4-22 所示。

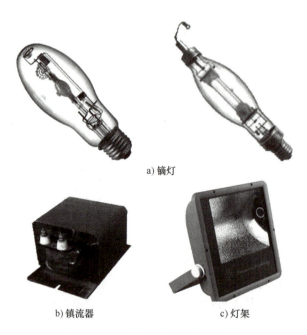

图 4-22 常用镝灯、镇流器及配套灯架

日光色镝灯广泛应用于高大厂房、广场、展览馆、广告牌、体育场（馆）以及摄制彩色影片、转播彩色电视、彩色印刷等场合。

反射型日光色镝灯具有反射层，将灯与灯具合二为一，无须另配灯具，使用方便。该光源在蓝紫光到橙红光的广阔光谱区域内辐射强度大，红外辐射小，具有光线集中、光利用率高的特点，是农业试验、培养农作物、加速植物生长的理想光源，适用在人工气候箱、人工生物箱、温室等场合作为人工辐射光源。

常用照明电光源的特性比较见表 4-5。

表 4-5  常用照明电光源的特性比较

| 特性参数 | 白炽灯 | 荧光灯 | 碘钨灯 | 高压汞灯 | 高压钠灯 | 金属卤化物灯 |
|---|---|---|---|---|---|---|
| 额定功率/W | 10~1000 | 6~125 | 500~2000 | 50~1000 | 250~400 | 400~1000 |
| 平均寿命/h | 1000 | 2000~3000 | 1500~5000 | 3000 | 2000 | 2000 |
| 启动稳定时间 | 瞬时 | 1~3s | 瞬时 | 4~8min | 4~8min | 4~8min |
| 再启动时间 | 瞬时 | 瞬时 | 瞬时 | 5~10min | 10~20min | 10~15min |
| 功率因数 | 1 | 0.4~0.9 | 1 | 0.44~0.67 | 0.44 | 0.4~0.61 |
| 光源色调 | 偏红色 | 日光色 | 偏红色 | 淡色-绿色 | 金黄色 | 白色光 |
| 所需附件 | 无 | 镇流器、辉光启动器 | 无 | 镇流器 | 镇流器 | 镇流器、触发器 |

## 4.2  其他电气照明线路的安装

### 4.2.1  事故照明的应用

事故照明主要用于宾馆、商场、学校等公众聚集场所。当这些场所一旦发生用电事故（断电）时，应急灯具会自动照明，引导被困人员尽快疏散。应急灯具按用途可分为应急照明灯（图 4-23a）和应急标志灯（图 4-23b）两大类。

a）应急照明灯

b）应急标志灯

图 4-23  应急灯具

### 4.2.2  插座的安装和接线

插座的种类也很多，常用的插座和插头见表 4-6。使用时应根据安装方式（明装或暗装）、安装场所、负载功率大小等参数合理选择型号。

表 4-6 常用的插座和插头

| 名 称 | 外 形 | 名 称 | 外 形 |
| --- | --- | --- | --- |
| 单相圆形二极插座 |  | 单相二极扁插头 |  |
| 单相圆形三极扁插座 |  | 单相三极扁插头 |  |
| 单相矩形二极多面插座 |  | 暗式五孔插座（86型） |  |
| 暗式通用二极插座 |  | 暗式三极插座 |  |

1. 单相插座的接线

单相三极插头接线时应遵循与插座相同的接线原则，其接线方法如图 4-24 所示。插座的接线如图 4-25 所示。图中单相三孔插座的接线规定为：左孔接工作零线，右孔接相线（俗称"左零右火"），中间孔接保护线 PE。

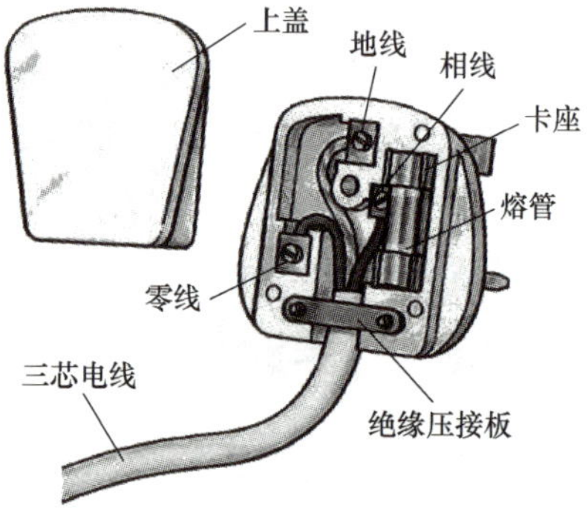

2. 三相插座的接线

工程中采用 TN-S 系统（即三相五线）供电时，有专用保护线 PE，常用的插座接线方法如图 4-25 所示。三相四线插座的上中孔接保护线 PE，下面三个孔分别为 L1、L2、L3 三根相线。

图 4-24 单相三极插头的接线方法

3. 暗装插座的安装方法

安装时，先将插座盒按图样要求的位置预埋在墙内，埋设时可用水泥砂浆填充，但要填平整、不能偏斜。插座暗盒口面应与墙的粉刷层平面一致。待穿完导线后，即可将插座用螺钉固定在暗盒内，接好导线，装上插座面板，如图 4-26 所示。

4. 明装插座的安装

明装插座的安装方法是先将塑料圆木固定在墙上，然后在圆木上安装插座（带有插座安装盒的可直接固定在墙上），如图 4-27 所示。

项目 4　照明线路的安装和维修

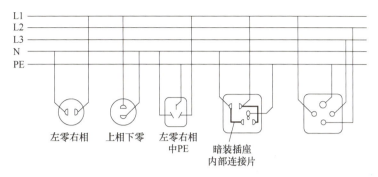

图 4-25　TN-S 系统中插座的接线方法

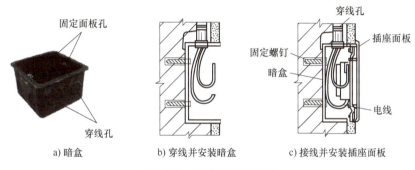

图 4-26　暗装插座的安装

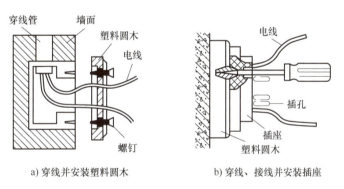

图 4-27　明装插座的安装

## 4.2.3　工矿灯具的安装

灯具的种类也繁多，常用的工矿灯具见表 4-7。使用时应根据安装场所、安装方式、灯泡形状及功率等参数合理选择型号。

## 4.2.4　安装照明灯具的工艺和规范

**1. 安装照明灯具前应做的准备工作**

1）安装灯具的预埋螺栓、吊杆和吊顶上嵌入式灯具安装专用骨架等完成，按设计要求做承载试验合格，才能安装灯具。

表 4-7 常用的工矿灯具

| 名 称 | 外 形 | 名 称 | 外 形 |
|---|---|---|---|
| 配照型 |   | 广照型 |   |
| 深照型 |   | 防爆型 |   |
| 立面投光型 |   | 斜照型 | 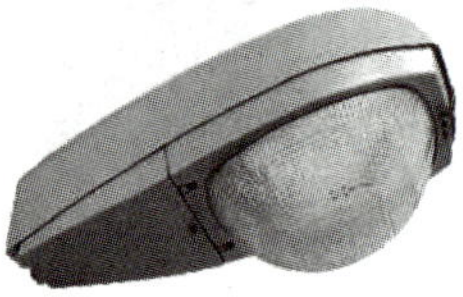  |

2）对于新建建筑：顶棚和墙面喷浆、油漆或壁纸等及地面清理工作基本完成后，才能安装灯具。

3）导线绝缘测试合格后，才能进行灯具接线。

4）对于高空安装的灯具，地面通断电试验合格后，才能安装。

5）照明灯具及附件应符合下列规定：

① 外观检查：灯具涂层完整，无损伤，附件齐全。

② 灯具的绝缘电阻值不小于 2MΩ，内部接线为铜芯绝缘电线，芯线截面积不小于 $0.5mm^2$，橡胶或聚氯乙烯（PVC）绝缘电线的绝缘层厚度不小于 0.6mm。

6）开关、插座、接线盒及其附件应符合下列规定：

① 外观检查：开关、插座的面板及接线盒盒体完整、无碎裂、零件齐全，涂层完整。

② 绝缘电阻值应不小于 5MΩ。

③ 用自攻螺钉或锁紧螺钉安装的，螺钉与软塑固定件旋合长度不小于 8mm，无松动或掉渣，螺钉及螺纹无损坏现象。

2. 安装灯具时的工艺要求

1）安装灯具前，应认真找准中心点，及时纠正偏差。

2）成排灯具安装的偏差不应大于 5mm，因此，在施工中需要拉线定位，使灯具在纵向、横向、斜向以及主体等方向均为一直线。

3）荧光灯的吊链应相互平直，不得出现八字形，导线引下时应与吊链编叉在一起。

4）天花吊顶的筒灯开孔要先定好坐标，开孔的大小要符合筒灯的规格，不得太大，以保证筒灯安装时外圈牢固地紧贴吊顶，不露缝隙。

## 4.3 低压量电、配电装置的安装

电能表是用来计量电路和电气设备所消耗电能的仪表，是家庭和室内照明电路中不可缺少的组成元件。常见的单相电能表如图 4-28 所示。

图 4-28　常见的单相电能表

电能表的结构如图 4-29 所示，它由电流线圈、电压线圈及铁心、铝盘、转轴、轴承、数字盘等组成。电流线圈串联于电路中，电压线圈并联于电路中。在用电设备开始消耗电能时，电压线圈和电流线圈产生主磁通穿过铝盘，在铝盘上感应出涡流并产生转矩，使铝盘转动，带动计数器计算耗电的多少。用电量越大，所产生的转矩就越大，计量出用电量的数字就越大。

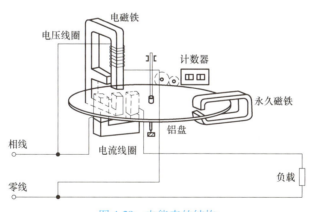

图 4-29　电能表的结构

### 4.3.1　新型电能表的应用

1. 静止式电能表

静止式电能表继承传统感应式电能表的优点，借助于电子电能计量先进的机理，采用全密封、全屏蔽的结构型式。它具有良好的抗电磁干扰性能，是一种集节电、可靠、轻巧、高精度、高过载、防窃电等为一体的新型电能表。

静止式电能表按电压等级分为单相电子式、三相电子式和三相四线电子式等；按用途可分为单一式和多功能式（有功型、无功型和复合型）等。

静止式电能表工作原理框图如图 4-30 所示。其中，分流器取得电流采样信号，分压器取得电压采样信号，经乘法器得到电压和电流乘积信号，再经频率变换产生一个频率与电压电流乘积成正比的计算脉冲，通过分频，驱动步进电动机，使计度器计量。

2. 电子式预付费电能表

这种电能表又称为 IC 卡表或磁卡表，如图 4-31 所示。它是采用微电子技术的新型电能表，其用途是计量频率为 50Hz 的交流有功电能，同时完成先买电后用电的预付费用电管理及负荷控制功能，它具有以下控制功能：

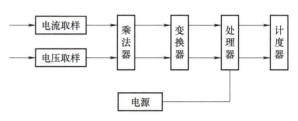

图 4-30　静止式电能表工作原理框图

1) 当剩余电量小于一级告警值（默认值为 10kW·h）时声光告警，小于二级告警值（默认值为 3kW·h）时拉闸告警（插入 IC 卡后可恢复），提醒用户及时购电。

2) 当功率值超过定值后自动断电，插入 IC 卡后可恢复。

3) 实行一户一卡制，具有良好的防伪性，当 IC 丢失时，可进行补卡操作。

IC 卡预付费电能表由电能计量和微处理器两个主要功能块组成。在实际应用中，应合理选用电能表的规格，如果选用的电能表规格过大，而用电量过小，则会造成计量不准确；如果选用的规格过小，则会使电能表过载，严重时有可能烧毁电能表。

图 4-31　新型电子式预付费电能表

### 4.3.2　单相电能表的安装和接线

1. 电能表的安装要求

1) 电能表安装时应垂直于地面，不应出现横向或纵向的歪斜。

2) 电能表与配电装置通常安装在一起。

3) 电能表要安装在干燥、无振动和无腐蚀气体的场所。表板的下沿离地一般不低于 1.3m，但大容量表板的下沿离地允许放低到 1~1.2m，但不可低于 1m。

4) 为了保证配电装置的操作安全，有利于线路的走向简洁而不混乱，电能表应安装在配电装置的左方或下方，切不可装在右方或上方。如需并列安装多只电能表时，两表间的中间距离不得小于 200mm。

2. 电能表的安装和接线

1) 先将表板用螺钉固定，螺钉的位置应选在能被表盖没的区域，以形成拆板先拆表的操作程序。

2) 调整电能表位置使其符合安装要求，与墙面和地面垂直，将电能表固定螺钉拧上，在调整表后完全拧紧。

3) 单相电能表安装时，其接线端子均按由左至右的顺序排列编号。

单相电能表有两种接线方式，一种是 1、3 接进线（电源线），2、4 接出线（负载线）；另一种是 1、2 接进线，3、4 接出线。机械式单相电能表规定采用 1、3 进线，2、4 出线，如图 4-32 所示。电能表接线完毕，在接电前，应由供电部门把接线端子盒加铅封，用户不可擅

## 项目 4 照明线路的安装和维修

自打开。单相电能表安装后的配电板如图 4-33 所示。

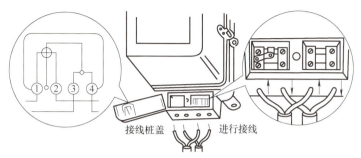

图 4-32 单相电能表的接线

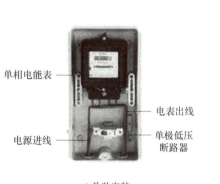

a) 单独安装

b) 多个并联安装

图 4-33 单相电能表安装后的配电板

如图 4-34 所示，单相预付费电能表的接线规定采用 1、2 进线，3、4 出线。

### 4.3.3 三相电能表的安装和接线

1. 三相四线制电能表的安装和接线

对于较大容量的照明用户，一般采用三相四线制供电。三相四线制进户的照明电路规定采用三相四线制电能表进行量电。三相电能表的外形如图 4-35 所示。

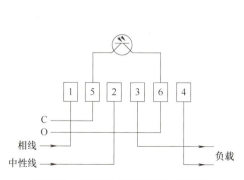

图 4-34 单相预付费电能表的接线

图 4-35 三相电能表的外形

三相四线制电能表有 11 个接线柱，按由左向右编序，1、4、7 接电源相线，3、6、9 是电能表的相线出线。10 为电源中性线进线接线柱，11 为电能表中性线出线，如图 4-36 所示。

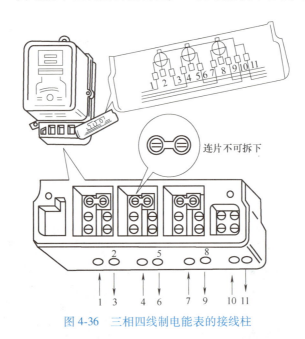

图 4-36　三相四线制电能表的接线柱

装有电流互感器的三相四线制电能表的接线原理如图 4-37a 所示，安装后的配电板如图 4-37b 所示。测量用的仪用电流互感器，在系统正常工作时测量电流和电能，其最大二次电流要有一定的限制。电流互感器一次绕组（匝数少）串联在被测电路中，利用一、二次绕组匝数不等，将一次绕组中的大电流变换为二次绕组（匝数多）的小电流（通常有 5A 和 1A 两种），供测量和控制使用。

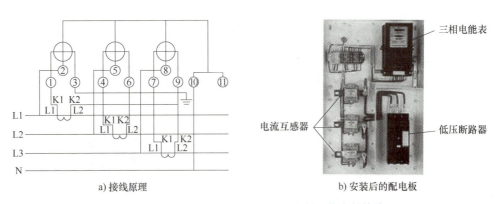

图 4-37　装有电流互感器的三相四线制电能表的接线

### 2. 三相电子式电能表

三相电子式电能表以原有感应式电能表为基础，配以采集模块，采用光电转换取样，应用现代通信技术，将用户用电信息通过低压传送到智能抄表集中器进行存储，电力管理部门通过电话网可读取集中器所存储的信息，实现远程自动抄表。其常见外形如图 4-38a 所示。它们具有以下控制功能：

① 可靠性高、负荷宽、功耗低、体积小、重量轻、便于安装和管理;
② 精度不受频率、温度、电压、高次谐波的影响,启动电流小、无潜动,寿命长达 20 年以上。

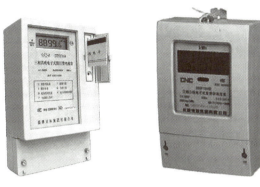

a) 远程自动抄表　　　　b) 无线抄表

图 4-38　三相电子式电能表

三相载波电能表(见图 4-38b)采用无线抄表方式,可实现无线抄表及功能设置,使抄表人员足不入户就可抄读到电表内的数据,大大方便了供电部门对用户电力的抄收管理工作;特别适用于电表因安装原因而不易人工抄读的场合,并可方便地组成无线自动抄表系统。

### 4.3.4　低压量电装置的安装

量电装置主要指计量电能用的配电箱,主要适用于工业和民用建筑、工矿企业、高层大厦、住宅等场所。主要用于 50～60Hz 电压 500V 以下单相二线、三相三线、三相四线、三相五线系统中的动力、照明回路作计量保护、配电控制和监测。其常见外形如图 4-39 所示。

a) (单表式)量电箱　　　　b) 群户式(多表式)量电箱

图 4-39　量电装置的外形

量电箱的安装方式分明装、暗装、户外防雨三种。箱面设计有可供抄表的观察窗,无需打开箱门,简单方便。箱内分路控制断路器,根据使用环境的不同,分为外露操作和内置操作两种。箱内布局合理,电器元件的进线及出线都采用板后接线,接线方式整齐美观。每户计量表都有对应的断路器控制回路及接零接地汇流排。

### 4.3.5 低压配电装置的安装

低压配电箱是由开关厂或电器制造厂生产的成套配电箱,也有自制的非成套配电箱。配电箱有明装式和暗装式两种。低压配电箱适用于家庭、工矿、企业、车间、厂房等照明的控制领域,作为电力系统断路器、自动化设备等的操作、控制电源和事故照明电源,同时也可应用于其他一切需要低压配电交流电源的场所。

**1. 低压照明开关箱**

图 4-40 是两种常见的照明开关箱。其主要结构部件有盖、箱体、透明罩、安装轨、导电排、进线罩和母线挡板等;箱内设有中性线和接地端子排。外壳选用优质冷轧钢板,耐腐蚀性强,经久耐用;箱内电器元件全部采用宽度为 9mm 的模/数化电器元件,安装在 TH34-7.5 型导轨上;根据需要可任意组合成各种不同的电路方案。

a) 明装(悬挂式)　　　　b) 暗装(嵌墙式)

图 4-40　照明开关箱

安装的断路器手柄应外露,便于操作,其他带电部件均遮盖于上盖内部,使用安全可靠;暗装箱体应备有预埋箱,便于安装使用。

例如:图 4-41 所示为某二室一厅居室电源分配情况,图中将各居室分配为五路电源配电,分别为客厅、卧室 1、卧室 2、厨房、卫生间,各房间电源开关独立控制,前一级电源由 25A 断路器实现总控制。

**2. 低压配电箱**

配电箱的制作分为配电板(盘面)和箱体两部分。配电板主要是根据设计的电气设备的布置位置和配电箱回路数来制作的,它的形式很多。常见的配电板外形如图 4-42 所示。配电板上各电器之间必须有一定的间距。室外配电箱的外形及结构如图 4-43 所示。

**3. 低压成套电力配电箱(柜)**

电力配电箱过去被称为动力配电箱,在新编制的各种国家标准和规范中,统一称为电力配电箱。电力配电箱的型号很多,较早的产品型号有 XL(F)—15 型,目前仍在使用,XL(R)—20 型为新产品电力配电箱。

(1) XL(F)—15 型电力配电箱　该电力配电箱系户内装置,箱体由薄钢板弯制焊接而成,为防尘式。箱门上装有电压表,指示汇流母线电压。打开箱门,箱内全部电器敞露,主要有刀开关(为箱外操作),刀开关额定电流一般为 60~400A。RM3 型(或 RT0 型)熔断器安装在由角钢焊成的框架上,框架用螺钉固定在箱壳上。用作工厂交流 500V 及以下的三相交流电力系统的配电。

(2) XL(R)—20 型电力配电箱　图 4-44 所示为 XL(R)—20 型电力配电箱,采用户内

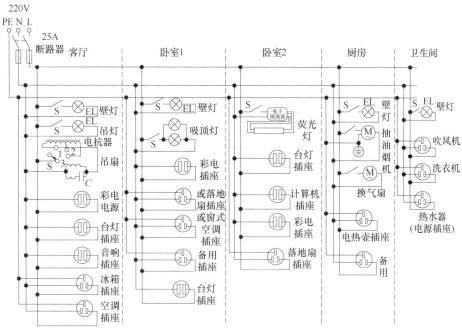

图 4-41　某二室一厅居室电源分配情况

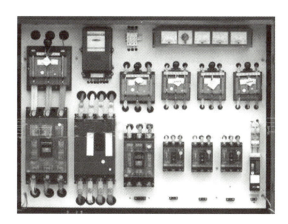

图 4-42　配电板外形

图 4-43　室外配电箱的外形及结构

装置，箱体用薄钢板弯制焊接成封闭形，主要有箱、面板、低压断路器、母线及台架等。面板可自由拆下，面板上装有小门。主要用于交流 500V 以下、50Hz 三相三线及三相四线电力系统，作电力配电用，具有过载及短路保护。

a) 外形

b) 内部结构

图 4-44　电力配电箱

（3）低压开关柜　低压成套配电装置一般称为低压配电屏，包括低压配电柜和配电箱，是按一定的线路方案将有关一、二次设备组装而成的低压成套设备，在低压系统中可作为控制、保护和计量装置。其分为固定式和抽屉式。

图 4-45 所示的动力配电柜，它适用于发电及工矿企业交流电压 500V 及以下的三相三线、三相四线、三相五线制系统，作动力照明配电和控制之用。

图 4-46 所示的抽屉式低压开关柜，其安装方式为抽出式，每个抽屉为一个功能单元，按一、二次线路方案要求将有关功能单元的抽屉叠装安装在封闭的金属柜体内，这种开关柜适用于三相交流系统中，可作为电动机控制中心的配电和控制装置。

图 4-45　动力配电柜

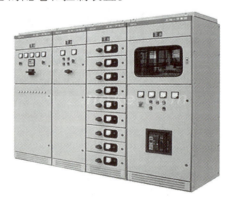

图 4-46　GCK1—5 型低压抽屉式开关柜

## 4.4　低压配电箱（盘）的安装工艺

### 4.4.1　低压配电箱安装前的检查项目

1）铁制配电箱（盘）：箱体应有一定的机械强度，周边平整无损伤，油漆无脱落，铁制二层底板厚度不小于1.5mm，但不得采用阻燃型塑料板作为二层底板，箱内各种器具应安装牢固，导线排列整齐，压接牢固。

2）塑料配电箱（盘）：箱体应有一定的机械强度，周边平整无损伤，塑料二层底板厚度不应小于5mm。

3）木制配电箱（盘）：应刷防腐、防火涂料，木制板盘面厚度不应小于20mm。

4）镀锌材料：有角钢、扁铁、铁皮、自攻螺钉、螺栓、垫圈和圆钉等。

5）绝缘导线：导线的型号规格必须符合设计要求，并有产品合格证。

## 4.4.2 低压配电箱的安装要求

1）低压配电箱（盘）应安装在安全、干燥、易操作的场所。配电箱（盘）安装时，其底口距地面一般为1.5m；明装时底口距地面1.2m；在同一建筑物内，同类盘的高度应保持一致，允许偏差为10mm。

2）预埋的各种铁件均应刷防锈漆，并做好明显可靠的接地。导线引出面板时，面板线孔应光滑无毛刺，金属面板应装设绝缘保护套。

3）配电箱（盘）带有器具的铁制盘面和装有器具的门及电器的金属外壳均应有明显可靠的PE保护地线（PE线为黄绿相间的双色线或编织软铜线），但PE保护地线不允许利用箱体或盒体串接。

4）配电箱（盘）配线排列整齐，并绑扎成束，在活动部位应固定。盘面引出及引进的导线应留有适当余度，以便于检修。

5）导线剥削处不应损伤线芯或线芯过长，导线压头应牢固可靠，多股导线不应盘圈压接，应加装压线端子（有压线孔时除外）。当必须穿孔用顶丝压接时，多股导线应镀锡后再压接，不得减少导线股数。

6）垂直装设的低压断路器及熔断器等电器上端接电源，下端接负荷。横装时左侧（面对盘面）接电源，右侧接负荷。

7）配电箱（盘）上的电源指示灯，其电源应接至总开关的进线侧，并应装单独熔断器（电源侧）。盘面闸具位置应与支路相对应，其下面应装设卡片框，并标明路别及容量。

8）照明配电箱（板）内的交流、直流或不同电压等级的电源，应具有明显的标志。

9）TN-C低压配电系统中的中性线N应在箱体或盘面上，引入接地干线处做好重复接地。

10）照明配电箱（板）内，应分别设置中性线N和保护地线（PE）汇流排，中性线N和保护地线应在汇流排上连接，不得绞接，并应有编号。

11）当PE线所用材质与相线相同时应按热稳定性要求选择截面积不应小于表4-8规定的最小截面积要求。

表4-8 PE线的最小截面积

| 相线线芯截面积 $S/mm^2$ | PE线最小截面积 $S/mm^2$ | 相线线芯截面积 $S/mm^2$ | PE线最小截面积 $S/mm^2$ |
| --- | --- | --- | --- |
| $S \leq 16$ | $S$ | $35 < S \leq 400$ | $S/2$ |
| $16 < S \leq 35$ | 16 | $400 < S \leq 800$ | 200 |

注：用此表若得出非标准截面积，应选用与之最接近的标准截面导体，但不得小于：裸铜线$4mm^2$，裸铝线$6mm^2$，绝缘铜线$1.5mm^2$，绝缘铝线$2.5mm^2$。

12）配电箱（盘）上的母线其相线应涂颜色标识：A 相（L1）应涂黄色；B 相（L2）应涂绿色；C 相（L3）应涂红色；中性线 N 相应涂淡蓝色；保护地线（PE 线）应涂黄绿双色相间。

13）PE 保护地线若不是供电电缆或电缆外护层的组成部分，则按机械强度要求，截面积不应小于下列数值：有机械性保护时为 2.5$mm^2$；无机械性保护时为 4$mm^2$。

14）配电箱（盘）上电具、仪表应牢固、平正、整洁、间距均匀、铜端子无松动、启闭灵活，零部件齐全。其排列间距应符合表 4-9 规定的要求。

表 4-9　电具、仪表排列间距要求

| 间　　距 | 最小尺寸/mm | | |
|---|---|---|---|
| 仪表侧面之间或侧面与盘边 | >60 | | |
| 仪表顶面或出线孔与盘边 | >50 | | |
| 闸距侧面之间或侧面与盘边 | >30 | | |
| 上下出线孔之间 | >40（隔有卡片框）<br>>20（未隔卡片框） | | |
| 插入式熔断器顶面或底面与出线孔 | 插入式熔断器规格 | 10~15A | >20 |
| | | 20~30A | >30 |
| | | 60A | >50 |
| 仪表、胶盖闸顶部或底面与出线孔 | 导线截面积 | 10$mm^2$ 及以下 | 80 |
| | | 16~25$mm^2$ | 100 |

15）照明配电箱（板）应安装牢固，平正，其垂直偏差不应大于 3mm；安装时，照明配电箱（板）四周应无空隙，其面板四周边缘应紧贴墙面、箱体与建筑物、构筑物接触部分应涂防腐漆。

16）配电箱（盘）面板较大时，应有加强衬铁，当宽度超过 500mm 时，箱门应采用双开门。

### 4.4.3　低压配电箱（盘）的固定和试验

在混凝土墙或砖墙上固定明装配电箱（盘）时，采用暗配管及暗分线盒和明配管两种方式。如有分线盒，先将盒内杂物清理干净，然后将导线理顺，分清支路和相序，按支路绑扎成束。待配电箱（盘）找准位置后，将导线端头引至箱内或盘上，逐个剥削导线端头，再逐个压接在器具上，同时将 PE 保护地线压在明显的地方，并将箱（盘）调整平直后进行固定。

在用电器件、仪表较多的面板安装完毕后，应先仪表校对有无差错，调整无误后试送电，并将卡片框内的卡片填写好，编好序号。

在木结构或轻钢龙骨板墙上进行固定配电箱（盘）时，应采用必要的加固措施。如配管在护板墙内暗敷设，并有暗接线盒时，要求盒口应与墙面平齐，在木制板墙处应做防火处理，可涂防火漆或加防火材料衬里进行防护。

### 1. 暗装配电箱的固定

根据预留孔洞尺寸先将箱体找好标高及水平尺寸，并将箱体固定好，然后用水泥砂浆填实周边并抹平齐，待水泥砂浆凝固后再安装盘面。如箱底与外墙平齐时，应在外墙固定金属网后再做墙面抹灰。不得在箱底板上抹灰。

安装盘面要求平整，周边间隙均匀对称，箱门平正、不歪斜，固定螺钉垂直受力均匀。

### 2. 绝缘摇测

配电箱（盘）全部电器安装完毕后，用500V绝缘电阻表对线路进行绝缘摇测。摇测项目包括相线与相线之间，相线与中性线之间，相线与保护地线之间，中性线与保护地线之间。

摇测时，应两人进行，并应做好记录，作为技术资料存档。绝缘电阻值馈电线路必须大于10MΩ，二次回路必须大于10MΩ。

### 3. 送电试验

1）将电源送至室内，经验电、校相无误；

2）对各路电缆摇测合格后，检查配电箱总开关处于"断开"位置，再进行送电，开关试送3次；

3）测量配电箱三相或单相电压是否正常。

## 4.5 基本技能训练

### 技能训练1 单控开关控制白炽灯线路的安装

1）考核项目：单控开关控制白炽灯线路的安装。

2）考核方式：技能操作。

3）实训器件和耗材：

① 单控开关、单相五孔插座、平灯座、白炽灯灯泡、BVVB2×1mm² 护套线和明装盒等。

② 常用电工工具、万用表等。

4）实训步骤及工艺要求：

① 敷设导线和线盒内的线头均应留有余度；所有的分支线和导线的接头应设置在分线盒和开关盒内；导线扭绞连接要紧密；插座接线时应注意左零右相的规定；连接灯座时，螺纹连接点接零线；所有的开关都应控制相线，所有的零线不应受控。

② 安装完毕，清理工具和线头，使用万用表进行线路检测。检测线路一切正常后，进行通电试验。

③ 通电试验。送电时，由电源端开始往负载侧依次顺序送电。先合上总开关，然后合上控制照明灯的开关，白炽灯正常发亮。插座不受开关控制。注意：通电时必须有专人监护，确保安全操作。

④ 通电试验合格后拆线，清扫、整理工位。

5）考核时间：45min。

6）评分标准：见表4-10。

表 4-10　单控开关控制白炽灯线路的安装项目评分表

| 考核项目 | 考核要求 | 配分 | 评分标准 | 扣分 | 得分 |
|---|---|---|---|---|---|
| 单控开关控制白炽灯线路的安装 | 照明器件安装 | 20 分 | 正确安装照明器件、操作规范；工具使用不当、操作不规范每处扣 5 分；损坏照明器件每只扣 5 分 | | |
| | 照明线路连接 | 60 分 | 接线松动，接头露铜过长、毛刺、反圈，连接不符合规范，每处扣 5 分；线路敷设和连接正确，不正确每处扣 10 分 | | |
| | 照明线路检测 | 20 分 | 万用表检测线路正确，不正确扣 5 分；断路器和单控开关操作顺序正确，不正确扣 5 分；通电后单控开关控制白炽灯正确，不正确扣 5 分；检测插座电压正确，不正确扣 5 分 | | |
| 合计 | | 100 分 | | | |

## 技能训练 2　双控开关控制 LED 灯线路的安装与调试

1）考核项目：双控开关控制 LED 灯线路的安装与调试。
2）考核方式：技能操作。
3）实训器件和耗材：
① 双控开关 2 只、插座、平灯座、LED 灯、RVV3×0.75mm$^2$ 白色护套线和明装盒等；
② 常用电工工具、万用表等。
4）实训步骤及工艺要求，参照技能训练 1。
5）考核时间：45min。
6）评分标准：见表 4-11。

表 4-11　双控开关控制 LED 灯线路的安装与调试项目评分表

| 考核项目 | 考核要求 | 配分 | 评分标准 | 扣分 | 得分 |
|---|---|---|---|---|---|
| 双控开关控制 LED 灯线路的安装 | 照明器件安装 | 20 分 | 正确安装照明器件、操作规范；工具使用不当、操作不规范每处扣 5 分；损坏照明器件每只扣 5 分 | | |
| | 照明线路连接 | 60 分 | 接线松动，接头露铜过长、毛刺、反圈，连接不符合规范，每处扣 5 分；线路敷设和连接正确，不正确每处扣 10 分 | | |
| 双控开关控制 LED 灯线路的调试 | 照明线路检测和调试 | 20 分 | 通电前万用表检测线路正确，不正确扣 5 分；通电时断路器和开关操作顺序正确，不正确扣 5 分；通电后两只双控开关控制灯线正确，不正确每只扣 5 分；检测插座电压正确，不正确扣 5 分 | | |
| 否定项 | 否定项说明 | ★ | 断路器跳闸、违反安全操作规程等，该项目评判为 0 分 | | |
| 合计 | | 100 分 | | | |

## 技能训练 3　低压配电装置的安装

1）考核项目：低压照明配电箱的安装。
2）考核方式：技能操作。
3）实训器件和耗材：
① 低压照明配电箱（配电板）、低压断路器、单股导线等。
② 常用电工工具、万用表等。
4）实训步骤及工艺要求：
① 根据训练要求，设计施工图。
② 根据施工图，选择所需器件和耗材。
③ 敷设导线和接线。敷设导线和导线折角应横平竖直，整齐美观；导线和线头均应留有余度；所有的分支线和导线的接头应设置在断路器接点上；接头压接要紧固。
④ 安装完毕，清理工具和线头，使用万用表进行线路检测。
⑤ 通电试验。送电时，由电源端开始往负载依次顺序送电。
⑥ 通电试验合格后拆电源线，清扫、整理工位。
5）考核时间：60min。
6）评分标准：见表 4-12。

表 4-12　低压照明配电箱的安装项目评分表

| 考核项目 | 考核要求 | 配分 | 评分标准 | 扣分 | 得分 |
| --- | --- | --- | --- | --- | --- |
| 低压照明配电箱的安装 | 器件安装规范 | 20 分 | 正确安装器件、操作规范；不规范每处扣 5 分；损坏器件每只扣 5 分 | | |
| | 线路安装规范，横平竖直 | 60 分 | 导线（颜色、截面）选择，不正确每处扣 3 分；横平竖直、折角处处理规范，不规范每处扣 5 分；接线松动、接头露铜过长、反圈；连接不符合规范，每处扣 3 分；接地线连接正确，漏接扣 10 分；线路敷设和连接正确，不正确每处扣 5 分 | | |
| | 线路检测 | 20 分 | 通电前万用表检测线路正确，不正确扣 5 分；通电时总断路器和分断路器操作顺序正确，不正确扣 5 分；通电后检测分断路器输出电压正确，不正确每只扣 5 分 | | |
| 合计 | | 100 分 | | | |

## 技能训练 4　低压量电装置的安装

1）考核项目：低压电能计量箱的安装。
2）考核方式：技能操作。
3）实训器件和耗材：

① 低压电能计量箱（配电板）、低压断路器5只、单相电能表4只和单股导线等。
② 常用电工工具、万用表等。
4）实训步骤及工艺要求：
① 根据训练要求，设计布置图，如图4-47所示。

图4-47　低压电能计量箱的安装布置图

② 根据施工图，选择所需器件和耗材。
③ 敷设导线和接线。敷设导线和导线折角应横平竖直，整齐美观；导线和线头均应留有余度；所有的分支线和导线的接头应设置在断路器接点上；接头压接要紧固。
④ 安装完毕，清理工具和线头，使用万用表进行线路检测。
⑤ 通电试验。送电时，由电源端开始往负载依次顺序送电。
⑥ 通电试验合格后拆电源线，清扫、整理工位。
5）考核时间：120min。
6）评分标准：见表4-13。

表4-13　低压电能计量箱的安装项目评分表

| 考核项目 | 考核要求 | 配分 | 评分标准 | 扣分 | 得分 |
| --- | --- | --- | --- | --- | --- |
| 低压电能计量箱的安装 | 器件安装规范 | 20分 | 正确安装器件、操作规范；不规范每处扣5分；损坏器件每只扣5分 | | |
| | 线路安装规范，横平竖直 | 60分 | 导线（颜色，截面）选择，不正确每处扣3分；横平竖直、折角处理规范，不规范每处扣5分；接线松动；接头露铜过长、反圈、连接不符合规范，每处扣3分；接地线连接正确，漏接扣10分；线路敷设和连接正确，不正确每处扣5分 | | |
| | 线路检测 | 20分 | 通电前万用表检测线路正确，不正确扣5分；通电时总断路器和分断路器操作顺序正确，不正确扣5分；通电后检测分断路器输出电压正确，不正确每只扣5分 | | |
| 合计 | | 100分 | | | |

## 4.6　技能大师高招绝活

高招绝活 1　电气照明配电箱的安装和配线

高招绝活 2　低压电能计量箱的安装和配线

1. 画出白炽灯照明线路双控开关控制的原理图，试分析工作原理。
2. 白炽灯线路开关合上后熔断器熔丝烧断，试分析原因。
3. 荧光灯具的结构由哪几部分组成？
4. 金属卤化物灯有何特点？
5. 安装灯具时的工艺规范有哪些要求？
6. 照明灯具及附件的安装应符合哪些规定？
7. 开关、插座、接线盒及其附件应符合哪些规定？
8. 电能表的安装工艺规范有哪些要求？
9. 低压配电箱安装前的检查项目有哪些？
10. 低压配电箱的安装工艺规范有哪些要求？

## 项目 5

# 动力及控制电路的安装和配线

 **培训学习目标：**

熟悉室内线路的配线方式；掌握线管配线的方法和安装规范；熟悉线槽配线的方法；掌握桥架配线的方法和安装规范；熟悉拖链带敷设电缆的要求。

动力及控制电路常用的配线方式有线管配线、线槽配线、桥架配线和拖链带配线等。选择配线方式时应根据动力及控制环境特征和安全要求等因素决定。

## 5.1 线管配线

线管配线具有耐潮、耐腐、导线不易受机械损伤等优点，适用于室内外照明和动力线路的配线。所用管材有钢管和塑料管两种，安装形式有明装和暗装。其中，暗装需要在土建时预埋好线管和接线盒。

阻燃 PVC 电线管、弯头及三通的外形如图 5-1 所示，它们广泛应用于建筑工程混凝土内、楼板间或墙内作电线导管，也可作为一般配线导管及通信线、网络线用管等。其具有阻燃、绝缘、耐腐蚀等优异性能，施工中还具有质轻、易弯、安装实施方便等优点。

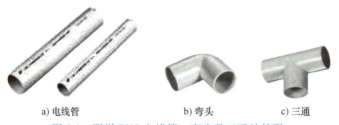

a) 电线管　　　　b) 弯头　　　　c) 三通

图 5-1　阻燃 PVC 电线管、弯头及三通的外形

线管明装时要求横平竖直，管路短，弯头少。暗装时，首先要确定好线管进入设备器具盒（箱）的位置，计算好管路敷设长度，再进行配管施工。在配合土建施工时，将管与盒（箱）按已确定的安装位置连接起来。使用钢管时应在管与管、盒（箱）的连接处焊上接地跨接线，使金属外壳连成一体，如图 5-2 所示。

### 5.1.1　线管配线的方法

1. 线管连接

（1）塑料管的连接

1）加热连接法：

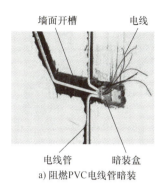 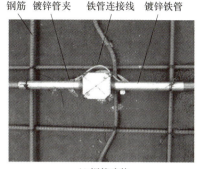

a) 阻燃PVC电线管暗装　　　　　b) 钢管暗装

图 5-2　线管暗装的示意图

① 直接加热连接法。直径为 50mm 及以下的塑料管可用直接加热连接法。连接前先将管口倒角，如图 5-3a 所示。然后用喷灯、电炉等热源对插接段加热软化，趁热插入外管并调到两管的轴心一致，并迅速浸湿使冷却硬化，如图 5-3b 所示。

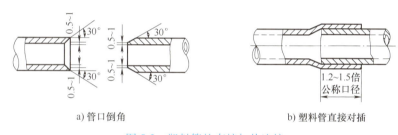

a) 管口倒角　　　　　　　　b) 塑料管直接对插

图 5-3　塑料管的直接加热连接

② 模具胀管法。直径为 65mm 及以上的塑料管的连接，可用模具胀管法。如图 5-4a 所示，待塑料管加热软化后，将加热的金属模具趁热插入外管头部，然后用冷水冷却到 50℃ 左右，退出模具。在接触面上涂粘合剂，再次稍微加热后两管对插，插接到位后用水冷却硬化，连接完成。完成上述工序后，可用相应的塑料焊条在接口处圆周焊接一圈，以提高机械强度和防潮性能，如图 5-4b 所示。粘接塑料管的步骤如图 5-5 所示。

2) 套管连接法：将两根塑料管在接头处加专用套管完成，如图 5-4c 所示。

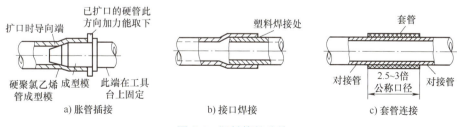

a) 胀管插接　　　　　b) 接口焊接　　　　　c) 套管连接

图 5-4　塑料管的连接

(2) 钢管的连接

1) 钢管与钢管的连接。钢管与钢管之间的连接，无论是明装管还是暗装管，最好采用管箍连接，其连接方法如图 5-6 所示。

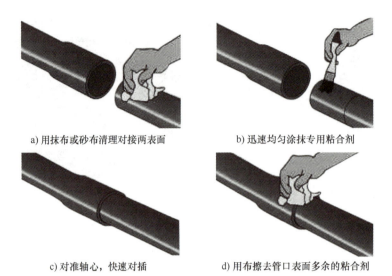

图 5-5　粘接塑料管的步骤

注意：管口毛刺必须清除，避免损伤导线。为了保证管接口的严密性，管子的螺纹部分应顺螺纹方向缠上麻丝，再用管钳拧紧。

2）钢管与接线盒的连接。钢管的端部与各种接线盒连接时，应在接线盒内各加一个薄形螺母（或锁紧螺母），如图 5-7 所示。

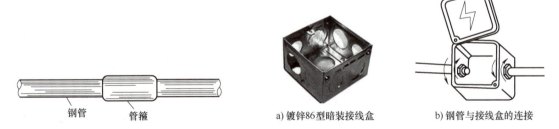

图 5-6　管箍连接钢管的方法

图 5-7　钢管与接线盒的连接

（3）弯管　钢管的弯曲通常采用专用的弯管器。常用弯管器有简易弯管器及液压弯管器。其中液压弯管器根据不同管径配有成型的模具，使用非常方便，其常见外形如图 5-8 所示。

PVC 电线管的弯曲必须符合图样要求。如图 5-9 所示，将弹簧深入 PVC 管后，两手直接缓慢用力弯曲。采用 PVC 管及接头明配时，弯曲半径不宜小于管外径的 6 倍。当两个接线盒中间只有一个弯曲时，其弯曲半径不宜小于外径的 4 倍；暗配时，弯曲半径不应小于管外径的 10 倍。

图 5-8　手动液压弯管器和弯管模具的外形

a) 工具弹簧　　　　b) 将弹簧插入PVC管　　　　c) 两手缓慢用力弯曲

图 5-9　PVC 电线管的弯曲

弯管时需要注意以下几点：

① 选用相应规格的弹簧，且不可混淆规格和型号，否则会引起弹簧与管材的损坏。
② 弯曲时必须慢慢进行，否则易损坏 PVC 电线管及弹簧。
③ 在弹簧未取出之前，不要用力使弯管回缩，以防损坏弹簧。
④ 当弹簧不易取出时，可边逆时针转动弹簧边往外拉，弹簧外径收缩，便可取出。
⑤ 在较冷天气施工时，可用布将电线管弯曲处反复摩擦，使其适当升温后再进行弯曲。

（4）线管的固定

1）钢管明装敷设。线管明装敷设时应采用管卡支持，在线管进入开关、灯座、插座和接线盒孔前 300mm 处和线管弯头两边，都需要用管卡加以固定，如图 5-10 所示。

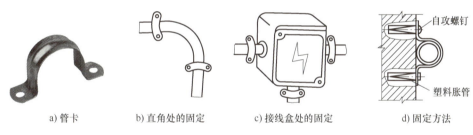

a) 管卡　　　b) 直角处的固定　　　c) 接线盒处的固定　　　d) 固定方法

图 5-10　使用管卡固定钢管

2）线管在墙内暗装敷设。线管在砖墙内暗装敷设时，一般在土建砌砖时预埋，否则应先在砖墙上留槽或开槽，然后在砖缝里打入木榫并用铁钉固定。塑料管在墙壁内和地面内固定的方式如图 5-11 所示。

图 5-11　塑料管在墙壁内和地面内固定的方式

厂房地面采用线管暗敷的方式如图 5-12 所示。

图 5-12　厂房地面采用线管暗敷现浇前的实景

（5）扫管穿线

1) 穿线前先清扫线管，用压缩空气或在钢丝上绑以擦布，将管内杂质和水分清除。

2) 导线穿入线管前，应在线管口套上护圈，截取导线并剖削两端导线绝缘层，做好导线的标记，之后将所有导线按图 5-13 所示方法与钢丝引线缠绕，一个人将导线送入，另一个人在另一端慢慢牵拉，直到穿入完毕，如图 5-14 所示。

图 5-13　导线与引线的缠绕

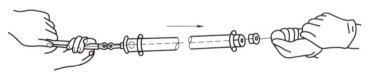

图 5-14　导线穿入管内的方法

## 5.1.2　PVC 电线管配线的工艺要求

（1）配线时执行强电走上、弱电在下的原则　用 PVC 电线管配线时，执行强电走上、弱电在下，横平竖直、避免交叉，美观实用的原则。电线与暖气、热水、煤气管之间的平行距离不应小于 300mm，交叉距离不应小于 100mm。电线管与水管交叉处尽量做到电线管在水管之上。图 5-15 所示为敷设塑料管时错误的搭接方法。

（2）暗盒与线管必须通过锁母连接　室内布线穿管敷设时，不应该有电线外露（除现浇混凝土楼板顶

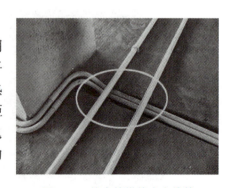

图 5-15　热水管搭接在电线管上的错误敷设方法

面可采用护套线外)。塑料管与暗盒的安装规程如图 5-16 所示。

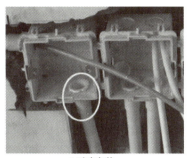
a) 正确安装

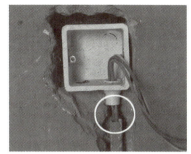
b) 错误安装

图 5-16　塑料管与暗盒的安装规程

(3) 接线盒外预留导线的长度应适宜　穿入配管导线的接头应设在接线盒内，线头要留有余量 150mm，接头搭接应牢固，绝缘带包缠应均匀紧密。接线盒外预留导线长度如图 5-17 所示。

(4) 统一穿线　PVC 管安装好后，可进行统一穿电线操作，同一回路电线应穿入同一根管内，但管内电线的总根数不应超过 8 根，管内电线总截面积（包括绝缘外皮）不应超过管内径截面积的 40%。如图 5-18 所示。

图 5-17　接线盒外预留导线长度

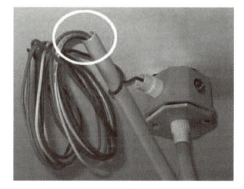
图 5-18　电线管配线规范

## 5.1.3　钢管的安装要求

1) 潮湿场所和直埋于地下的电线保护管，应采用厚壁钢管。

2) 除埋入混凝土中的非镀锌钢管外壁不做防腐处理外，其他场所的非镀锌钢管内外壁均做防腐处理，经检查确认，才能配管。

3) 直埋于土层内的钢管外壁均应做沥青防腐处理。设计有特殊要求时，应按设计规定进行防腐处理。

4) 现浇混凝土板内配管在底层钢筋绑扎完成，上层钢筋未绑扎前敷设，且检查确认，才能绑扎上层钢筋和浇捣混凝土。

5) 在梁、板、柱等部位明配管的导管套管、埋件、支架等检查合格，才能配管。

## 5.2 线槽配线

线槽配线方式广泛用于电气工程安装、机床和电气设备的配电板或配电柜等的明装配线,也适用于电气工程改造时更换线路以及各种弱电、信号线路(如电话线、通信线、网络线等)在吊顶内或明装的敷设。常用的塑料线槽材料为聚氯乙烯,由槽底和槽盖组合而成,其常见外形如图 5-19 所示。

线槽配线便于施工、安装便捷。图 5-19b 所示线槽多用于明装照明线路的敷设,图 5-19c 所示为弧形 PVC 线槽,多用于明装电源线、网络线等线路的敷设,具有耐踩、耐压的优点。

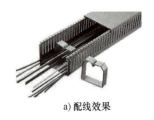
a) 配线效果

b) 长方形线槽

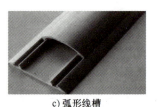
c) 弧形线槽

图 5-19 线槽的外形

塑料线槽的选用,可根据敷设线路的情况选用合适的线槽规格。线槽配线的方法见表 5-1。

表 5-1 线槽配线的方法

| 配线方法 | 配线步骤 | 图 示 |
|---|---|---|
| 定位并划线 | ① 确定各用电器具的安装位置和线路方向<br>② 用弹线袋划线,每隔 400~500mm 划出固定线槽槽底的位置<br>③ 在距开关、插座和灯具圆木 50~100mm 处都需设置线槽槽底的固定点 | |
| 钻孔并安装塑料胀管 | 在设置的各个固定点处钻孔(使用冲击钻或小型电锤),并安装塑料胀管,以确保线路安装紧固 | |

项目 5　动力及控制电路的安装和配线

(续)

| 配线方法 | 配线步骤 | 图　　示 |
|---|---|---|
| 铺设槽底 | 铺设线槽槽底，同时安装各用电器具的明装接线盒。注意：槽底接缝与槽盖接缝应尽量错开 | 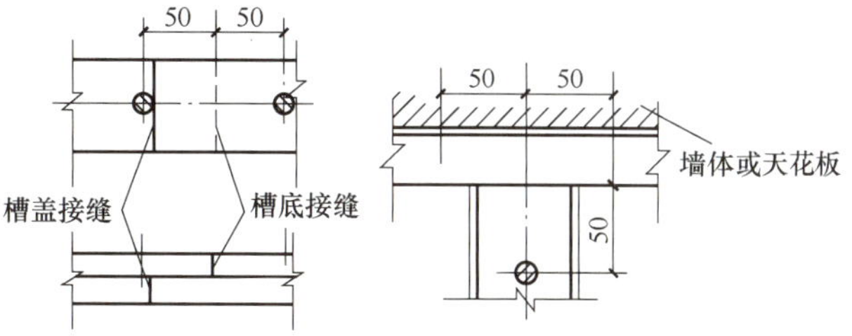 |
| 敷设导线并扣紧槽盖 | 采用一边敷设导线一边扣紧槽盖的方法进行。注意：槽底和槽盖的接缝处均应使用锉刀锉平，处理得严丝合缝 | 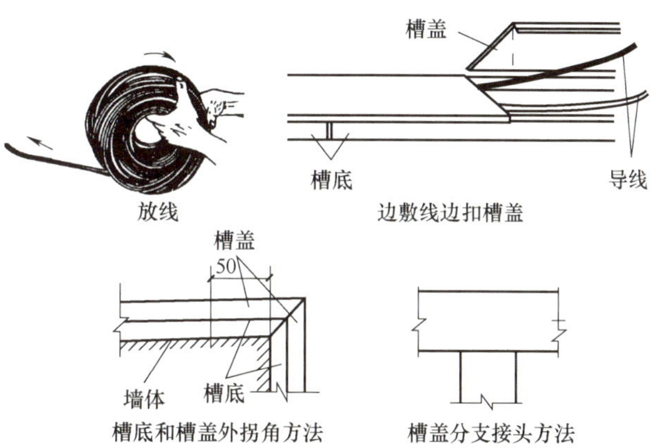 |
| 扣紧各种槽连接头和槽插口 | 固定各种位置的槽连接头和槽插口，对各导线接头做好绝缘处理并安装好各种用电器具 | 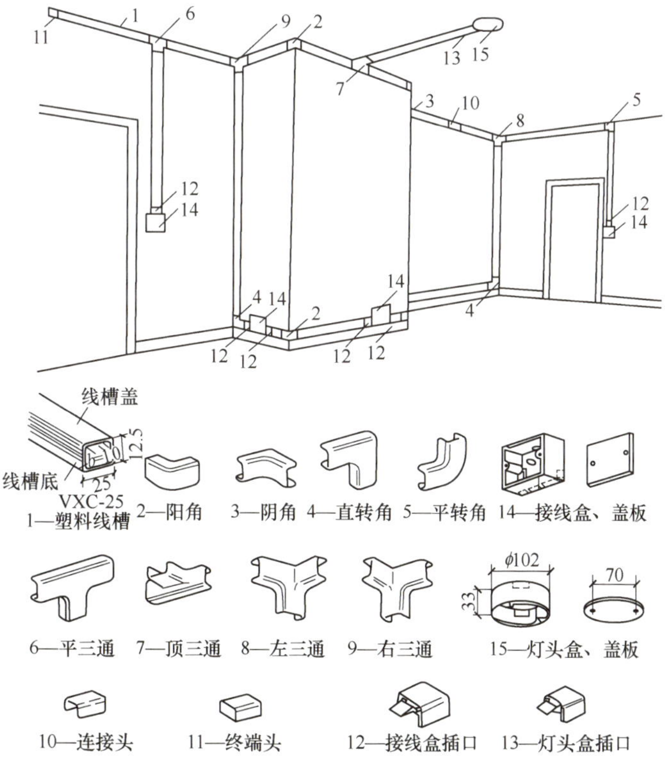 1—塑料线槽　2—阳角　3—阴角　4—直转角　5—平转角　14—接线盒、盖板<br>6—平三通　7—顶三通　8—左三通　9—右三通　15—灯头盒、盖板<br>10—连接头　11—终端头　12—接线盒插口　13—灯头盒插口 |

## 5.3 桥架配线

桥架是由托盘、梯架的直线段、弯通、附件以及支吊架等构成，用以支承电缆的具有连续刚性结构系统的总称。电缆桥架是使电线、电缆、管缆铺设达到标准化、系列化、通用化的电缆铺设装置。目前，在国内应用比较多的桥架多为封闭型桥架，主要有槽式电缆桥架（图 5-20a）、托盘式电缆桥架、梯级式电缆桥架（图 5-20b）、大跨距电缆桥架和组合式电缆桥架等。

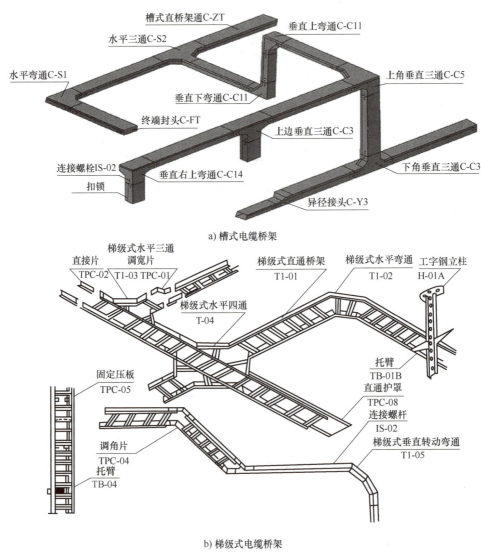

图 5-20 桥架

槽式电缆桥架是一种全封闭型电缆桥架，它最适用于敷设计算机电缆、通信电缆、热电偶电缆及其他高灵敏系统的控制电缆的屏蔽干扰和重腐蚀环境中电缆的防护都有较好的效果。托盘式电缆桥架具有重量轻、载荷大、造型美观、结构简单、安装方便等优点，既适合用于动力电缆的安装,也适用于控制电缆的敷设。梯级式电缆桥架适用于一般直径大电缆的敷设,特别适用于高、低动力电缆的敷设。

## 5.3.1 桥架配线的方法

桥架多由 1.0~1.5mm 厚的轻型铁板或钢板冲压成型并进行镀锌或喷塑处理。桥架的零部件标准化、通用化,架空安装及维修较为方便,所以桥架配线广泛应用于工业电气设备、厂房照明及动力、智能化建筑的自控系统等场所。

桥架上面配装铁盖,并配有托盘、托臂、二通、三通、四通弯头、立柱和变径连接头等辅件。桥架及附件的常见连接方式如图 5-21 所示。

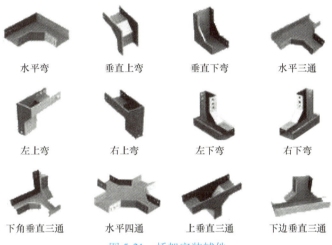

图 5-21 桥架安装辅件

桥架配线的安装形式很多,主要有悬空安装、沿墙或柱安装和地坪支架安装等。图 5-22 所示为桥架配线的组合安装形式。其中沿墙面安装是最简单的方法,如图 5-23 所示。

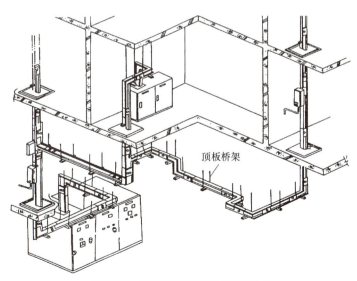

图 5-22 桥架配线的组合安装形式

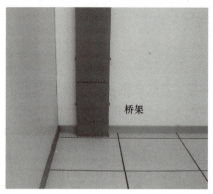

图 5-23 桥架沿墙面安装方法

### 5.3.2 桥架配线的施工规范

1. 桥架配线安装工艺流程

桥架配线的安装工艺流程如图 5-24 所示。

图 5-24 桥架配线的安装工艺流程

根据施工图确定始端到终端位置,沿图样标定走向,找好水平、垂直、弯通,使用粉线袋或画线,沿桥架的走向在墙壁、顶棚、地面、梁、板、柱等处弹线或画线,并均匀档距画出支、吊、托架位置。

2. 桥架的安装

1)电缆桥架水平敷设时,支撑跨距一般为 1.5~3m,电缆桥架垂直敷设时固定点间距不宜大于 2m。桥架弯通弯曲半径不大于 300mm 时,应在距弯曲段与直线段结合处 300~600mm 的直线段侧设置一个支吊架。当弯曲半径大于 300mm 时,还应在弯通中部增设一个支吊架。支吊架和桥架安装时必须考虑电缆敷设弯曲半径满足规范最小允许弯曲半径,见表 5-2。

表 5-2 电缆最小允许弯曲半径

| 序 号 | 电 缆 种 类 | 最小允许弯曲半径 |
| --- | --- | --- |
| 1 | 无铅包钢铠护套的橡皮绝缘电力电缆 | 10$D$ |
| 2 | 有钢铠护套的橡皮绝缘电力电缆 | 20$D$ |
| 3 | 聚氯乙烯绝缘电力电缆 | 10$D$ |
| 4 | 交联聚氯乙烯绝缘电力电缆 | 15$D$ |
| 5 | 多芯控制电缆 | 10$D$ |

注:$D$ 为电缆外径。

2)梯型角钢支架的安装。桥架沿墙、柱水平安装时,托壁需要安装在异型钢立柱上,而立柱要安装在梯型角钢支架上,使柱和墙上的桥架固定支架(或托臂)在同一条直线上。

3）电缆桥架立柱侧壁式安装。立柱是直接支承托臂的部件,分为工字钢槽钢、角钢、异型钢立柱;立柱可以在墙上、柱上安装,也可悬吊在梁板上安装。具体做法是:在混凝土中可预埋铁件;砌筑墙体可砌筑预制砌块。

4）电缆桥架应敷设在易燃易爆气体管和热力管道的下方,当设计无要求时,与管道的最小净距应符合表 5-3 中的规定。

表 5-3　与管道的最小净距　　　　　　　　　　　　　　　　　　　　（单位：m）

| 管道类别 | | 平行净距 | 交叉净距 |
| --- | --- | --- | --- |
| 一般工艺管道 | | 0.4 | 0.3 |
| 易燃易爆气体管道 | | 0.5 | 0.5 |
| 热力管道 | 有保温层 | 0.5 | 0.3 |
| | 无保温层 | 1.0 | 0.5 |

**3. 托臂的安装**

托臂是直接支承托盘、梯架并单独固定的刚性部件,托臂有螺栓固定(可预埋螺栓),也可以采用膨胀螺栓固定,还可以卡接,如图 5-25 所示。

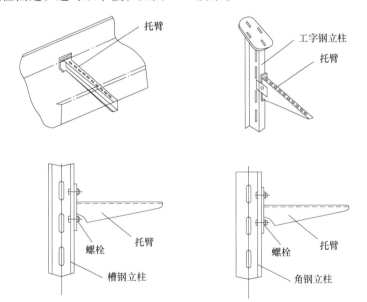

图 5-25　托臂的安装

**4. 桥架的接地**

当设计允许利用桥架系统构成接地干线回路时,应符合下列要求:

1）金属电缆桥架及其支架引入或引出的金属电缆导管必须接地(PE)或接零(PEN)可靠,且必须符合下列规范:

① 金属电缆桥架及其支架全长与接地(PE)或接零(PEN)干线相连接不小于 2 处,使整个桥架为一个电气通路。

② 非镀锌电缆桥架间连接的两端跨接铜芯接地线,接地线最小允许截面积不小于 4mm$^2$。

③ 镀锌电缆桥架间连接板的两端可不跨接接地线,但连接板两端不少于 2 个有防松螺母

或防松垫圈的固定螺栓。

2）盘、梯架端部之间的连接电阻不应大于 0.00033Ω，并用等电位连接测试仪（导通仪）或微欧姆表测试，测试应在连接点的两侧进行，对整个桥架全长的两端连接电阻不应大于 0.5Ω 或由设计决定，否则应增加接地点，以满足要求。接地孔应消除涂层，与涂层接触的螺栓有一侧的平垫应使用带爪的专用接地垫圈。

3）伸缩缝或软连接处需采用编织铜线连接。软编织铜线的常见外形如图 5-26a 所示，其连接方式如图 5-26b 所示。沿桥架全长另外敷设接地干线时，每段（包括非直线段）托盘、梯架应至少有一点与接地干线可靠连接；在接地部位的连接处应装置弹簧垫圈，以免松动。

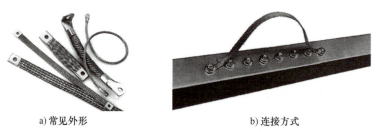

a）常见外形  　　　　　　　　b）连接方式

图 5-26　软编织铜线的常见外形和连接方式

5. 桥架的外观检查

桥架产品包装箱内应有装箱清单、产品合格证及出厂检验报告。托盘、梯架板材厚度应满足表 5-4 中的规定。表面防腐层材料应符合国家现行有关标准的规定。

表 5-4　托盘、梯架板允许最小厚度

| 托盘、梯架宽度/mm | 允许最小厚度/mm |
| --- | --- |
| <400 | 1.5 |
| 400~800 | 2.0 |
| >800 | 2.5 |

各类弯通及附件规格，应适合工程布置条件，并与托盘、梯架配套。支、吊架规格选择，应按托盘、梯架规格层数、跨距等条件配置，并应满足荷载的要求。

6. 电缆的外观检查

1）电缆应有合格证和"CCC"认证标志，每盘电缆上应标明规格、型号、电压等级、长度及出厂日期，电缆相应完好无损。

2）电缆外观完好无损，铠装无锈蚀、无机械操作，无皱折和扭曲现象。

3）油浸电缆应密封良好，无漏油及渗油现象。橡套及塑料电缆外皮及绝缘层无老化及裂纹。电缆端头密封良好。

7. 电缆桥架安装和试验的步骤

电缆桥架安装和试验的步骤如下：

1）测量定位。

2）安装桥架的支架。

项目 5　动力及控制电路的安装和配线

3）经检查合格，再安装桥架，如图 5-27 所示。

a) 安装桥架

b) 三通固定方法

c) 弯头固定方法

图 5-27　登高安装桥架支架和桥架

4）桥架安装检查合格后敷设电线或电缆。
5）检查接线去向、相线相位和防火、隔堵措施后，通电试验。如图 5-28 所示。

图 5-28　检查和测试后通电试验

## 5.4　拖链带敷设

### 5.4.1　拖链带的分类

1. 拖链的用途和特点

拖链又称为坦克链，它由众多单元链节组成，各单元链节之间转动自如，能够对内置的电缆、油管、气管等起到牵引、收纳和保护等作用；能随机床、机械设备移动部件协调运行，可发挥安全保护和导向作用，可延长被保护的电线、电缆、液、气软管的使用寿命，降低消耗，可大大改善机床、机械设备的线缆和软管分布零乱的状况。

拖链带的运行方式如图 5-29 所示。

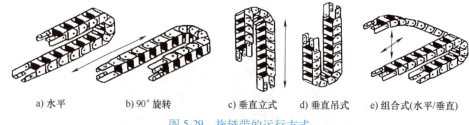

a) 水平　　b) 90°旋转　　c) 垂直立式　　d) 垂直吊式　　e) 组合式(水平/垂直)

图 5-29　拖链带的运行方式

2. 工程拖链的分类及结构

工程拖链适用于复合运动场合，拖链的每节都能打开，便于安装和维护，运动时噪声低，耐磨，可高速运转。工程拖链按材质分为塑料工程拖链和钢制工程拖链，按结构分为桥式工程拖链和全封闭式工程拖链。

工程塑料拖链又分为普通型工程塑料拖链和增强型工程塑料拖链。

3. 拖链带的选型

1）直径差别大的导线应分开铺设，重量平均分布。在高速或高频运动时，要尽量使导线在水平方向上相互分开，不要使其相互叠加，在线缆和软管较多的时候应使用分隔片。

2）内高：选择内置电缆、气管、油管、水管中最粗的一个作为参考高度，加上至少10%的高度空间作为拖链内高。若重叠，应按重叠后实际高度作为参考高度。

3）内宽：选择较粗的一些线缆和软管等，其外径之和作为拖链内宽的参考，并留有至少10%的宽度空间。

4）弯曲半径：选择内置线缆和软管等中最大的弯曲半径作为参考值，并留有10%以上的空间。

4. 电缆拖链带的拆卸

电缆拖链带的拆卸简单，使用一字槽螺钉旋具就可轻松完成。垂直插入盖板两端的开启孔，打开盖板，将线缆和软管等放入拖链内，然后盖上盖板。在长距离滑动使用时，应使用导向槽。

### 5.4.2 拖链电缆的敷设要求

拖链电缆的敷设要求主要有：

1）拖链电缆的敷设不能扭曲，即不可从电缆卷筒或电缆盘的某一端解开电缆，而应先旋转卷筒或电缆盘将电缆展开，必要时可将电缆展开或悬挂起来。拖链中的电缆不得相互接触或缠绕在一起。

2）注意电缆的最小弯曲半径，应使电缆在弯曲半径内完全移动，不可强迫移动，电缆彼此间或与导向装置间可相对移动。经过一段时间的操作后，在推拉移动后检查一下电缆的位置，若拖链折断，则其电缆也需要更换，因为过度拉伸造成的损坏无法避免。

3）电缆的两端都必须固定，或至少在拖链的运动端必须固定。一般电缆的移动点离拖链端部的距离应为电缆直径的20~30倍。

## 5.5 基本技能训练

### 技能训练1 照明线路线槽配线的安装

1）考核项目：照明线路线槽配线的安装与调试。

2）考核方式：技能操作。

3）实训器件和耗材：

① 木质或铁制安装板、断路器、开关、平灯座、白炽灯灯泡、PVC 线槽 2m、导线和螺钉等。

② 常用电工工具、万用表、手锯和细纹平板锉刀等。

4）实训步骤及工艺要求：

① 根据训练要求，设计施工图，如图 5-30 所示。

② 根据施工图，选择所需耗材。根据安装规范，准备好导线、PVC 线槽、螺钉等。

③ 锯割和安装 PVC 线槽。锯割 PVC 线槽，锉削线槽槽口，应符合安装规范；应注意安全，防止伤手；安装 PVC 线槽应横平竖直，整齐美观。

④ 敷设导线和接线。线槽内敷设导线和线盒内的线头均应留有裕度；所有的分支线和导

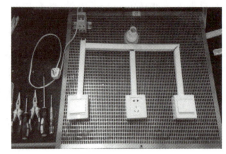

a) 实地施工　　　　　　　　　　　b) 模拟训练

图 5-30　照明线路线槽配线的安装布置图

线的接头应设置在分线盒和开关盒内；导线扭绞连接要紧密。

⑤ 安装完毕，清理工具和线头，使用万用表进行线路检测。

⑥ 通电试验。送电时，由电源端开始往负载依次顺序送电。

⑦ 通电试验合格后拆线，清扫、整理工位。

5）考核时间：60min。

6）评分标准：见表 5-5。

表 5-5　照明线路线槽配线的安装与调试项目评分表

| 考核项目 | 考核要求 | 配分 | 评分标准 | 扣分 | 得分 |
| --- | --- | --- | --- | --- | --- |
| 照明线路线槽配线的安装与调试 | PVC 线槽安装规范，横平竖直 | 15 分 | PVC 线槽槽底和槽盖锯割、锉削操作规范，工具使用不当每次扣 2 分；PVC 线槽槽底和槽盖横平竖直、搭接处规范，不规范每处扣 3 分 | | |
| | 照明器件安装规范 | 15 分 | 正确安装照明器件、操作规范；不规范每处扣 2 分；损坏照明器件每只扣 3 分 | | |
| 照明线路线槽配线的安装与调试 | 照明线路安装 | 50 分 | 导线（颜色，截面）选择，不正确每处扣 5 分；接线松动；接头露铜过长、毛刺、反圈；连接不符合规范，每处扣 3 分；接地线连接正确，漏接扣 10 分；线路敷设和连接正确，不正确每处扣 5 分 | | |
| | 照明线路检测和调试 | 20 分 | 通电前万用表检测线路正确，不正确扣 5 分；通电时断路器和开关操作顺序正确，不正确扣 5 分；通电后开关控制白炽灯正确，不正确扣 5 分；检测插座电压正确，不正确扣 5 分 | | |
| 否定项 | 否定项说明 | ★ | 断路器跳闸、违反安全操作规程等，该项目评判为 0 分 | | |
| | 合计 | 100 分 | | | |

## 技能训练 2　照明线路线管配线的安装

1）考核项目：照明线路线管配线的安装与调试。

2）考核方式：技能操作。

3）实训器件和耗材：

① 木质或铁制安装板、断路器、开关、平灯座、灯泡、PVC 电线管 2m、电线管配件、导线和螺钉等。

② 常用电工工具、万用表、手锯和细纹平板锉刀等。

4）实训步骤及工艺要求：

① 根据训练要求，设计施工图。

② 根据施工图，选择所需耗材。根据安装规范，准备好导线、PVC 电线管和配件、螺钉等。

③ 锯割和安装 PVC 电线管。锯割 PVC 电线管，锉削电线管管口；电线管应横平竖直，整齐美观；

④ 敷设导线和接线。线管内敷设导线和线盒内的线头均应留有余度；所有的分支线和导线的接头应设置在分线盒和开关盒内；导线扭绞连接要紧密。

⑤ 安装完毕，清理工具和线头，使用万用表进行线路检测。

⑥ 通电试验。送电时，由电源端开始往负载依次顺序送电。

⑦ 通电试验合格后拆线，清扫、整理工位。

5）考核时间：60min。

6）评分标准：见表 5-6。

表 5-6　照明线路线管配线的安装与调试项目评分表

| 考核项目 | 考核要求 | 配分 | 评分标准 | 扣分 | 得分 |
| --- | --- | --- | --- | --- | --- |
| 照明线路线管配线的安装与调试 | PVC 电线管安装规范，横平竖直 | 15 分 | PVC 电线管锯割、锉削操作规范，工具使用不当每次扣 2 分；PVC 电线管横平竖直、搭接处规范，不规范每处扣 3 分 | | |
| | 照明器件安装规范 | 15 分 | 正确安装照明器件、操作规范；不规范每处扣 2 分；损坏照明器件每只扣 3 分 | | |
| | 照明线路安装 | 50 分 | 导线（颜色，截面）选择，不正确每处扣 5 分；接线松动；接头露铜过长、毛刺、反圈；连接不符合规范，每处扣 3 分；接地线连接正确，漏接扣 10 分；线路敷设和连接正确，不正确每处扣 5 分 | | |
| | 照明线路检测和调试 | 20 分 | 通电前万用表检测线路正确，不正确扣 5 分；通电时断路器和开关操作顺序正确，不正确扣 5 分；通电后开关控制白炽灯正确，不正确扣 5 分；检测插座电压正确，不正确扣 5 分 | | |

（续）

| 考核项目 | 考核要求 | 配分 | 评分标准 | 扣分 | 得分 |
|---|---|---|---|---|---|
| 否定项 | 否定项说明 | ★ | 断路器跳闸，违反安全操作规程等，该项目评判为0分 | | |
| 合计 | | 100分 | | | |

## 5.6 技能大师高招绝活

高招绝活3　电气线路PVC电线管暗装的安装和配线　　高招绝活4　电气线路桥架的安装和配线

1. 电线管弯管时应注意哪些问题？
2. 扫管穿线时应注意哪些问题？
3. PVC电线管配线的工艺要求有哪些？
4. 线槽配线的方法有哪些步骤？
5. 桥架配线的安装工艺流程有哪些？
6. 桥架的外观检查有哪些要求？
7. 电缆的外观检查有哪些要求？
8. 桥架的接地有哪些安装规范？
9. 拖链电缆的敷设要求有哪些？

## 项目 6

# 基本电子电路的装调和维修

**培训学习目标：**

熟悉晶体二极管、晶体管等元器件的识别和测量方法；熟悉电烙铁和钎料的分类、选用方法；掌握整流稳压电路的安装和调试方法；掌握基本放大电路的安装和调试方法。

## 6.1 阻容元件的识别和测量

### 6.1.1 电阻器

1. 电阻器和电位器的型号命名方法

常用电阻器和电位器的型号一般由4部分组成，其型号含义见表6-1。

表6-1 电阻器和电位器的型号含义

| 第1部分 | | 第2部分 | | 第3部分 | | 第4部分 |
|---|---|---|---|---|---|---|
| 字母表示主称 | | 字母表示材料 | | 数字或字母表示特征 | | 数字表示序号 |
| 符号 | 意义 | 符号 | 意义 | 符号 | 意义 | |
| R | 电阻器 | T | 碳膜 | 1 | 普通 | |
| W | 电位器 | P | 硼碳膜 | 2 | 普通 | |
| | | U | 硅碳膜 | 3 | 超高频 | |
| | | H | 合成膜 | 4 | 高阻 | |
| | | I | 玻璃釉膜 | 5 | 高温 | |
| | | J | 金属膜（箔） | 7 | 精密 | |
| | | Y | 氧化膜 | 8 | 电阻：高压；电位器：特殊 | |
| | | S | 有机实芯 | 9 | 特殊 | |
| | | N | 无机实芯 | G | 高功率 | |
| | | X | 线绕 | T | 可调 | |
| | | C | 沉积膜 | X | 小型 | |
| | | G | 光敏 | L | 测量用 | |
| | | | | W | 微调 | |
| | | | | D | 多圈 | |

2. 电阻器的主要参数

（1）电阻器的标称阻值和偏差　电阻器的标称阻值分 E6、E12、E24、E48、E96、E192 六个系列，分别适用于允许偏差为 ±20%、±10%、±5%、±2%、±1% 和 ±0.5% 的电阻器。电阻器的标称电阻值和偏差一般都标在电阻体上，其标志方法有 4 种：直标法、文字符号法、数码法和色标法。

（2）色环电阻的识别

① 标志方法。用彩色的圆环或圆点表示电阻的标称阻值及偏差，前者叫作色环标志，后者叫作色点标志。各色环所对应的数值见表 6-2。

表 6-2　色环电阻各色环对应的数值

| 颜色 | 第1环（第一位数） | 第2环（第二位数） | 第3环（乘数） | 误差值 |
| --- | --- | --- | --- | --- |
| 无色 | — | — | — | ±20% |
| 银 | — | — | $\times 10^{-2} = \times 0.01\Omega$ | ±10% |
| 金 | — | — | $\times 10^{-1} = \times 0.1\Omega$ | ±5% |
| 黑 | 0 | 0 | $\times 10^{0} = \times 1\Omega$ | — |
| 棕 | 1 | 1 | $\times 10^{1} = \times 10\Omega$ | ±1% |
| 红 | 2 | 2 | $\times 10^{2} = \times 100\Omega$ | ±2% |
| 橙 | 3 | 3 | $\times 10^{3} = \times 1k\Omega$ | — |
| 黄 | 4 | 4 | $\times 10^{4} = \times 10k\Omega$ | — |
| 绿 | 5 | 5 | $\times 10^{5} = \times 100k\Omega$ | ±0.5% |
| 蓝 | 6 | 6 | $\times 10^{6} = \times 1M\Omega$ | ±0.25% |
| 紫 | 7 | 7 | $\times 10^{7} = \times 10M\Omega$ | ±0.1% |
| 灰 | 8 | 8 | $\times 10^{8} = \times 100M\Omega$ | — |
| 白 | 9 | 9 | $\times 10^{9} = \times 1000M\Omega$ | -20% ~ +5% |

② 识别色环电阻的标志。普通四环电阻的标称中，三条色环表示阻值，一条色环表示偏差；精密五环电阻的标称中，用四条色环表示阻值，一条色环表示偏差。为了避免混淆，五环电阻器的第五环（表示偏差的色环），其色环宽度是其他色环宽度的 1.5~2 倍。

四环电阻和五环电阻的标志方法如图 6-1、图 6-2 所示。

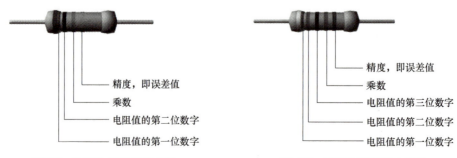

图 6-1　四环电阻的标志方法　　　图 6-2　五环电阻的标志方法

例如：图 6-1 中，第 1 环棕色 = 1、第 2 环黑色 = 0、第 3 环橙色 = 3、第 4 环金色 = ±5%，

电阻阻值为 $10×10^3\Omega=10k\Omega$；误差为±5%。又如：图6-2中，第1环黄色=4、第2环紫色=7、第3环黑色=0、第4环红色=2、第5环棕色=±1%，电阻阻值为 $470×10^2\Omega=47k\Omega$；误差为±1%。

（3）电阻器的额定功率　电阻器的额定功率采用标准化的额定功率系列值。其中，线绕电阻器的额定功率系列为：3W、4W、8W、10W、16W、25W、40W、50W、75W、100W、150W、250W 和 500W。非线绕电阻器的额定功率系列为：1/8W、1/4W、1/2W、1W、2W 和 5W 等。

通常小于1W的电阻器在电路图中不标出额定功率值。大于1W的电阻器用阿拉伯数字加单位表示，如25W。在电路图中表示电阻器额定功率的图形符号如图6-3所示。

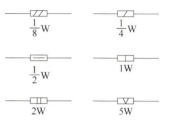

图 6-3　电阻器额定功率的图形符号

### 6.1.2　电容器

**1. 电容器的型号及命名方法**

电容器的型号一般由4部分组成，如图6-4所示。型号中各部分的含义见表6-3、表6-4。

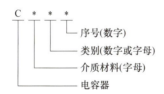

图 6-4　电容器的型号

表 6-3　型号第2部分表示电容器的介质材料

| 字母 | 电容器介质材料 | 字母 | 电容器介质材料 |
| --- | --- | --- | --- |
| A | 钽电解 | L | 聚酯等极性有机薄膜 |
| B | 聚苯乙烯等非极性薄膜 | N | 铌电解 |
| C | 高频陶瓷 | O | 玻璃膜 |
| D | 铝电解 | Q | 漆膜 |
| E | 其他材料电解 | ST | 低频陶瓷 |
| G | 合金电解 | VX | 云母纸 |
| H | 纸膜复合 | Y | 云母 |
| I | 玻璃釉 | Z | 纸 |
| J | 金属化纸介 | | |

表 6-4　型号第3部分表示电容器的类别

| 数　字 | 瓷介电容器 | 云母电容器 | 有机电容器 | 电解电容器 |
| --- | --- | --- | --- | --- |
| 1 | 圆形 | 非密封 | 非密封 | 箔式 |
| 2 | 管形 | 非密封 | 非密封 | 箔式 |

（续）

| 数　字 | 瓷介电容器 | 云母电容器 | 有机电容器 | 电解电容器 |
| --- | --- | --- | --- | --- |
| 3 | 叠片 | 密封 | 密封 | 烧结粉，非固体 |
| 4 | 独石 | 密封 | 密封 | 烧结粉，固体 |
| 5 | 穿心 |  | 穿心 |  |
| 6 | 支柱等 |  |  |  |
| 7 |  |  |  | 无极性 |
| 8 | 高压 | 高压 | 高压 |  |
| 9 |  |  | 特殊 | 特殊 |
| G | 高功率型 | | | |
| J | 金属化型 | | | |
| W | 微调型 | | | |
| Y | 高压型 | | | |

例如：CCW1 型号表示圆形高频陶瓷微调电容器；CL21 型号表示聚酯（涤纶）薄膜电容器；CD11 型号表示铝电解电容器。

2. 电容器的主要参数

（1）电容器的容量偏差　电容器的容量偏差分别用 D（±0.5%）、F（±1%）、G（±2%）、K（±10%）、M（±20%）和 N（±30%）表示。

（2）电容器的容量标志法　电容器的标称容量系列与电阻器采用的系列相同，即 E24、E12、E6 系列。

（3）电容器的额定直流工作电压　额定直流工作电压是指在线路中能够长期可靠地工作而不被击穿时所能承受的最大直流电压（又称为耐压）。它的大小与介质的种类和厚度有关。

钽、钛、铌、铝电解电容器的直流工作电压是指在 +85℃ 条件下能长期正常工作的电压。如果电容器用在交流电路中，则应注意所加的交流电压的最大值（峰值）不能超过额定直流工作电压。

（4）电容器的检测　电容器的常见故障是断路、短路、漏电、介质损耗增大或电容量减小等。在此介绍测量电容器容量、漏电、极性判别的方法。

1）用万用表检查电解电容器的容量和漏电电阻。首先根据电容器容量的大小，旋转万用表转到适当的"Ω"量程。各量程测量电容量的范围如图 6-5a 所示。选择相应量程后，将黑表笔接电解电容器的正极，红表笔接负极，即可检查其容量的大小和漏电程度，如图 6-5 所示。

2）检查容量的大小　测量前把被测电解电容器短路一下。接上万用表的一瞬间，表内电池 $E$ 通过 $R×1k$ 档的内阻（欧姆中心值 $R_0$）向 $C$ 充电。由于电容两端的电压不能突变，刚接通电路时，电容上的电压 $V_C$ 仍等于零，所以充电电流为最大值，如图 6-5b 所示。只要电容量足够大，表针就能向右摆过一个明显的角度。随着 $V_C$ 的升高，充电电流逐渐减小，表针又向左摆回零位。充电时间常数 $\tau = RC$（s），当 $R$ 确定后，$C$ 越大，$\tau$ 值也越大，充电时间就越长。当 $C$ 取值较小时（如 $1\mu F$），充电时间很短，只能看到表针有轻微摆动。当 $C$ 取值较大时，指针摆动幅度很大，甚至能冲过欧姆零点。测量时，若万用表表针静止不动，如图 6-5c 所示，则说明电容器内部已断路损坏；若万用表表针向右偏转到 0 处后，不能返回机械零位，如图 6-5d 所示，则说明电容器内部已短路损坏。

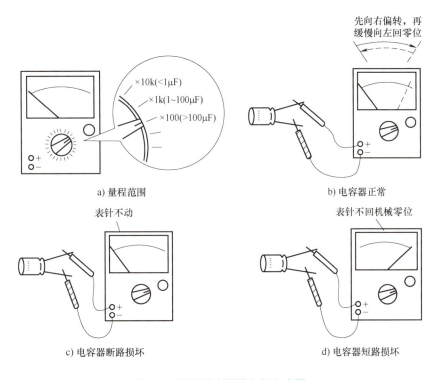

图 6-5 用万用表测量电解电容器

3）检查漏电电阻。电容器充好电时，$V_C = E$，充电电流 $I = 0$，此时 $R \times 1k$ 档的读数即代表电容器的漏电阻，一般应大于几百至几千欧。

当测量几百到几千微法大电容器时，充电时间很长。为缩短测量大电容器漏电电阻的时间，可采用如下方法：当表针已偏转到最大值时，迅速从 $R \times 1k$ 档拨到 $R \times 1$ 档。由于 $R \times 1$ 档欧姆中心值很小，电容就很快充好了电，表针立即退回 ∞ 处。然后再拨回 $R \times 1k$ 档，若表针仍停在 ∞ 处，说明漏电电阻极小，测不出来；若表针又慢慢地向右偏转，最后停在某一刻度上，说明存在漏电电阻，其读数即漏电电阻值。

## 6.2　晶体二极管的识别和测量

### 6.2.1　半导体基础知识

导电能力介于导体和绝缘体之间的物质称为半导体，用于制造半导体器件的材料主要是硅（Si）和锗（Ge）等元素，其中硅元素用得较为广泛。

实践证明：在硅（或锗）中掺入磷、砷、锑等元素，将增加自由电子的浓度，半导体以电子导电为主，此时自由电子称为多子，空穴则称为少子，这种以电子导电为主的半导体称为 N 型（或电子型）半导体，其结构如图 6-6 所示。在硅（或锗）中掺入硼、铝、铟等元素后，将增加空穴的浓度，半导体以空穴导电为主，此时空穴称为多子而自由电子为少子，这种以空穴导电为主的半导体称为 P 型（或空穴型）半导体，其结构如图 6-7 所示。

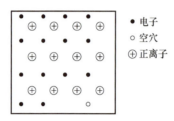 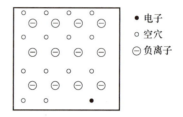

图 6-6　N 型半导体的结构　　图 6-7　P 型半导体的结构

N 型（或 P 型）半导体的导电性能取决于多子浓度，多子浓度取决于掺杂微量杂质元素的浓度且基本不受温度的影响。少子浓度对温度敏感，其大小随温度的升高而增大，所以 N 型（或 P 型）半导体的导电性能大为改善。

半导体器件具有体积小、重量轻、效率高、寿命长等优点，在电子技术中得到了广泛的应用。常用的半导体器件有晶体二极管、晶体管和晶闸管等。

## 6.2.2　PN 结的形成及单向导电特性

采用特殊制造工艺，在同一块半导体基片的两部分分别形成 N 型和 P 型半导体，由于两种半导体界面两侧载流子浓度不同，载流子从高浓度区向低浓度区做扩散运动，这种运动建立了方向由 N 区指向 P 区的电场（简称内电场），在内电场的作用下，多子的扩散运动得到抑制并产生少子的漂移运动。当外部条件一定时，扩散运动和漂移运动达到动态平衡，扩散电流与漂移电流相等，通过 PN 结的总电流为零，内电场为定值，这时就形成了所谓的 PN 结，如图 6-8 所示。PN 结内电场的电位称为内建电位差，其数值一般为零点几伏，室温时，硅材料 PN 结的内建电位差为 0.5~0.7V，锗材料 PN 结的内建电位差为 0.2~0.3V。

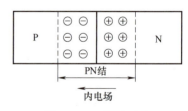

图 6-8　PN 结的形成

加在 PN 结上的电压称为偏置电压。P 区接电源正极、N 区接电源负极，称 PN 结外接正电压或 PN 结正向偏置（简称正偏），此时在电场作用下，PN 结变窄，当正偏电压增加到一定值后，PN 结呈现很小的电阻，多子的扩散运动形成较大的正向电流，称为 PN 结导通，如图 6-9 所示。N 区接电源正极、P 区接电源负极，称 PN 结外接反向电压或 PN 结反向偏置（简称反偏），此时在电场作用下，PN 结变宽，当反偏电压增加到一定值后，PN 结呈现很大的电阻，少子的漂移运动形成的反向电流近似为零，称为 PN 结截止，如图 6-10 所示。PN 结正偏导通、反偏截止的现象称为 PN 结的单向导电特性。

项目 6　基本电子电路的装调和维修

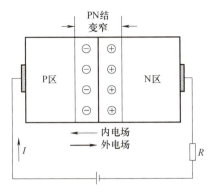

图 6-9　PN 结外加正向电压

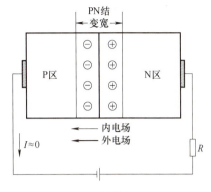

图 6-10　PN 结外加反向电压

## 6.2.3　晶体二极管

**1. 二极管的结构**

在 PN 结的两端各引出一根电极引线，用外壳封装起来就构成了晶体二极管，其结构与符号如图 6-11 所示，P 区引出的电极称为正极（或阳极），N 区引出的电极称为负极（或阴极），电路符号中的箭头方向表示正向电流的流通方向。二极管由 PN 结构成，所以同样具有单向导电特性。

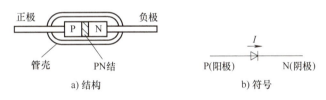

图 6-11　二极管的结构与符号

按二极管的制造工艺不同，二极管可分为点接触型、面接触型和平面型三种，如图 6-12 所示。

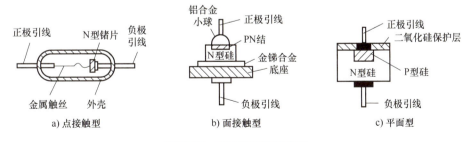

图 6-12　二极管的结构类型

点接触型二极管的特点是：PN 结面积很小，极间电容也很小，不能承受大的电流和高的反向电压，适用于高频、检波等电路。面接触型二极管的特点是：PN 结面积大，极间电容也大，可承受较大的电流，适用于低频电路，主要用于整流电路。平面型二极管的特点是：PN 结面积较小时，极间电容小，可用于脉冲数字电路；PN 结面积较大时，通过电流较大，可用于大功率整流电路。常见二极管的外形如图 6-13 所示。

图 6-13  常见二极管的外形

### 2. 二极管的型号

国家标准规定：国产二极管的型号命名分为 5 个部分，各部分的含义见表 6-5。

表 6-5  二极管的型号含义

| 第1部分 | | 第2部分 | | 第3部分 | | | | 第4部分 | 第5部分 |
|---|---|---|---|---|---|---|---|---|---|
| 用数字表示器件的电极数目 | | 用拼音字母表示器件的材料和极性 | | 用汉语拼音字母表示器件的类型 | | | | 用数字表示器件的序号 | 用汉语拼音字母表示规格号 |
| 符号 | 意义 | 符号 | 意义 | 符号 | 意义 | 符号 | 意义 | | |
| 2 | 二极管 | A<br>B<br>C<br>D<br>E | N 型锗材料<br>P 型锗材料<br>N 型硅材料<br>P 型硅材料<br>化合物材料 | P<br>Z<br>W<br>K<br>L | 普通管<br>整流管<br>稳压管<br>开关管<br>整流堆 | C<br>U<br>N<br>T | 参量管<br>光电器件<br>阻尼管<br>半导体闸流管 | | |

例如：

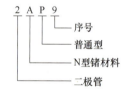
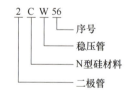

### 3. 二极管的伏安特性

因二极管两端的外加电压不同，产生的电流也不同，外加电压 $U$ 和产生的电流 $I$ 的关系称为二极管的伏安特性曲线，如图 6-14 所示。

由图 6-14 可见，二极管的伏安特性具有如下特点：

（1）正向特性  从图 6-14 可见，当外加电压较小时，外电场不足以克服 PN 结内电场对多数载流子的阻力，这一范围称为死区，相应的电压称为死区电压（图中 $OA$ 段），室温下硅管的死区电压为 0.5V，锗管的死区电压为 0.2V。

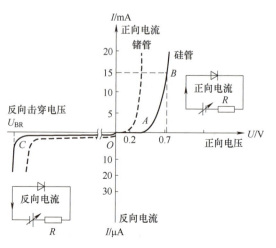

图 6-14  二极管的伏安特性曲线

当正向电压大于死区电压时,二极管的电流随外加电压增加而显著增大(图中 AB 段),二极管正向导通。导通后二极管的正向电压称为正向压降(或管压降),一般正常工作时,硅管的导通压降约为 0.7V,锗管的导通压降约为 0.3V。

(2) 反向特性  二极管反向偏置时,表面漏电流的存在使反向电流增大,且随反向电压的增高(图 6-14 中 OC 段)而增加。小功率硅管的反向电流一般小于 0.1μA,而锗管通常为几十微安。

(3) 击穿特性  当外加反向电压超过某一定值时,反向电流随反向电压的增加而急剧增大,二极管的单向导电性被破坏,这种现象称为反向击穿,对应的反向电压值 $U_{BR}$ 称为二极管的反向击穿电压。若反向击穿电压下降到击穿电压以下,二极管可恢复到原有情况,则称为电击穿;若反向击穿电流过高,导致 PN 结烧坏,二极管不可恢复到原有情况,则称为热击穿。反向击穿电压一般在几十伏以上(高反压管可达几千伏)。

二极管的伏安特性不是直线,所以二极管是非线性器件。

4. 二极管的主要参数

表示二极管特性和适用范围的物理量称为二极管的参数。二极管的主要参数有:

1) 最大整流电流 $I_F$:指二极管长期运行允许通过的最大正向平均电流。使用时如超过此值,可能烧坏二极管。

2) 最高反向工作电压 $U_{RM}$:指允许施加在二极管两端的最大反向电压,通常规定为击穿电压的 1/2。

3) 最大反向电流 $I_R$:指二极管在一定的环境温度下,加最高反向工作电压 $U_{RM}$ 时所测得的反向电流值(又称为反向饱和电流)。$I_R$ 越小,说明二极管的单向导电性能越好。

4) 最高工作频率 $f_M$:指保证二极管单向导电作用的最高工作频率。

## 6.2.4 特殊二极管

二极管种类很多,除普通二极管外,常用的还有稳压二极管、发光二极管和光电二极管等。

1. 稳压二极管

稳压二极管是一种特殊的硅二极管,其常见外形和符号如图 6-15 所示。正常情况下稳压二极管工作在反向击穿区,反向电流在很大范围内变化时,端电压变化很小,所以具有稳压作用。

稳压二极管的主要参数有:

1) 稳定电压 $U_Z$:指流过规定电流时稳压二极管两端的反向电压值,该值取决于稳压二极管的反向击穿电压值。

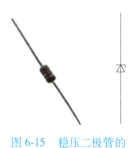

图 6-15  稳压二极管的外形和符号

2) 稳定电流 $I_Z$:指稳压二极管稳压工作时的参考电流值,通常为工作电压等于 $U_Z$ 时所对应的电流值。

3) 最大耗散功率 $P_{ZM}$ 和最大工作电流 $I_{ZM}$:指为了保证二极管不被热击穿而规定的极限参数,由二极管允许的最高结温决定。

4) 动态电阻 $r_Z$:指稳压范围内电压变化量与对应的电流变化量之比。

5) 电压温度系数:指温度每增加 1℃时,稳定电压的相对变化量。

2. 发光二极管

(1) 发光二极管的用途　发光二极管即 LED，是一种能把电能转换成光能的特殊器件。它不但具有普通二极管的伏安特性，而且当施加正向偏置时，还会发出可见光和不可见光。发光二极管的外形和符号如图 6-16 所示。

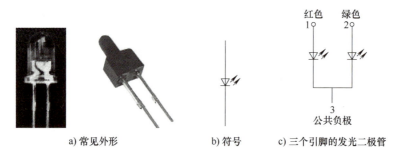

a) 常见外形　　　　　b) 符号　　　c) 三个引脚的发光二极管

图 6-16　发光二极管的外形和符号

发光二极管通常有两方面的用途：第一是作为显示器件，除单个使用外，还常做成七段数字显示器或矩阵式器件；第二是用于光纤通信的信号发射，将电信号变为光信号。目前应用的有红、黄、绿、蓝、紫等颜色的发光二极管。此外，还有变色发光二极管，即当通过二极管的电流改变时，发光颜色也随之改变，如图 6-16c 所示。

(2) 发光二极管的检测

1) 正、负极的判别：将发光二极管放在一个光源下，观察两个金属片的大小，如图 6-16a 所示，通常金属片大的一端为负极，金属片小的一端为正极。

2) 性能好坏的判断：用万用表 $R×10k$ 档，测量发光二极管的正、反向电阻值。正常时，正向电阻值（黑表笔接正极时）为 10~20kΩ，反向电阻值为 250kΩ 到无穷大。较高灵敏度的发光二极管，在测量正向电阻值时，管内会发微光。若用万用表 $R×1k$ 档测量发光二极管的正、反向电阻值，则会发现其正、反向电阻值均接近∞，这是因为发光二极管的正向压降大于 1.6V（高于万用表 $R×1k$ 档内电池的电压值 1.5V）。

使用万用表的 $R×10k$ 档对一只 220μF/25V 电解电容器充电（黑表笔接电容器正极，红表笔接电容器负极），再将充电后的电容器正极接发光二极管正极、电容器负极接发光二极管负极，若发光二极管有很亮的闪光，则说明该发光二极管完好。也可将 1 节 1.5V 电池串接在万用表的黑表笔（将万用表置于 $R×10$ 或 $R×100$ 档，黑表笔接电池负极，等于与表内的 1.5V 电池串联），将电池的正极接发光二极管的正极，红表笔接发光二极管的负极，正常的发光二极管应发光。

3. 光电二极管

光电二极管的结构与普通二极管的结构基本相同，只是在它的 PN 结处，通过管壳上的一个玻璃窗口能接收外部的光照。

(1) 光电二极管的结构　光电二极管的 PN 结工作在反向偏置状态，在光的照射下，其反向电流随光照强度的增加而上升（这时的反向电流叫作光电流）。光电二极管的主要特点是其反向电流与光照度成正比。常用的光电二极管为近红外线接收管，是一种光电变换器件。光电二极管的外形、结构和符号如图 6-17 所示。

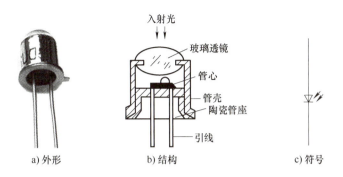

图 6-17　光电二极管的外形、结构和符号

（2）光电二极管的检测　如图 6-18 所示，将万用表置于 $R\times 1k$ 档，测量红外光电二极管的正、反向电阻值。正常时，正向电阻值（黑表笔所接引脚为正极）为 3~10kΩ，反向电阻值为 500kΩ 以上。若测得其正、反向电阻值均为 0 或均为 ∞，则说明该光电二极管已击穿或开路损坏。

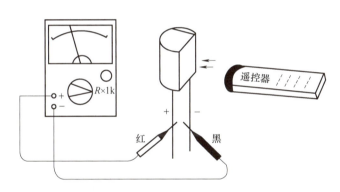

图 6-18　用遥控器检测红外光电二极管

在测量红外光电二极管反向电阻值的同时，用电视机遥控器对着被测红外光电二极管的接收窗口（见图 6-18）。正常的红外光电二极管，在按动遥控器上按键时，其反向电阻值会由 500kΩ 以上减小至 50~100kΩ。阻值下降越多，说明红外光电二极管的灵敏度越高。

4. 变容二极管

二极管结电容的大小除了与本身的结构和工艺有关外，还与外加电压有关。结电容随反向电压的增加而减小，这种效应显著的二极管称为变容二极管，变容二极管常用于高频电路直接调频等应用。变容二极管的外形和符号如图 6-19 所示。

1）正、负极的判别：有的变容二极管的一端涂有黑色标记，这一端即是负极，而另一端为正极。还有的变容二极管的管壳两端分别涂有黄色环和红色环，红色环的一端为正极，黄色环的一端为负极。此外还可用数字式万用表的二极管档，通过测量变容二极管的正、反

图 6-19　变容二极管的外形和符号

向电压降来判断其正、负极性。正常的变容二极管，在测量其正向电压降时，表的读数为

0.58~0.65V；测量其反向电压降时，表的读数显示为"1"。在测量正向电压降时，红表笔接的是变容二极管的正极，黑表笔接的是变容二极管的负极。

2) 性能好坏的判断：用指针式万用表的 $R\times10k$ 档测量变容二极管的正、反向电阻值。正常的变容二极管，其正、反向电阻值均为∞。若被测变容二极管的正、反向电阻值均有一定阻值或均为0，则是该二极管漏电或击穿损坏。

## 6.2.5 二极管的应用

**1. 二极管的检测方法**

二极管的质量好坏可利用万用表测量其正、反向阻值判断。一般硅材料二极管的正向电阻为几千欧，锗材料二极管的正向电阻为几百欧。判断二极管的好坏，主要看它的单向导电性能，正向电阻越小，反向电阻越大的二极管质量越好。如果一个二极管正、反向电阻值相差不大，那一定是劣质管。如果正、反向电阻值为无穷大或是零，则二极管内部已短路或被击穿。以MF500型万用表为例，二极管的测试方法见表6-6。

表6-6 二极管的测试方法

| 测试项目 | 测试方法 | 正常数据 | | 极性判断 |
|---|---|---|---|---|
| | | 硅 管 | 锗 管 | |
| 正向电阻 | 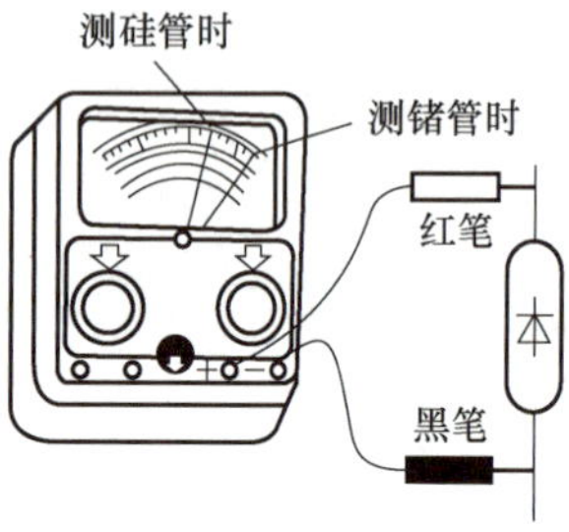 $R\times100$ 档或 $R\times1k$ 档 | 表针指示在中间偏右一点 | 表针偏右靠近满度，而又不到满度 | 万用表黑笔连接的一端为二极管的阳极 |
| | | 几百欧至几千欧 | | |
| 反向电阻 | 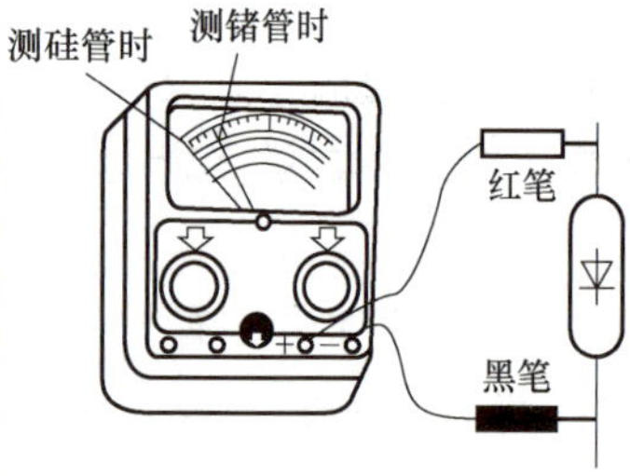 $R\times100$ 档或 $R\times1k$ 档 | 表针一般不动 | 表针只摆动一点 | 万用表黑笔连接的一端为二极管的阴极 |
| | | 大于几百千欧 | | |

**2. 二极管的选用**

选择二极管时可按照如下原则进行：

1) 导通电压低的选锗管，反向电流小时选硅管。
2) 导通电流大时选面接触型二极管，工作频段高时选点接触型二极管。
3) 反向击穿电压高时选硅管。
4) 耐高温时选硅管。

## 6.3 晶体管的识别和测量

晶体管具有放大作用,使用非常广泛。根据其结构和工作原理的不同分为双极型和单极型晶体管。单极型晶体管(简称 FET)是一种利用电场效应控制输出电流的半导体晶体管,又称为场效应晶体管,只有一种载流子(多数载流子)参与导电。

### 6.3.1 晶体管的结构

通过一定的工艺,在一块半导体上掺入不同的杂质制成靠在一起的两个 PN 结,形成三个杂质区,从每个区各引出一个电极就构成了晶体管。晶体管的三个区为:发射区(发射载流子的区域)、基区(传输载流子的区域)、集电区(收集载流子的区域)。各区引出的电极依次为发射极(e)、基极(b)和集电极(c)。发射区与基区的交界处形成发射结;基区与集电区的交界处形成集电结。根据半导体各区的类型不同,晶体管可分为 NPN 型和 PNP 型两大类,它们的基本结构如图 6-20 所示,发射极箭头方向表示发射结正向偏置时发射极电流的方向。

晶体管的符号如图 6-21 所示,图中箭头方向为发射结正向偏置时电流的方向。

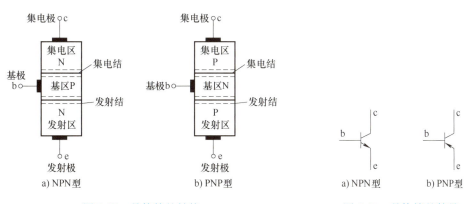

图 6-20　晶体管的结构　　　　图 6-21　晶体管的符号

晶体管按制造材料分为硅管和锗管,目前 NPN 型管多数为硅管,PNP 型管多数为锗管。其中,硅 NPN 型晶体管应用较为广泛。功率大小不同的晶体管有着不同的体积和封装形式,多数中小功率的晶体管采用金属外壳封装,现在都采用硅酮塑料封装的形式;大功率晶体管多采用金属外壳封装,其集电极接管壳,且制成螺栓状,以便于和散热器连接在一起。常见晶体管的外形如图 6-22 所示。

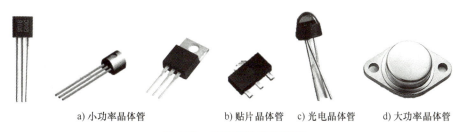

图 6-22　常见晶体管的外形

国家标准规定：晶体管的型号命名分为 5 个部分，各部分的含义见表 6-7。

表 6-7　晶体管的型号含义

| 第 1 部分 | | 第 2 部分 | | 第 3 部分 | | 第 4 部分 | 第 5 部分 |
|---|---|---|---|---|---|---|---|
| 用数字表示器件的电极数目 | | 用拼音字母表示器件的材料和极性 | | 用汉语拼音字母表示器件的类型 | | | |
| 符号 | 意义 | 符号 | 意义 | 符号 | 意义 | 用数字表示器件的序号 | 用汉语拼音字母表示规格号 |
| 3 | 晶体管 | A<br>B<br>C<br>D<br>E | PNP 型锗材料<br>NPN 型锗材料<br>PNP 型硅材料<br>NPN 型硅材料<br>化合物材料 | X<br>G<br>D<br>A<br>U<br>K<br>CS<br>J | 低频小功率管<br>高频小功率管<br>低频大功率管<br>高频大功率管<br>光电器件<br>开关管<br>场效应管<br>阶跃恢复管 | | |

例如：

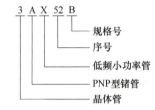 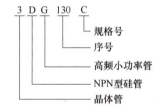

## 6.3.2　晶体管的放大作用

晶体管具有电流放大作用，要实现放大作用应满足晶体管放大的外部条件：发射结正向偏压（正向偏压一般不大于 1V），集电结反向偏压（反向偏压一般在几伏到几十伏）。如图 6-23 所示，其中 V 为晶体管，$U_{CC}$ 为集电极直流偏置电源，$U_{BB}$ 为基极直流偏置电源，以发射极为参考点，晶体管发射结正偏，集电结反偏，该条件还可用电压关系来表示：对于 NPN 型，$U_C>U_B>U_E$；对于 PNP 型，$U_E>U_B>U_C$。

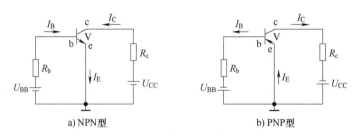

图 6-23　晶体管放大的外部条件

**1. 晶体管内电流的分配关系**

根据基尔霍夫定律，将晶体管用一假想的封闭曲面包围起来，则流进封闭曲面的电流应等于流出封闭曲面的电流。在 NPN 型晶体管中 $I_B$ 和 $I_C$ 是流进，在 PNP 晶体管中 $I_B$ 和 $I_C$ 是流出。所以不管是 NPN 型或 PNP 型，都是：

$$I_E = I_B + I_C \tag{6-1}$$

因为 $I_B$ 比 $I_C$ 小得多，为了计算方便，一般认为

$$I_E \approx I_C \tag{6-2}$$

**2. 晶体管的电流放大作用**

如图 6-24 所示，适当改变晶体管发射结的正向偏置电压，使基极电流发生一微小变化 $\Delta I_B = I_{B2} - I_{B1}$，同时测得相应的集电极电流的变化 $\Delta I_C = I_{C2} - I_{C1}$，则晶体管的交流电流放大倍数 $\beta$ 为

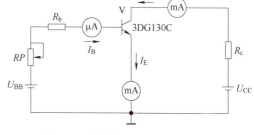

$$\beta = \frac{\Delta I_C}{\Delta I_B} \tag{6-3}$$

图 6-24  晶体管电流放大实验电路

电流放大作用是晶体管的主要特征，$\beta$ 值的大小表示了晶体管电流放大能力的强弱，通常在 30～100 较为合适。$\beta$ 值太小，放大作用差；$\beta$ 值太大，晶体管的性能不稳定。

**3. 晶体管的特性曲线**

晶体管的特性曲线是指晶体管外部各极电压与电流之间的关系曲线，它们是晶体管内部载流子运动规律的外部表现，是分析和计算晶体管电路的依据之一。从使用角度来看，外部特性显得更为重要。特性曲线可用晶体管特性图示仪测得，也可从手册上查出某一条件下测试的典型曲线。

由于晶体管有三个电极，它的伏安特性曲线比二极管更复杂一些，工程上常用到的是它的输入特性和输出特性。

（1）输入特性  如图 6-25 所示，当 $U_{CE}$ 不变时，输入回路中的电流 $I_B$ 与电压 $U_{BE}$ 之间的关系曲线被称为输入特性曲线。

以 NPN（3DG130C）型硅晶体管的输入特性曲线为例，由图 6-26 可见曲线形状与二极管的伏安特性相类似，不过它与 $U_{CE}$ 有关。输入特性曲线的特点如下：

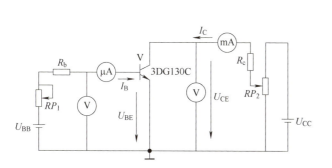

图 6-25  晶体管特性曲线实验电路

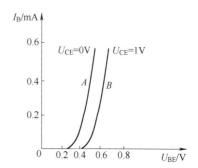

图 6-26  3DG130C 型硅晶体管的输入特性曲线

1）当 $U_{CE} = 0$ 时，输入特性曲线相当于两个二极管的正向特性曲线并联。晶体管的输入特性是两个正向二极管的伏安特性。

2）当随着 $U_{CE}$ 的增大，输入特性曲线向右移动；当 $U_{CE} > 1V$ 时，特性曲线基本上重合。

在一定的 $U_{BE}$ 条件之下，集电结的反向偏压足以将注入到基区的电子全部拉到集电极，此时 $U_{CE}$ 再继续增大，$I_B$ 也变化不大，因此 $U_{CE}>1V$ 以后，不同 $U_{CE}$ 值的各条输入特性曲线几乎重叠在一起。在实际应用中，晶体管的 $U_{CE}$ 一般大于 $1V$。

由晶体管的输入特性曲线可看出：晶体管的输入特性曲线是非线性的，输入电压小于某一开启值时，晶体管不导通，基极电流为零，这个开启电压又叫作死区电压。对于硅管，其死区电压约为 $0.5V$，锗管的死区电压约为 $0.2V$。当管子正常工作时，发射结压降变化不大，对于硅管约为 $0.7V$，对于锗管约为 $0.3V$。

（2）输出特性 当 $I_B$ 不变时，输出回路中的电流 $I_C$ 与电压 $U_{CE}$ 之间的关系曲线称为输出特性曲线。固定一个 $I_B$ 值，可得到一条输出特性曲线，改变 $I_B$ 值，可得到一组输出特性曲线，如图 6-27 所示。

晶体管的输出特性曲线可分为三个区：截止区、放大区、饱和区。

1）截止区：当 $I_B=0$ 时，$I_C=I_{CEO}$，由于穿透电流 $I_{CEO}$ 很小，输出特性曲线是一条几乎与横轴重合的直线，晶体管在此区域没有放大能力。发射结和集电结均处于反向偏置。

2）放大区：当 $U_{CE}>1V$ 以后，晶体管的集电极电流 $I_C=\beta I_B+I_{CEO}$，$I_C$ 与 $I_B$ 成正比而与 $U_{CE}$ 关系不大。所以输出特性曲线几乎与横轴平行，当 $I_B$ 一定时，$I_C$

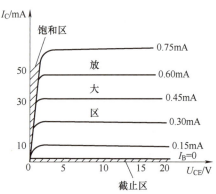

图 6-27 晶体管的输出特性曲线

的值基本不随 $U_{CE}$ 变化，具有恒流特性。$I_B$ 等量增加时，输出特性曲线等间隔地平行上移。这个区域的工作特点是发射结正向偏置，集电结反向偏置，$I_C \approx \beta I_B$。当 $I_B$ 有一个微小的变化时，就能引起 $I_C$ 一个较大的变化，反映出了晶体管工作在这一区域对电流的线性放大作用，所以把该区域称为放大区。

3）饱和区：当 $U_{CE}$ 减小到一定程度，$U_{CE}<U_{BE}$ 时，$I_C$ 与 $I_B$ 不成比例，它随 $U_{CE}$ 的增加而迅速上升，即使再增加 $I_B$，$I_C$ 增加也很少或不再增加。这一区域称为饱和区，$U_{CE}=U_{BE}$ 的状态称为临界饱和。在饱和区，集电结和发射结均处于正向偏置状态，晶体管失去放大能力。

综上所述，对于 NPN 型晶体管，工作于放大区时，$U_C>U_B>U_E$；工作于截止区时，$U_C>U_E>U_B$；工作于饱和区时，$U_B>U_{BC}>U_E$。

### 6.3.3 晶体管的主要参数

晶体管的性能常用有关参数表示，晶体管的参数是表征管子性能和安全运用范围的物理量，是工程上正确选用晶体管的依据。

**1. 电流放大系数**

电流放大系数的大小反映了晶体管放大能力的强弱。

（1）共发射极交流电流放大系数 $\beta$　$\beta$ 指集电极电流变化量与基极电流变化量之比，其大小体现了共射接法时晶体管的放大能力，即

$$\beta = \frac{\Delta I_C}{\Delta I_B} \tag{6-4}$$

（2）共发射极直流电流放大系数 $h_{FE}$　晶体管集电极电流与基极电流之比，即

$$h_{FE} = \frac{I_C}{I_B} \tag{6-5}$$

因 $h_{FE}$ 与 $\beta$ 的值几乎相等，故在应用中不再区分，均用 $\beta$ 表示。

2. 极间反向电流

晶体管的极间反向电流有 $I_{CBO}$ 和 $I_{CEO}$，它们是衡量晶体管质量的重要参数。

（1）集电极与基极间的反向电流 $I_{CBO}$　$I_{CBO}$ 是指发射极开路时，集电极与基极间的反向电流，也称为集电结反向饱和电流。温度升高时，$I_{CBO}$ 急剧增大，温度每升高 10℃，$I_{CBO}$ 增大 1 倍。选管时应选 $I_{CBO}$ 小且 $I_{CBO}$ 受温度影响小的晶体管。室温下，小功率硅管的 $I_{CBO}$ 小于 1A，锗管为几微安到几十微安。

（2）集电极与发射极间的反向电流 $I_{CEO}$　$I_{CEO}$ 是指基极开路时，集电极与发射极间的反向电流，也称为集电结穿透电流。它反映了晶体管的稳定性，其值越小，受温度影响也越小，晶体管的工作就越稳定。$I_{CEO}$ 为几十微安到几百微安。

3. 极限参数

晶体管的极限参数是指在使用时不得超过的安全工作极限值，若超过这些极限值，将会使晶体管性能变差，甚至损坏。

（1）集电极最大电流 $I_{CM}$　集电极电流 $I_C$ 过大时，$\beta$ 将明显下降，$I_{CM}$ 为 $\beta$ 下降到规定允许值（一般为额定值的 1/2~2/3）时的集电极电流。使用中若 $I_C > I_{CM}$，晶体管不一定会损坏，但 $\beta$ 明显下降。

（2）反向击穿电压 $U_{(BR)CEO}$、$U_{(BR)CBO}$、$U_{(BR)EBO}$　$U_{(BR)CEO}$ 为基极开路时集电结不致击穿，允许施加在集电极与发射极之间的最高反向电压。$U_{(BR)CBO}$ 为发射极开路时集电结不致击穿，允许施加在集电极与基极之间的最高反向电压。$U_{(BR)EBO}$ 为集电极开路时发射结不致击穿，允许施加在发射极与基极之间的最高反向电压。它们之间的关系为 $U_{(BR)CEO} > U_{(BR)CBO} > U_{(BR)EBO}$。通常 $U_{(BR)CEO}$ 为几十伏，$U_{(BR)EBO}$ 为数伏到几十伏。

（3）集电极最大允许功率损耗 $P_{CM}$　晶体管工作时，$U_{CE}$ 的大部分降在集电结上，因此集电极功率损耗（简称功耗）$P_C = U_{CE} I_C$，近似为集电结功耗，它将使集电结温度升高而使晶体管发热致使管子损坏。工作时的 $P_C$ 必须小于 $P_{CM}$。

根据三个极限参数 $I_{CM}$、$P_{CM}$、$U_{(BR)CEO}$ 可以确定晶体管的安全工作区，如图 6-28 所示。晶体管工作时必须保证工作在安全区内，并留有一定的余量。

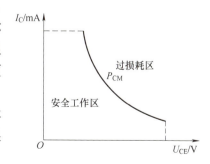

图 6-28　由 $P_{CM}$ 定出安全工作区

### 6.3.4 晶体管管脚的识别和简易测试

晶体管管脚的排列和识别方法见表 6-8。晶体管管型和管脚的测试方法见表 6-9。

表 6-8 晶体管管脚的排列和识别方法

| 晶体管型式 | 管脚的排列 |
|---|---|
| 大功率晶体管（金属封装） | 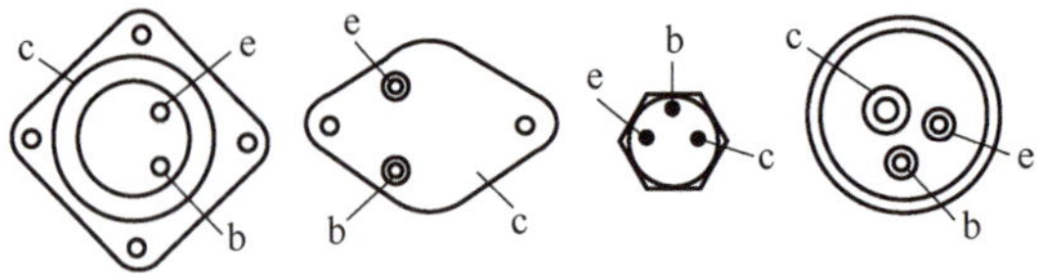 |
| 小功率晶体管（金属封装） | 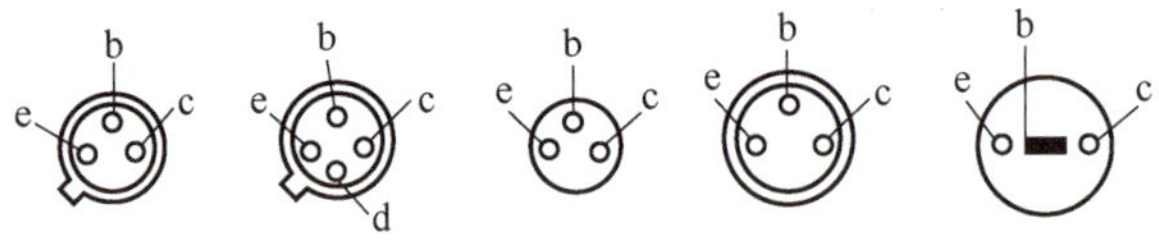 |
| 小功率晶体管（塑料封装） | 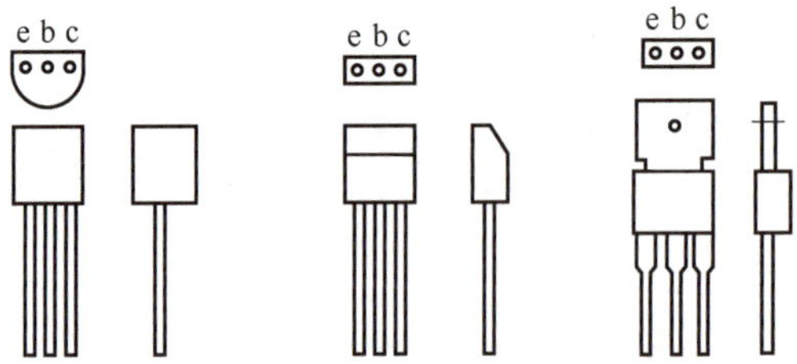 |

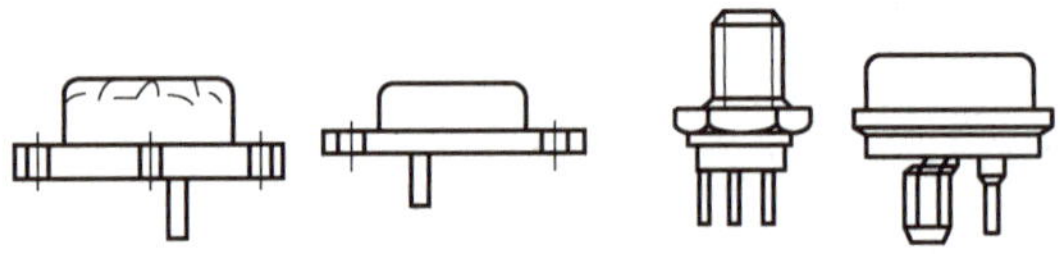

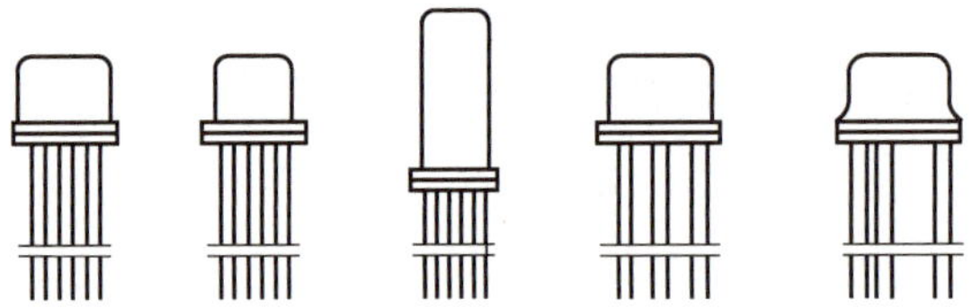

表 6-9 晶体管管型和管脚的测试方法

| 判别内容 | | 方法 | 说明 |
|---|---|---|---|
| 判别管型和基极 | PNP 型 | 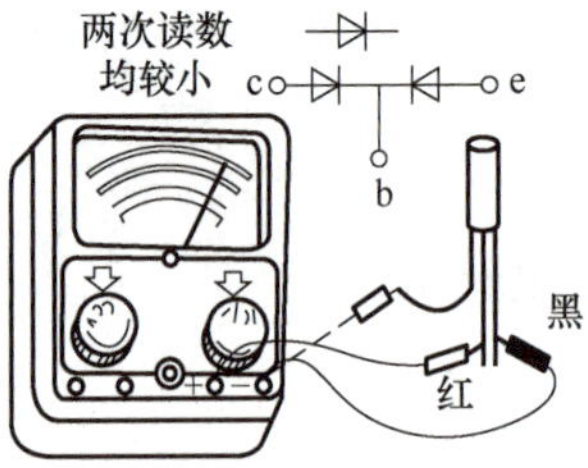 | 选用万用表 $R\times100$ 档，先用红表笔接某管脚，黑表笔分别接另两只管脚，这样可测得三组电阻值，其中两次电阻值都很小的那一组，红表笔所接的管脚就是基极 b |
| | NPN 型 | 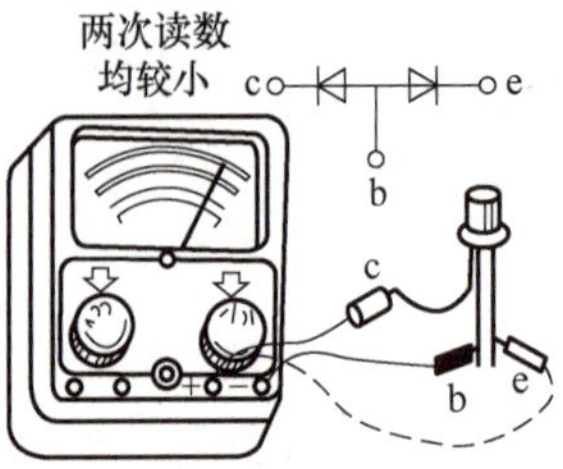 | 选用万用表 $R\times100$ 档，先将黑表笔接某一管脚，用红表笔分别接另外两管脚，其中两次电阻值都很小的那组，黑表笔所接的管脚就是基极 b |

(续)

| 判别内容 | 方 法 | 说 明 |
|---|---|---|
| 判别集电极 | 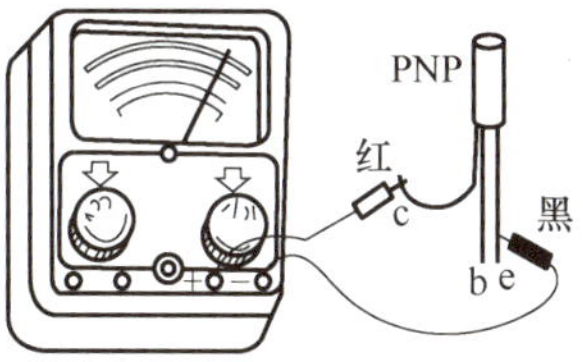 | 选用万用表 $R\times100$ 档，将待测的 c、e 两脚分别接红表笔和黑表笔，同时用手指触及 b 脚和红表笔所接管脚，然后交换红、黑表笔，再用手指触及 b 脚和红表笔所接管脚，其中，测得电阻值较小时的一次，红表笔所接的管脚是集电极 c。对于 NPN 管子测试方法同上，但电阻值较小时，则黑表笔所接的管脚是集电极 c |
| 穿透电流 $I_{ceo}$ 的测定 | 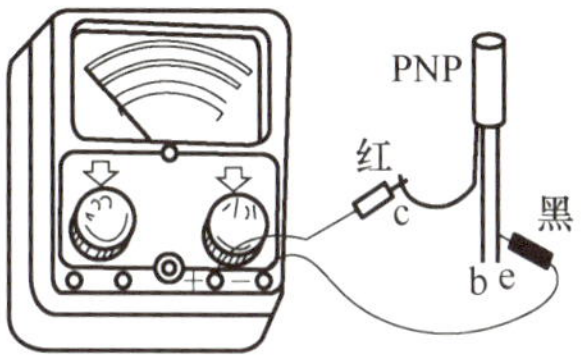 | 选用万用表 $R\times100$ 档，分别用红表笔接 c 脚、黑表笔接 e 脚（对 NPN 管表笔极性应对调），测得电阻越大说明 $I_{ceo}$ 越小，管子性能越稳定。一般硅管比锗管阻值大，高频管比低频管阻值大，低频小功率管比大功率管阻值大，低频小功率管阻值在几十千欧以上 |
| $\beta$ 的测定 | 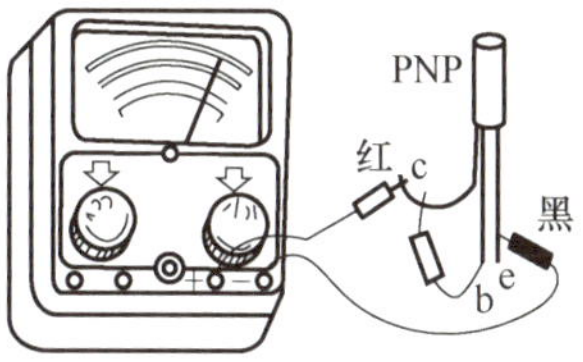 | 在测定 $I_{ceo}$ 时，若在 c、e 之间接入 100kΩ 电阻，反向电阻便减小，万用表指针向右偏转，偏转角度越大说明 $\beta$ 越大 |

## 6.4 电烙铁和钎料的选用

电工作业中经常用到电烙铁钎焊，例如焊接电子元器件、焊接导线端头等。所谓电烙铁钎焊，就是用电烙铁将钎料（焊锡）熔化，使钎料与焊接金属原子之间相互吸引（相互扩散），依靠原子间的内聚力使两种金属牢固地结合在一起。

### 6.4.1 电烙铁及选用

电烙铁有内热式、外热式、吸锡式、恒温式和温控式等品种。钎焊时，常用外热式和内热式电烙铁。按其功率分有 20W、30W、45W、75W、100W 和 300W 等几种，应根据所焊元器件的大小和导线粗细来选用。一般焊接晶体管、集成电路和小型元器件时，选用 20W 或 30W 即可。

烙铁头用纯铜圆棒制成，前端加工成楔状，焊接前应将楔状部分的表面刮光，通电升温后马上蘸上松香，再涂镀上焊锡，这个过程称为"吃锡"。已用过的电烙铁，在用前也一定要处理好头部再用。长时间通电而未用，烙铁头会因温度不断升高而氧化发黑，造成"烧死"现象。"烧死"后必须重新处理再用。

1. 外热式电烙铁

如图 6-29 所示，外热式电烙铁主要由烙铁头、烙铁芯、外壳、手柄及电源线组成。由于其烙铁头安装在烙铁芯里面,所以称为外热式电烙铁。

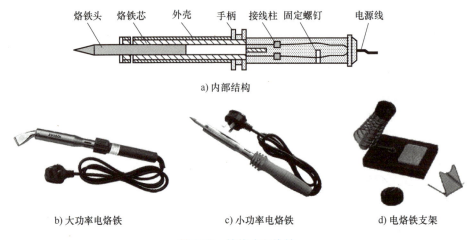

图 6-29 外热式电烙铁

外热式电烙铁的特点是升温慢、热效率较低,但由于其散热较好,故较大功率的电烙铁通常为外热式。另外,外热式电烙铁的烙铁头形状简单、更换方便。

烙铁芯的功率不同,其直流电阻值也不同。25W 的阻值约为 2kΩ,45W 的阻值约为 1kΩ,75W 的阻值约为 0.6kΩ,100W 的阻值约为 0.5kΩ。因此,可以通过测量其直流电阻值判断烙铁芯的好坏及估算功率大小。

烙铁头通常用纯铜制成,作用是储存和传导热量,市场上也有特殊材料制成的烙铁头,但价格较高;烙铁头的形状有多种。当烙铁头的体积较大时,保持温度的时间就长些,可根据具体的使用情况,选择合适的烙铁头。

2. 内热式电烙铁

内热式电烙铁的烙铁芯安装在烙铁头的里面,如图 6-30a 所示。其特点是升温快、热效率高、体积小、重量轻。

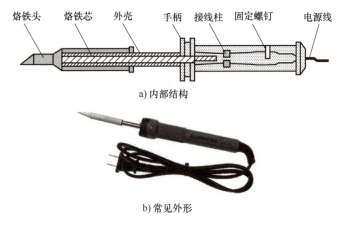

图 6-30 内热式电烙铁

内热式电烙铁的烙铁芯的后端是空心的,用于套接在连接杆上,并用弹簧夹固定。更换烙铁头时，先将弹簧夹退出，用钳子夹住烙铁头的前端，慢慢地拔出，切忌用力过猛，以免损坏连接杆。

内热式电烙铁常用的规格有 20W、25W、35W 等，但由于其热效率高，20W 的内热式电烙铁相当于 25~40W 的外热式电烙铁。其缺点是温度过高，容易损坏印制板上的元器件，特别是焊接集成电路时温度不能太高。又由于镍铬电阻丝细，所以烙铁芯很容易烧断。

3. 吸锡电烙铁

吸锡电烙铁是将活塞式吸锡器与电烙铁结合为一体的拆焊工具，如图 6-31 所示。它具有使用方便、灵活、适用范围宽的特点，不足之处是每次只能对一个焊点进行拆焊。

吸锡电烙铁的使用方法是：接通电源，预热 3~5min 后将活塞柄推下并卡住，把吸头前端对准欲拆焊的焊点，待焊锡熔化后按下按钮，活塞迅速上升，焊锡被吸进气筒内。每次使用完毕，推动活塞三四次，清除吸管内的焊锡，使吸头与吸管畅通，以便下次使用。

图 6-31　吸锡电烙铁

吸锡电烙铁通常配有两个以上不同内径的吸头，可根据元器件和导线线径选择使用。

4. 恒温电烙铁

在焊接集成电路、晶体管时，常用到恒温电烙铁，因为半导体器件的焊接温度不能太高，焊接时间不能过长，否则会因过热损坏元器件。恒温电烙铁的外形如图 6-32 所示。恒温电烙铁具有如下特点：

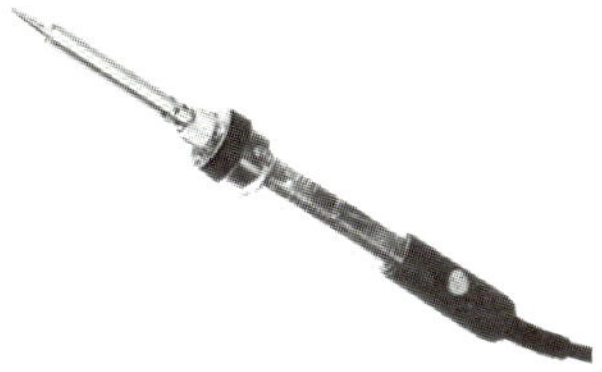

1）升温、回热快速。只需要升温 10s 便可开始进行焊接，热容量大及快速传热至焊嘴，能有效减少回热所需时间。

2）稳定的温度控制。温度传感器置于发热元件内，能够提供快速及稳定的温度控制。

图 6-32　恒温电烙铁

3）提高工作效率。手柄轻巧，散热快，适合长时间使用。

5. 电烙铁的选用

1）焊接集成电路、晶体管及其他受热易损元器件时，应选用 30W 内热式或 35W 外热式电烙铁。

2）焊接导线及同轴电缆时，应选用 45~75W 外热式电烙铁，或 50W 内热式电烙铁。

3）焊接较大的元器件时，如大电解电容器的引脚、金属底盘接地焊片等，应选用 100W 以上的电烙铁。

6. 使用电烙铁的注意事项

（1）新电烙铁使用前必须先给烙铁头镀上一层焊锡　具体方法是：首先把烙铁头前端用细锉锉成需要的形状，然后接通电源，随着温度上升，先后将松香和焊锡涂在上面，使烙铁头的刃面部挂上一层锡，如图 6-33 所示，便可使用。

注意：特殊材料的"烧不死"烙铁头可直接使用，且不能锉削，否则会影响使用寿命。

（2）电烙铁应根据具体情况选择合理的握法　如图 6-34 所示，反握法适用于大功率电烙铁、焊接散热量较大的被焊件；正握法多用于弯形烙铁头；握笔法适用于小功率的电烙铁、焊接散热量小的被焊件。

a) 烙铁头蘸松香　　　　b) 烙铁头上锡

图 6-33　烙铁头镀焊锡的处理方式

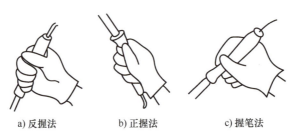

a) 反握法　　　b) 正握法　　　c) 握笔法

图 6-34　电烙铁的握法

一旦出现"烧死"的情况,应按照新电烙铁的处理方法给烙铁头搪锡,但要注意在烙铁头冷却后进行处理,且表面氧化物一定要处理干净。

1) 电烙铁应放在专用的烙铁架上,轻拿轻放,注意不要烫伤电源线,不要将烙铁头上的焊锡乱甩。

2) 更换烙铁芯时要注意引线不要接错,特别注意接地线,避免电烙铁外壳带电。

3) 为延长烙铁头的使用寿命,应经常用湿布、浸水海绵擦拭烙铁头,以保持烙铁头良好的挂锡状态,并可防止残留助焊剂对烙铁头的腐蚀;其次,在焊接时,最好选用松香或弱酸性助焊剂;另外,焊接完毕时,烙铁头上的残留焊锡应继续保留,以防止再次加热时出现氧化层。

### 6.4.2　钎料和焊剂

**1. 钎料**

常用的钎料是锡铅合金,俗称焊锡。焊锡的常见外形如图 6-35 所示,其作用是把元器件与导线连接在一起。要求具有良好的导电性、一定的机械强度和较低的熔点,一般选用熔点低于 200℃ 的焊锡丝为宜。

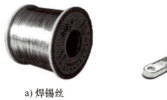

a) 焊锡丝　　　　b) 焊锡条

图 6-35　焊锡

## 2. 焊剂

焊剂的作用是提高钎料的流动性，防止焊接面氧化，起到助焊作用。

焊剂的配方较多，如图 6-36 所示，常用的焊剂是松香。它的软化温度为 52~83℃，加热到 125℃时变为液态。若将 20%的松香、78%的酒精和 2%的三乙醇胺配成松香酒精溶液，比单用松香效果好。酸性焊油具有腐蚀性，在焊接及装配电子设备时不允许使用。

a) 焊锡膏　　　　　b) 块状松香

图 6-36　焊剂

### 6.4.3　镊子的使用

根据头部形状，焊接工作中常用的镊子分为尖嘴、弯头和圆嘴三种。尖嘴镊子用于夹持较细的导线；圆嘴镊子用于弯曲元器件引线和夹持元器件进行焊接等，并有利于散热。镊子的常见外形如图 6-37 所示。

a) 尖嘴镊子　　　　　b) 弯头镊子

图 6-37　镊子

# 6.5　直流稳压电路

交流电在产生、输送和使用方面具有很多优点，因此发电厂所提供的电能几乎全是交流电。但在工矿企业和人们日常生活中还经常要用到直流电。例如，直流电动机、电镀、充电、电研磨以及一些家用电器等都需要直流供电。

干电池、太阳能电池可作为直流电源，虽然使用方便，但提供的功率较小，而且成本较高，只能应用在一些特殊场合；蓄电池虽然比较经济，却笨重、有污染，而且维护不便；直流发电系统能提供足够的功率，但体积庞大，结构复杂，输变电困难，因此它们的应用都受到一定限制。解决供电和用电之间矛盾的最经济简便的措施是将交流电变换为直流电。将交流电变换为直流电的过程叫作整流，进行整流的设备叫作整流器，如图 6-38 所示。

整流器一般由三部分组成：

1）整流变压器：把输入的交流电压变为整流电路所要求的交流电压值。

2）整流电路：由整流器件组成，它把交流电变换成方向不变但大小随时间变化的脉动直流电。

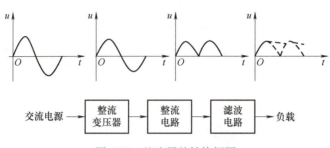

图 6-38　整流器的结构框图

3）滤波电路：把脉动的直流电变换为平滑的直流电供给负载。电力系统供电电压的波动，或者负载阻抗发生变化，都会引起整流器输出电压随之变化。在电子电路和自动控制装置中，通常都需要电压稳定的直流电源供电，使整流输出电压尽可能少受电源波动或负载变化的影响而保持稳定。在整流器后面带有稳压电路以获得较稳定直流电的电源，称为直流稳压电源。

本节主要介绍直流稳压电源各组成电路的工作原理。

## 6.5.1　整流电路

将交流电变成单方向脉动直流电的过程称为整流。利用二极管的单向导电性实现整流是最简单的办法。常用的整流电路有半波整流电路和全波整流电路两种。

**1. 半波整流电路**

图 6-39 是带有纯电阻负载的单相半波整流电路，它由整流变压器 T、整流二极管 V 及负载 $R_L$ 组成。设变压器和二极管都是理想元器件（忽略变压器内阻，二极管的正向电阻为零、反向电阻为无穷大），单相半波整流电路的电压、电流波形如图 6-40 所示。

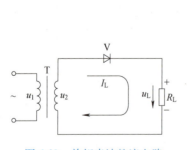

图 6-39　单相半波整流电路

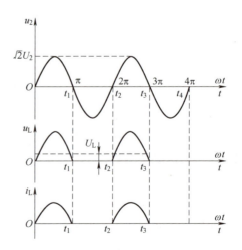

图 6-40　单相半波整流电路的波形

由图 6-40 可见，负载 $R_L$ 上得到的电压为单向脉动直流电压。

**2. 半波整流电路的主要技术指标**

图 6-40 所示的波形中，负载上得到的整流电压是单方向的，但其大小是变化的，是一个

单向脉动的电压，由此可求出其平均电压值为

$$U_o = 0.45 U_2 \tag{6-6}$$

半波整流时，流过负载的电流就等于流过二极管的电流，即

$$I_L = \frac{U_o}{R_L} = 0.45 \frac{U_2}{R_L} \tag{6-7}$$

半波整流时，在二极管不导通期间，承受反压的最大值就是变压器二次电压 $u_2$ 的最大值，即

$$U_{RM} = \sqrt{2} U_2 \tag{6-8}$$

单相半波整流电路的特点是元器件少、结构简单，但输出电压的输出波形波动大，变压器有半个周期不导电，电源利用率低。

3. 桥式整流电路

为了克服半波整流电路的缺点，常采用全波整流电路，最常用形式是桥式整流电路，它由 4 个二极管接成电桥形式，图 6-41 所示为常见电路的三种表示形式。

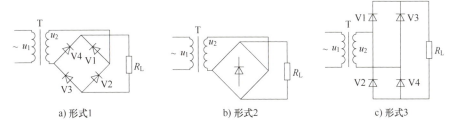

图 6-41 单相桥式整流电路

在图 6-41a 所示电路中，当变压器二次电压 $u_2$ 为上正下负时，二极管 V1 和 V3 导通，V2 和 V4 截止，电流 $I_{L1}$ 的通路为 A→V1→$R_L$→V3→B（见图 6-42a），这时负载电阻 $R_L$ 上得到一个正弦半波电压如图 6-43 中 0~π 段所示。当变压器二次电压 $u_2$ 为上负下正时，二极管 V1 和 V3 反向截止，V2 和 V4 导通，电流 $I_{L2}$ 的通路为 B→V4→$R_L$→V2→A，同样，在负载电阻上得到一个正弦半波电压，如图 6-43 中 π~2π 段所示。

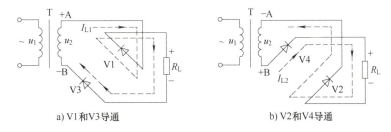

图 6-42 单相桥式整流电流的通路

由此可见，在交流输入电压的正负半周，都有同一方向的电流流过 $R_L$，4 只二极管中，两只两只轮流导通，$I_L = I_{L1} + I_{L2}$，在负载上得到全波脉动的直流电压和电流，如图 6-43b、c 所示。所以这种整流电路属于全波整流类型，也称为单相桥式全波整流电路。

在单相桥式整流电路中，正弦波相位 0°、360°、720° 等是 V2、V4 导通转换为 V1、V3 导

通的自然换流点。180°、540°、900°等是V1、V3导通转换为V2、V4导通的自然换流点。

4. 全波桥式整流电路的主要技术指标

（1）全波桥式整流电路输出电压平均值 $U_o$　在单相桥式整流电路中，交流电在一个周期内的两个半波都有同方向的电流流过负载，因此在同样的 $U_2$ 时，该电路输出的电流和电压均比半波整流时增加1倍，即

$$U_o = 2 \times 0.45 U_2 = 0.9 U_2 \quad (6\text{-}9)$$

（2）流过二极管的平均电流 $i_V$　全波整流时，因为每两个二极管串联轮换导通半个周期，因此，每个二极管中流过的平均电流只有负载电流的1/2，即

$$i_V = I_L / 2 = 0.45 \frac{U_2}{R_L} \quad (6\text{-}10)$$

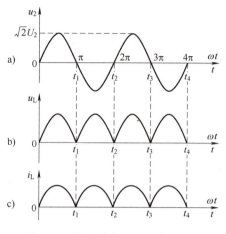

图6-43　单相桥式整流电路的波形

（3）二极管承受的最高反向电压 $U_{RM}$　每个整流二极管的最高反向电压是指整流二极管截止时在它两端出现的最大反向电压。

全波整流时，由图6-42a可以看出，当V1和V3导通时，如果忽略二极管正向压降，此时，V2和V4由于承受反压而截止，其最高反压为 $u_2$ 的峰值，即

$$U_{RM} = \sqrt{2} U_2 \quad (6\text{-}11)$$

以上分析可知，单相桥式整流电路，在变压器二次电压相同的情况下，输出电压平均值比半波整流电路提高1倍、脉动系数减小很多，管子承受的反向电压和半波整流电路一样。虽然二极管用了4只，但小功率二极管体积小，价格低廉，因此全波桥式整流电路得到了更为广泛的应用。

### 6.5.2　滤波电路

整流输出的电压是一个单方向脉动电压，虽然是直流，但脉动变化较大，与电子设备所要求的平滑直流电还相差很多。为了改善电压的脉动程度，需要在整流后再加入滤波电路，以滤去输出电压中的波纹减少脉冲。基本的滤波元件为电容和电感，常用的滤波电路有电容滤波、电感滤波和复式滤波等电路。

1. 电容滤波电路

图6-44所示为单相桥式整流电容滤波电路，图中电容器 $C$ 并联在负载两端。电容器在电路中有储存和释放能量的作用，电源供给的电压升高时，它把部分能量储存起来，而当电源电压降低时，就把能量释放出来，从而减少脉动成分，使负载电压比较平滑，即电容器具有滤波作用。在分析电容滤波电路时，要注意电容器两端电压对整流器件导电的影响。整流器件只有受正向电压作用时才导通，否则截止。

（1）电容滤波工作原理　单相桥式整流电路，在不接电容器 $C$ 时，其输出电压波形如图6-45a所示。而接上电容器 $C$ 后，在输入电压 $u_2$ 正半周的 $0 \sim t_1$ 时间内，二极管V1、V3在正向电压作用下导通，V2、V4反向截止。如图6-44a所示，整流电流分为两路：一路经二极

管 V1、V3 向负载 $R_L$ 提供电流；另一路向电容器 $C$ 充电，$u_C$ 的图形如图 6-45b 中的 $OA$ 段。到 $t_1$ 时刻，电容器上电压 $u_C$ 接近交流电压 $u_2$ 的最大值 $\sqrt{2}U_2$，极性上正下负。

经过 $t_1$ 时刻后，$u_2$ 按正弦规律迅速下降直到 $t_2$ 时刻，此时 $u_2 < u_C$，二极管 V1、V3 受反向电压作用而截止。电容器 $C$ 经 $R_L$ 放电，放电回路如图 6-44b 所示。如果放电速度缓慢，则 $u_C$ 不能迅速下降，如图 6-45b 中 $AB$ 段所示。与此同时，交流电压继续按正弦规律变化，在 $u_2$ 负半周，没有电容器时，二极管 V2、V4 应该在 $t_3$ 时刻导通，但由于此时 $u_C > u_2$，迫使二极管 V2、V4 处于反向截止状态，直到 $t_4$ 时刻 $u_2$ 上升到大于 $u_C$ 时，二极管 V2、V4 才导通，整流电流向电容器再度充电到最大值 $\sqrt{2}U_2$，$u_C$ 的图形如图 6-45b 中 $BC$ 段。然后 $u_2$ 又按正弦规律下降，$u_2 < u_C$ 时，二极管 V2、V4 反向截止，电容器又经 $R_L$ 放电。

电容器 $C$ 如此周而复始进行充放电，负载上便得到近似如图 6-45b 所示的锯齿波输出电压。

以上分析可知，电容滤波的特点是电源电压在一个周期内，电容器 $C$ 充放电各两次。比较图 6-45a、b 可见，经电容器滤波后，输出电压就比较平滑了，交流成分大大减少，而且输出电压平均值得到提高，这就是滤波的作用。

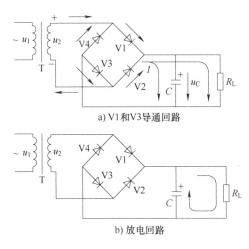

图 6-44 单相桥式整流电容滤波电路

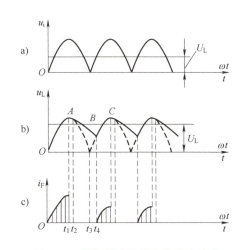

图 6-45 单相桥式整流电容滤波波形

可见电容滤波电路适用于负载较小的场合。当满足 $R_L C \geq (3\sim5)T/2$ 时，输出电压的平均值为

$$U_o = U_2 （半波） \tag{6-12}$$

$$U_o = 1.2 U_2 （全波） \tag{6-13}$$

（2）电容滤波时应注意的问题

1）滤波电容容量较大，一般用电解电容，应注意电容的正极性接高电位，负极性接低电位。如果接反则容易击穿、爆裂。

2）滤波电路开始工作时，电容 $C$ 上的电压为零，通电后电源经整流二极管给 $C$ 充电。通电瞬间二极管流过的短路瞬时电流很大，形成浪涌电流，很容易损坏二极管。所以选二极管参数时，正向平均电流的参数应选大一些。一般按正常工作电流 $I_o$ 的 5~7 倍，同时在整流电路的输出端应串接一个阻值为 $0.01R \sim 0.02R$ 的电阻，以保护整流二极管。

桥式整流电容滤波原理与半波时相同，由于在变压器输出交流电压的一个周期内对电容 $C$ 充电两次，故输出波形比较平滑。与半波整流电容滤波相比较，桥式整流电容滤波的输出电压高且脉动成分小。

2. 电感滤波电路

图 6-46 所示为单相桥式整流电感滤波电路，由于电感 $L$ 具有阻交流通直流（电感对交流呈现很大的阻抗，对直流近乎短路）的作用，它与负载串联，阻挡交流而使直流通过负载，加之通过电感的电流不能突变，流过负载的电流也就不能突变，电流平滑，负载上可以得到比较平滑的输出电压，从而达到滤波的目的。

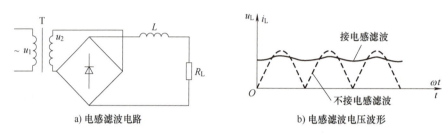

图 6-46　单相桥式整流电感滤波电路

在电感滤波电路中，输出电压的交流成分是整流电路输出电压的交流成分经 $X_L$ 和 $R_L$ 分压的结果，只有 $\omega L \gg R_L$ 时，滤波效果才好。$L$ 越大，$R$ 越小，滤波效果越好。同时，电感滤波以后，延长了整流管的导通角，避免了过大的冲击电流。所以一般电感滤波适用于低电压、大电流的场合。

3. 复式滤波电路

有些电子设备及应用场合对直流平滑程度要求很高，需要进一步减小输出电压的脉动程度，这时对电容滤波或电感滤波电路来说，虽然可以增加电抗元件的值予以解决，但总是受到很多条件的限制，所以通常采用电容和铁心电感组成的各种形式的复式滤波电路。电感型 $LC$ 滤波电路如图 6-47 所示。整流输出电压中的交流成分绝大部分降落在电感上，电容 $C$ 又对交流接近于短路，故输出电压中交流成分很少，几乎是一个平滑的直流电压。由于整流后先经

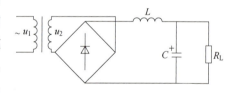

图 6-47　电感型 $LC$ 滤波电路

电感 $L$ 滤波，其特性与电感滤波电路相近，故称为电感型 $LC$ 滤波电路，若将电容 $C$ 平移到电感 $L$ 之前，则称为电容型 $LC$ 滤波电路。

复式滤波电路一般按如下原则组成：把交流阻抗大的元件与负载串联，以便降落较大的纹波电压。把交流阻抗小的元件与负载并联，以便旁路吸收较大的纹波电流。如此在负载上便可得到脉动很小的直流电压。

4. Π 型滤波电路

图 6-48a 所示为 $LC$Π 型滤波电路。整流输出电压先经电容 $C_1$，滤除了交流成分后，再经电感 $L$ 后滤波电容 $C_2$ 上的交流成分极少，因此输出电压几乎是平直的直流电压。但由于铁心电感体积大、笨重、成本高、使用不便。所以在负载电流不太大而要求输出脉动很小的场合，

可将铁心电感换成电阻,即构成 $RC\Pi$ 型滤波电路,如图 6-48b 所示。电阻 R 对交流和直流成分均产生压降,故会使输出电压下降,但只要 $R_L \gg 1/(\omega C_2)$,电容 $C_1$ 滤波后的输出电压绝大多数降在电阻 $R_L$ 上。$R_L$ 越大,$C_2$ 越大,滤波效果越好,但此时电阻要消耗功率,故 $LC\Pi$ 型滤波电路电源效率必然降低。

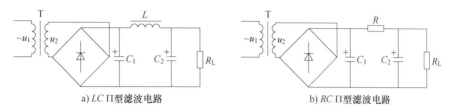

a) $LC\Pi$ 型滤波电路    b) $RC\Pi$ 型滤波电路

图 6-48  $\Pi$ 型滤波电路

### 6.5.3 直流稳压电路

通过整流滤波电路所获得的直流电源电压是比较稳定的,但当电网电压波动或负载电流变化时,输出电压会随之改变。电子设备一般都需要稳定的电源电压。如果电源电压不稳定,将会引起直流放大器的零点漂移,交流噪声增大,测量仪表的测量精度降低等,因此必须进行稳压。在此只介绍常用的并联型稳压电路和串联型稳压电路。

**1. 并联型稳压电路**

(1) 电路组成及工作原理  由硅稳压二极管组成的并联型稳压电路如图 6-49 所示,经整流滤波后得到的直流电压作为稳压电路的输入电压 $U_i$,限流电阻 R 和稳压二极管 V 组成稳压电路,输出电压 $U_o = U_Z$。在这种电路中,不论是电网电压波动还是负载电阻 $R_L$ 的变化,稳压二极管都能通过调节自身电流达到稳压目的。例如,当 $R_L$ 不变时,电网电压升高时 $U_i$ 必然升高,导致 $U_o$ 升高,但此时稳压二极管的电流也会显著增大,导致电阻 R 上的压降增大,从而抵消 $U_i$ 的升高,保持输出电压 $U_o$ 基本保持不变。该过程可表示为

$$U_i \uparrow \xrightarrow{U_o = U_i - U_R} U_o \uparrow = U_Z \uparrow \to I_Z \uparrow \xrightarrow{I_R = I_L + I_Z} I_R \uparrow \to U_R \uparrow$$

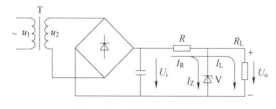

图 6-49  并联型稳压电路

可见,对于 $U_i$ 的变化,稳压二极管通过自身电流的变化,用电阻 R 上的压降变化去抵消了 $U_i$ 的变化。

当电网电压不变,负载电阻 $R_L$ 阻值增大时,$I_L$ 减小,限流电阻 R 上的压降 $U_R$ 将会减小,输出电压 $U_o$ 将升高,根据稳压二极管的特性,此时 $I_Z$ 会显著增加。由于流过限流电阻 R 的电流为 $I_R = I_Z + I_L$,这样可以使流过 R 上的电流基本不变,也就是说用 $I_Z$ 的增加来补偿 $I_L$ 的下降,最终保持 $I_R$ 基本不变,$U_R$ 稳定不变,因而输出电压 $U_o$ 也就基本维持不变,变化过程

如下：

$$R_L \uparrow \to I_L \xrightarrow{I_R = I_L + I_Z} I_R \downarrow \to U_R \downarrow \xrightarrow{U_Z = U_i - U_R} U_Z \uparrow (U_o) \to I_Z$$

可见，对于负载电阻 $R_L$ 的变化，稳压二极管通过调节自身电流的变化去补偿输出负载上电流的变化，使输出电压基本稳定。

通过以上分析可知，限流电阻 $R$ 具有限流和调压作用。$R$ 越大，调压作用越强，则输出越稳定。无论电网电压波动或负载变化，都能起到稳压作用。

（2）稳压电路元件参数的确定

1）输入电压 $U_i$ 的确定。考虑到限流电阻 $R$ 上的电压降，故 $U_i$ 应比 $U_o$ 高（$U_i = U_o + IR$）。由上述稳压原理可知，$R$ 越大输出越稳定，通常取 $U_i = (2\sim3)U_o$。

2）限流电阻的计算。限流电阻 $R$ 的选取必须保证稳压二极管在稳压工作区内，所以根据电网电压和负载电阻 $R_L$ 的变化范围，可以正确地选择限流电阻 $R$ 的大小。

3）确立稳压二极管的参数。考虑到负载 $R_L$ 开路时的电流全部流入稳压二极管，故通常按如下关系选择稳压二极管：

$$\left. \begin{array}{l} U_Z = U_o \\ I_{Zmax} = (1.5\sim3)I_{omax} \\ U_i = (2\sim3)U_o \end{array} \right\} \tag{6-14}$$

**2. 串联型稳压电路**

并联型稳压电路可以使输出电压稳定，但稳压值由稳压二极管决定，不能随意调节，而且由于负载电流的变化由稳压二极管自身电流变化来补偿，故其受稳压二极管电流范围的限制，输出电流很小，因此硅稳压二极管稳压电路通常用于要求不高及负载固定的场合。

为了克服硅稳压二极管稳压电路的缺点，加大输出电流，使输出电压可调节，常采用串联型晶体管稳压电路。

图 6-50 所示为带直流负反馈放大电路的稳压电路。稳压二极管 V1 和电阻 $R_2$ 给直流放大管 V3 的发射极提供稳定的基准电压。$R_3$、$R_4$ 组成分压（取样）电路，从输出电压 $U_L$ 中取出变化的信号电压，使 $U_{B3} = \dfrac{R_4}{R_3 + R_4} U_o$，并把它加到放大管 V3 的基极，于是 V3 的基极和发射极间电压 $U_{BE3} = U_{B3} - U_Z = \dfrac{R_4}{R_3 + R_4} U_o - U_Z$。由于 $U_{B3}$ 是 $U_o$ 的一部分，故称为取样电压，它和基准电压 $U_Z$ 比较后的电压差值即 $U_{BE3}$ 经 V3 放大后，加到晶体管 V2 的基极上，使 V2 自动调整管压降 $U_{CE2}$ 的大小，以保证输出电压稳定。$R_1$ 是放大管 V3 的集电极负载电阻，又是调整管 V2 的基极偏置电阻。

该电路的稳压过程如下：如果输入电压 $U_i$ 增大或负载电阻 $R_L$ 增大，输出电压 $U_o$ 也增大，通过取样电路将这个变化加在 V3 的基极上使 $U_{B3}$ 增大。由于 $U_Z$ 是一个恒定值，所以 $U_{BE3}$ 增大，导致 $I_{B3}$ 和 $I_{C3}$ 增大，$R_1$ 上电压降增大，使调整管基极电压减小，基极电流减小，管压降 $U_{CE2}$ 增大，从而使输出电压保持不变。其稳压过程表示如下：

$$\begin{array}{l} U_i \uparrow \to U_o \uparrow \to U_{B3} \uparrow \to U_{BE3} \uparrow \to I_{B3} \uparrow \to I_{C3} \uparrow \\ U_o \downarrow \leftarrow U_{CE2} \uparrow \leftarrow U_{BE2} \downarrow \leftarrow U_{B2} \downarrow \end{array}$$

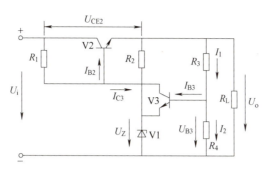

图 6-50 串联型稳压电路

同理，当输入电压 $U_i$ 减小或负载电阻 $R_L$ 减小，引起输出电压 $U_L$ 减小时，晶体管 V3 的基极电压减小，V2 的基极电压增大，从而使调整管管压降减小，维持输出电压不变。

## 6.6 基本放大电路

对微弱电信号进行放大的电路叫作放大电路，也称为放大器。放大电路是最常见的模拟电子电路，应用十分广泛。

放大电路的种类很多。按采用的有源放大器件分为晶体管放大器、场效应晶体管放大器和集成运算放大器；按放大信号的强弱分为电压放大器和功率放大器（功放）；按放大电路的接线方式分为共发射极放大器、共基极放大器和共集电极放大器；按放大的级数不同分为单级放大器和多级放大器。

放大电路的形式尽管多种多样，但其实质是一致的，都是实现能量的转化，即用输入信号控制有源放大器件，将直流电源提供的能量转换为与输入信号成比例的输出信号。本节主要介绍晶体管放大器基本电路的结构、原理及其应用。

### 6.6.1 基本放大电路的组成和原理

1. 基本放大电路的组成

放大电路组成的基本原则是电路中的晶体管处于放大工作状态，即发射结正向偏置、集电结反向偏置，同时放大器要不失真地放大输入信号。

（1）放大电路的结构　图 6-51a 所示是一个最简单的单管放大电路，由信号源、晶体管 V、输出负载 $R_C$ 及电源偏置电路（$R_B$、$U_{CC}$、$R_C$）组成。其习惯画法如图 6-51b 所示。

基本放大电路中各元器件的作用：

1）晶体管 V：放大电路的放大器件，具有电流放大作用，可在集电极电路中获得放大了的电流。

2）基极偏置电阻 $R_B$：简称基极电阻。它使发射结正向偏置，并向晶体管提供一个合适的基极电流 $I_B$，以使晶体管能工作在特性曲线的线性部分。$R_B$ 的阻值为几十千欧到几百千欧。

3）集电极负载电阻 $R_C$：简称集电极电阻。当晶体管的集电极电流受基极电流控制发生变化时，流过负载电阻的电流会在集电极电阻 $R_C$ 上产生电压变化，从而引起 $U_{CE}$ 的变化，这个变化的电压就是输出电压 $U_o$，如此便实现了电压的放大。

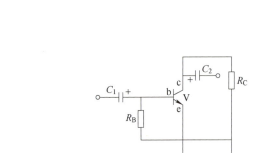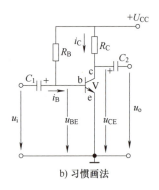

a) 单电源供电　　　　　　　　b) 习惯画法

图 6-51　共发射极基本放大电路

4) 集电极电源 $U_{CC}$：它有两个作用，其一是使发射结正向偏置、集电结反向偏置，以使晶体管处于放大区；其二是给放大电路提供能源。前面指出，放大电路实质是将直流电源提供的能量转换为与输入信号成比例的信号输出，这个直流电源就是 $U_{CC}$。$U_{CC}$ 的值一般为几伏到几十伏。

5) 耦合电容 $C_1$、$C_2$：隔断直流、传输交流，把信号源与放大电路之间、放大电路与负载之间的直流隔开，交流信号正常通过，所以也称为隔直电容。图 6-51b 中，$C_1$ 左边、$C_2$ 右边只有交流而无直流，中间部分为交直流共存。耦合电容一般多采用电解电容器。在使用时，应注意它的极性与加在它两端的工作电压极性相一致，正极接高电位，负极接低电位，不能接错，耦合电容 $C_1$、$C_2$ 值一般为几微法到几十微法。

(2) 基本放大电路的接线方式　按电路连接共用电极不同，有共发射极（简称共射极）、共基极、共集电极三种组态的放大电路。图 6-51 所示为最基本的共发射极放大电路。其中共集电极电路又称为射极输出器，是一种常用的放大电路。

(3) 放大电路的组成原则　组成原则如下：

1) 有直流电源且极性与晶体管类型配合使晶体管处于放大状态，即发射结正向偏置，集电结反向偏置。

2) 偏置电阻要与直流电源配合以进一步确保晶体管工作在放大区。

3) 保证已放大的信号从电路输出。

4) 避免输出信号产生非线性失真。

2. 放大电路的两种工作状态

放大电路无输入信号，相当于信号源被短接，电路中只有直流电压和电流，电路的这种工作状态称为直流状态，也称为静态。只分析直流电源作用下放大器中各直流量的大小称为直流分析（也称为静态分析），所确定的各工作点上的直流电压和电流称为直流工作点（也称为静态工作点）。直流分析时，放大电路中没有交流成分，这时直流电流流通的路径叫作直流通路，如图 6-52a 所示。

直流通路画法遵循如下原则：

① 电容开路，电感短路。图 6-51b 中耦合电容 $C_1$、$C_2$ 可看作开路。

② 输入信号为零，电压源保留。图 6-51b 中 $U_i=0$，直流电源保留。

共发射极基本放大电路的交流通路如图 6-52b 所示，其中基极电流 $I_B$、集电极电流 $I_C$ 及集电极—发射极间电压 $U_{CE}$ 只有直流成分，无交流输出，用 $I_{BQ}$、$I_{CQ}$、$U_{CEQ}$ 表示。静态工作点可在晶体管特性曲线上确定，用 $Q$ 表示。

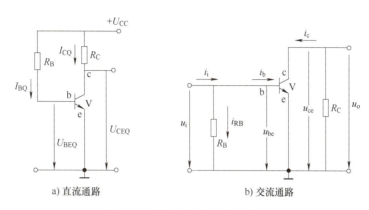

图 6-52 共发射极基本放大电路

在直流状态的基础上，在输入端加入交流信号电压，这时电路中除有直流电压和电流外，还将产生交流信号电压和电流，电路的这种状态称为交流状态，也称为动态。当放大器接入交流信号后，为确定叠加在静态工作点上的各交流量而进行的分析称为交流分析（也称为动态分析）。交流电流流通的途径称为交流通路。分析电路时，一般用电路的交流通路来研究交流量及放大电路的动态性能。

由于放大电路中存在着电抗性元件，所以交流通路和直流通路是不同的。例如电容只能通过交流，在直流通路中相当于开路，而电感对直流相当于短路，对交流相当于开路。

### 6.6.2 放大电路的主要性能指标

一个放大电路的性能如何，可用许多性能指标来衡量，常用的主要性能指标有放大倍数、输入电阻、输出电阻等。

（1）放大倍数　放大倍数是衡量放大电路放大能力的指标，有电压放大倍数、电流放大倍数和功率放大倍数等，其中电压放大倍数应用最多。

（2）输入电阻　放大电路的输入电阻是从输入端向放大电路内看进去的等效电阻，等于放大电路输出端接实际负载电阻后，输入电压与输入电流之比。

对于信号源，输入电阻是它的等效负载，其大小反映了放大电路对信号源的影响程度。

（3）输出电阻　放大电路的输出电阻是从输出端向放大电路内看进去的交流等效电阻，等于放大电路输出输出电压与输出电流之比。输出电阻越大，接负载后输出电压下降也越多，所以输出电阻反映了放大电路带负载能力的大小。

## 6.7　电子电路的组装和调试

### 6.7.1　电子电路的组装

组装电子电路时，要想取得满意的结果，不仅取决于电路原理和测试方法的正确性，而且还与电路安装的合理性紧密相关。例如，安装一个高增益的放大器电路，由于布线不合理，就可能产生寄生振荡，而使放大器不能正常工作。

对于初学者而言，组装电子电路通常采用焊接和在实验板上插接两种方法。焊接安装可提高焊接技术，但元器件可重复利用率低。在实验板上安装电路，便于调试。

实验板有印制电路板和插件电路板（俗称"面包板"）等多种。使用时，可将元器件简单地在插件电路板上插入或拔出，可快速地改变电路的布局，元器件也可长期重复使用。目前，实验室广泛应用插件实验电路板进行实验电路的安装和调试。因此必须掌握实验电路的安装方法。

1. 插件实验电路板的使用方法

一般插件电路板的结构如图6-53所示。每块插件电路板中央有一凹槽，是为直接插入集成电路块而设置的。凹槽两边开有小孔，每列小孔的5个小孔相互连通，插件电路板的上、下各有一排相互连通的小孔，一般可作为电源线或地线插孔用。

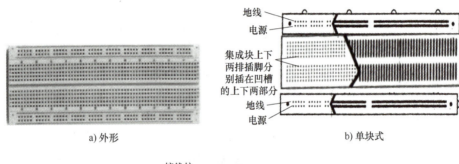

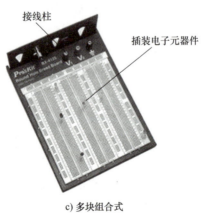

图6-53 插件电路板的结构

注意：不同型号的插件电路板上、下两排的插孔连通方式是不同的，使用时应先用万用表判别其连通方式。

目前插件电路板有多种规格。但不管哪一种，其结构和使用方法大致相同，即每列五个插孔内均用一个磷铜片相连。这种结构造成相邻两列插孔之间分布电容大。因此，插件电路板一般不适用于高频电路实验中。

使用插件电路板时要注意清洁，切勿将焊锡或其他异物掉入插孔内，使用后要用防护罩包好，以免灰尘进入插孔造成接触不良。

2. 实验电路的安装

采用插件电路板安装实验电路时，元器件的安装方式可根据实验电路的复杂程度灵活掌握。但安装电路时均应注意以下几点：

1）通常实验板左端为输入、右端为输出。应按输入级、中间级、输出级的顺序进行安装。

2）同一块实验板上的同类元器件应采用同一安装方式，距实验板表面的高度应大体一致。若采用立式安装，元器件型号或标称值应朝同一方向，而卧式安装的元器件型号或标称值应朝同上方，集成电路的定位标志方向应一致。

3）凡具有屏蔽罩的磁性器件，如中频变压器等，其屏蔽罩应接到电路的公共地端。

4）元器件的引线一般不宜剪得过短，以利于重复利用。

3. 集成电路的安装

为防止集成电路受损，在插件电路板上插入或拔出时要非常细心。插入时应使器件的方向一致，缺口朝左，使所有引脚均对准插件电路板上的小孔，均匀用力按下，拔出时，最好用专用拔钳，夹住集成电路的两端，垂直往上拔起，或用小螺钉旋具对撬，以免其受力不均匀使引脚弯曲或断裂。

## 6.7.2　识读电路图

选好准备制作的具体电路后，仔细阅读文字和图片内容。要认真研究电路，争取看懂有关电路图，尤其是对每一个元器件的作用要有所了解。初学者对电路图上的符号感觉迷惑时，要反复查资料搞清楚，特别是对有极性的元器件，要反复观察，记住它的极性记号及外形特点。例如发光二极管有正负极性，装反了就不会亮。操作者可通过观察二极管内芯的不同形状，来辨别它的极性：形状小的相似三角形一端是正极，大的相似三角形的一端是负极。

此外还应搞清楚电路图中导线的连接方法，哪些导线应该连接在一起，哪些是不应该连接在一起的跨越线。一般在导线连接点上有一个黑圆点的导线应连接在一起，而在导线交叉点上没有黑圆点或是用小弧线连接的为跨越线。

## 6.7.3　布线的一般原则

实践证明，虽然元器件完好，但如果布线不合理，也可能造成电路工作失常。这种故障不像脱焊、断线（或接触不良）或元器件损坏那样明显，多以寄生干扰形式表现出来，很难排除。

元器件之间的连接均由导线完成。所以，合理布线的基础是合理地布件（即确定各元器件在实验板上的位置，也称为排件）。布件不合理，一般布线也难于合理。

一般布线原则如下：

① 应按电路原理图中元器件图形符号的排列顺序进行布件，多级实验电路要成一条直线进行布局，不能将电路布置成"L"或"π"字形。如受实验板面积限制，非布成上述字形不可时，必须采取屏蔽措施。

② 布线前，要弄清管脚或集成电路各引出端的功能和作用，尽量使电源线和地线靠近实验电路板的周边，以起一定的屏蔽作用。

③ 电流强的与弱的信号引线要分开；输出与输入信号引线要分开；还要考虑输入、输出引线各自与相邻引线之间的相互影响，输入线应防止邻近引线对它产生干扰（可用隔离导线或同轴电缆线），而输出线应防止它对邻近导线产生干扰；一般应避免两条或多条引线互相平行；所有引线应尽可能地短并避免形成圈套状或在空间形成网状；在集成电路上方不得有导线（或元器件）跨越。

④ 所用导线的直径应和插件电路板的插孔大小相配合，太粗会损坏插孔内的簧片，太细易发生导线接触不良；所用导线最好分色，以区分不同的用途，即正电源、负电源、地、输入与输出采用不同颜色的导线加以区分，例如，习惯上正电源用红色导线、地线用黑色导线等。

⑤ 布线应有步骤地进行，一般应先接电源线、地线等固定电平连接线，然后按信号传输方向依次接线并尽可能使连线贴近实验面板。

### 6.7.4 单面印制电路板的安装

**1. 手工焊接操作方法**

焊接电路板的外形如图6-54所示。

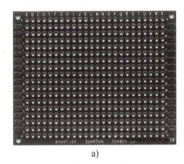
a)
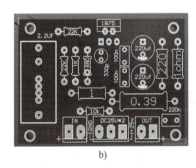
b)

图6-54 焊接电路板的外形

（1）握持方法 电烙铁和焊锡丝的握持方法如图6-55所示，一般焊接印制电路板等焊件时多采用握笔法握持电烙铁。

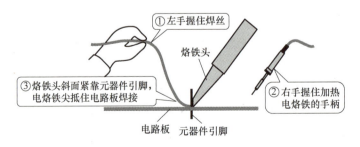

图6-55 手工电烙铁焊接操作方法

（2）操作方法

1）元器件引脚的弯制。焊接前，应先将各元器件按需要进行引脚弯制。例如二极管的引脚弯成美观的圆形，可用螺钉旋具辅助弯制。如图6-56所示，将螺钉旋具紧靠二极管引脚的根部，十字交叉，左手捏紧交叉点，右手食指将引脚向下弯，直到两引脚平行。对照图样插放元器件，用万用表校验，检查每个元器件插放是否正确、整齐，二极管、电解电容等极性是否正确，电阻读数的方向是否一致，全部合格后方可进行元器件的焊接。

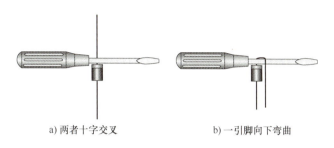

图 6-56　使用螺钉旋具弯制

2）用焊锡丝焊接时，应先将烙铁头在焊点表面预热一段时间，再把焊锡丝与烙铁头接触，焊锡熔化流动后就能牢固地附着在焊点周围。焊锡的蘸量要求如图 6-57a 所示，焊接时烙铁头的移动操作如图 6-57b 所示。

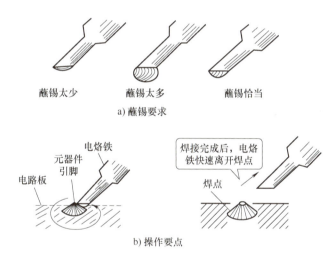

图 6-57　焊接操作方法

3）掌握好焊接温度和时间。这是焊接质量优劣的关键所在。电烙铁温度低、焊接时间短，钎料流动不开，容易使焊点"拉毛"或造成"虚焊"，虚焊焊点呈渣状，内部没有真正渗入熔锡，好似焊点包了一层结构粗糙的锡壳，如图 6-58a 所示。反之，若电烙铁温度过高或焊接时间过长，焊接处表面被氧化，也容易造成虚焊，即使焊上了，焊点表面也无光泽。一般电烙铁温度应控制在 200~240℃，焊接时间在 3s 左右（视温度和钎料而异）。

焊接开始时，焊锡吸附在烙铁头附近，在看到液态锡流动之后焊点收缩的那一瞬间，即表明熔锡已经渗入了焊点，应立刻提起电烙铁。良好焊点应该是锡量适当、光洁圆润，如图 6-58b 所示。

4）焊接前，一定要刮去元器件和导线焊接处的氧化层，处理干净后立即涂上焊剂和焊锡，这一过程称为"预焊"或"搪锡"。否则，易造成虚焊。

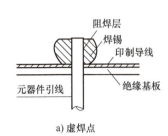 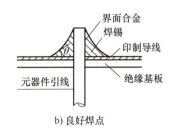

a) 虚焊点　　　　　　　b) 良好焊点

图 6-58　焊点示意图

5) 焊接 MOS 型场效应晶体管和集成电路时，电烙铁外壳必须接地线或将电烙铁电源插头拔下后再焊接，以防交流电场击穿栅极损坏器件。

6) 扁平封装集成电路引出线多而且间距较小。焊接前，应用工具将其外引线合理整形（应一次成形，不要从根部弯曲，否则易折断），使每根引线对正所要焊的焊点，然后逐个进行焊接。

**2. 电子元器件的安装要求**

焊接时，各个电子元器件要求排列整齐，高度一致。为了保证焊接的整齐美观，焊接时应将电路板架在焊接木架上，如图 6-59a 所示，两边架空的高度要一致，元器件插好后，要调整位置，使它与桌面相接触，保证每个元器件焊接高度一致。

焊接时，电阻不能离开电路板太远，也不能紧贴电路板焊接，以免影响电阻的散热。焊接时，若电路板未放水平或元器件引脚长度不一致，便会出现如图 6-59b 所示的情况，应重新加热电烙铁进行调整。

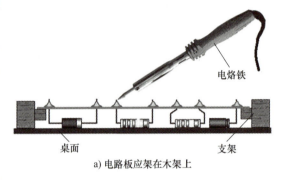

a) 电路板应架在木架上

b) 焊后检查

图 6-59　焊接及焊后检查

### 6.7.5　电路调试和故障排除

**1. 电路的调试**

电路安装完毕后，必须经过调试才能正常工作。通常采用以下两种调试电路的方法：

（1）边安装边调试的方法　把一个总电路按框图上的功能分成若干单元电路分别进行安装和调试，在完成各单元电路调试的基础上逐步扩大安装和调试的范围，最后完成整机调试。对于新设计的电路，此方法既便于调试，又能及时发现和解决问题。

（2）一次性调试　整个电路安装完毕后，实行一次性调试。这种方法适合于定型产品。

调试时应注意做好调试记录，准确记录各部分的测试数据和波形，以便于分析和运行时参考。

一般调试的步骤如下：

1) 通电前检查。电路安装完毕后，首先应检查电路各部分的接线是否正确，检查电源、地线、信号线、元器件的引脚之间有无短路，元器件有无接错。

2）通电检查。接入电路所要求的电源电压，观察电路中各部分元器件有无异常现象。如果出现异常现象，应立即关断电源，待排除故障后方可重新通电。

3）单元电路调试。在调试单元电路时应明确本部分的调试要求，按调试要求测试性能指标和观察波形。调试顺序按信号的流向进行，这样可以把前面调试过的输出信号作为后一级的输入信号，为最后的整机统调创造条件。电路调试包括静态调试和动态调试，通过调试掌握必要的数据、波形、现象，然后对电路进行分析、判断、排除故障，完成调试要求。

4）整机统调。各单元电路调试完成后就为整机调试打下了基础。整机统调时应观察各单元电路连接后各级之间的信号关系，主要观察动态结果，检查电路的性能和参数，分析测量的数据和波形是否符合设计要求，对发现的故障和问题及时采取处理措施。

2. 电路故障的排除

电路故障的排除可以按下述几种方法进行：

1）信号寻迹法。寻找电路故障时，一般可以按信号的流程逐级进行。在电路的输入端加入适当的信号，用示波器或电压表等仪器逐级检查信号在电路内各部分传输的情况，根据电路的工作原理分析电路的功能是否正常，如果有问题，应及时处理。调试电路时也可以从输出级向输入级倒推进行，信号从电路最后一级的输入端加入，观察输出端是否正常，然后逐级将适当信号加入前面一级电路输入端，继续进行检查。

2）对分法。把有故障的电路分为两部分，先检查这两部分中究竟是哪部分有故障，然后再对有故障的部分对分检测，一直到找出故障为止。采用"对分法"可减少调试工作量。

3）分割调试法。对于一些有反馈的环形电路，如振荡电路、稳压电路，它们各级的工作情况互相有牵连，这时可采取分割环路的方法，将反馈环去掉，然后逐级检查，可更快地查出故障部分。对自激振荡现象也可以用此法检查。

4）对比法。将有问题的电路状态、参数与相同的正常电路进行逐项对比。此方法可以较快从异常的参数中分析出故障。

5）替代法。把已调试好的相同的单元电路代替有故障或有疑问的单元电路（注意共地）。这样可以很快判断故障部位。有时元器件的故障不很明显，如电容漏电、电阻变质、晶体管和集成电路性能下降等。这时用相同规格的优质元器件逐一替代实验，就可以具体地判断故障点，加快查找故障点的速度，提高调试效率。

## 6.8 基本技能训练

**技能训练1 使用万用表测量晶体管的管型和管脚极性**

1）考核方式：技能操作。
2）器件和耗材：晶体管、常用电工工具、万用表。
3）考核时间：20min。
4）评分标准：见表6-10。

表 6-10 使用万用表测量晶体管的管型和管脚极性项目评分表

| 序号 | 考核项目 | 考核要求 | 配分 | 评分标准 | 扣分 | 得分 |
|---|---|---|---|---|---|---|
| 1 | 测量晶体管管型 | 正确使用万用表测量晶体管的管型 | 40分 | 万用表量程选择，不正确每次扣5分 | | |
| | | | | 晶体管管型判断，不正确扣15分 | | |
| | | | | 读数，不正确扣10分 | | |
| 2 | 测量晶体管极性 | 正确测量判断晶体管的极性 | 50分 | 晶体管极性判断，不正确每个扣10分 | | |
| | | | | 读数，不正确每次扣10分 | | |
| 3 | 仪表使用正确 | 测量完毕，调整档位 | 10分 | 调整档位应正确，不正确扣10分 | | |
| | 合计 | | 100分 | | | |

## 技能训练 2　单相桥式整流电路的安装

1）考核方式：技能操作。
2）器件和耗材：电路板、二极管 4 只、小型变压器 1 只、电工工具和万用表等。
3）考核时间：60min。
4）评分标准：见表 6-11。

表 6-11　单相桥式整流电路的安装项目评分表

| 序号 | 考核项目 | 考核要求 | 配分 | 评分标准 | 扣分 | 得分 |
|---|---|---|---|---|---|---|
| 1 | 测量晶体二极管极性 | 正确使用万用表测量二极管的极性 | 20分 | 万用表量程选择，不正确每次扣5分 | | |
| | | | | 二极管极性判断，不正确每只扣5分 | | |
| | | | | 读数，不正确每次扣5分 | | |
| 2 | 电路板安装 | 元器件排列整齐、高度一致 | 50分 | 元器件垂直插装，排列整齐，不规范每只扣2分 | | |
| | | | | 插装位置不正确，错装、漏装每处扣2分 | | |
| | | | | 元器件引脚的长度一致，且剪切整齐，不符合要求每处扣2分 | | |
| | | | | 焊点表面美观、不光滑、不饱满每处扣2分 | | |
| | | | | 焊点得当，虚焊、假焊、漏焊每处扣2分 | | |
| | | | | 安装时损坏元器件，每只扣5分 | | |

项目6 基本电子电路的装调和维修

(续)

| 序号 | 考核项目 | 考核要求 | 配分 | 评分标准 | 扣分 | 得分 |
|---|---|---|---|---|---|---|
| 3 | 电路板测试 | 通电后测量电压值 | 20分 | 变压器输入、输出电压测量正确,不正确扣10分 | | |
| | | | | 整流电路输入、输出电压测量正确,不正确扣10分 | | |
| 4 | 仪表使用正确 | 测量完毕,调整档位 | 10分 | 调整档位应正确,不正确扣10分 | | |
| 合  计 | | | 100分 | | | |

## 技能训练3　串联型稳压电源的安装与调试

1）考核方式：技能操作。
2）器件和耗材：串联型稳压电源电路板及套件、电工工具和万用表等。
3）考核时间：60min。
4）评分标准：见表6-12。

表6-12　串联型稳压电源的安装与调试项目评分表

| 序号 | 考核项目 | 考核要求 | 配分 | 评分标准 | 扣分 | 得分 |
|---|---|---|---|---|---|---|
| 1 | 测量晶体管极性 | 正确使用万用表测量二极管、晶体管的极性 | 20分 | 万用表量程选择,不正确每次扣5分 | | |
| | | | | 二极管、晶体管极性判断,不正确每只扣3分 | | |
| | | | | 读数,不正确每次扣5分 | | |
| 2 | 电路板安装 | 元器件排列整齐、高度一致 | 50分 | 元器件垂直插装,排列整齐,不规范每只扣2分 | | |
| | | | | 插装位置不正确,错装、漏装每处扣2分 | | |
| | | | | 元器件引脚的长度一致,且剪切整齐,不符要求每处扣2分 | | |
| | | | | 焊点表面美观,不光滑、不饱满每处扣2分 | | |
| | | | | 焊点得当,虚焊、假焊、漏焊每处扣2分 | | |
| | | | | 安装时损坏元器件,每只扣5分 | | |
| 3 | 电路板调试 | 通电后测量电压值 | 20分 | 整流电路输入、输出电压测量正确,不正确扣10分 | | |
| | | | | 稳压电源输出电压状况正确,不正确扣10分 | | |

（续）

| 序号 | 考核项目 | 考核要求 | 配分 | 评分标准 | 扣分 | 得分 |
|---|---|---|---|---|---|---|
| 4 | 仪表使用正确 | 测量完毕，调整档位 | 10 分 | 调整档位应正确，不正确扣 10 分 | | |
| | 合　计 | | 100 分 | | | |

复习思考题

1. 什么是半导体，用于制造半导体器件的材料主要有哪些？
2. 发光二极管的用途是什么？
3. 选择二极管的原则有哪些？
4. 晶体管的主要参数有哪些？
5. 放大电路的种类有哪些？
6. 放大电路组成的基本原则是什么？
7. 电子电路一般布线原则是什么？
8. 焊接电路板时对电子元器件的安装要求有哪些？
9. 对电子电路板进行一般调试的步骤有哪些？
10. 排除电子电路板电路故障的方法有哪些？

## 项目 7

# 交流电动机及变压器的使用和维护

**培训学习目标：**
熟悉三相和单相交流异步电动机的使用和维护方法；掌握三相异步电动机的常项检测方法；掌握三相异步电动机定子绕组首末端的判断技术；掌握变压器的同名端判断方法。

电机是实现电能与机械能相互转换的一种旋转设备；变压器是用来变换交流电压和交流电流大小而传输交流电能的一种静止设备。两者都是利用电磁感应的基本原理实现工作的。交流电机有异步电机和同步电机两大类。异步电机一般作电动机用，拖动各种生产机械做功。同步电机又分为同步发电机和同步电动机两类。根据使用电源不同，异步电动机可分为三相和单相两种型式。

## 7.1 三相交流异步电动机的使用和维护

三相交流异步电动机具有结构简单、运行可靠、制造方便等优点，因而在工农业生产、机械制造、交通运输等行业中得到广泛应用。随着电力电子技术的发展、交流变频电源的性能和可靠性日臻完善，交流电动机已广泛采用变频调速控制方式。

### 7.1.1 三相异步电动机的结构和工作原理

**1. 三相异步电动机的结构**

三相异步电动机由定子和转子两大基本部分构成，常见 Y 系列小型低压三相异步电动机的外形及结构如图 7-1 所示。

（1）定子  定子主要由定子铁心、定子绕组和机座三部分组成。定子的作用是通入三相对称交流电后产生旋转磁场以驱动转子旋转。

定子铁心是电机磁路的一部分，一般由导磁性能较好的硅钢片冲片（见图 7-1c）叠成圆筒形状，安装在机座内。定子绕组是电动机的电路部分，它嵌放在定子铁心的内圆槽内。定子绕组分为单层和双层两种。一般功率较小（15kW 及以下）的电机采用单层绕组，功率较大的电机采用双层绕组。

机座是电动机的外壳和支架，用来固定和支撑定子铁心和端盖。机座一般用铸铁制成。

电动机的定子绕组一般采用漆包线绕制而成，分 3 组分布在定子铁心槽内，构成对称的三相绕组。三相绕组有 6 个出线端，分别用 U1、U2、V1、V2、W1、W2 标示。连接在电动机机座上的接线盒中，其中 U1、V1、W1 是三相绕组的首端，U2、V2、W2 是三相绕组的末端。三相定子绕组可以连接成星形（Y联结）或三角形（△联结），如图 7-2 所示。

a) 外形

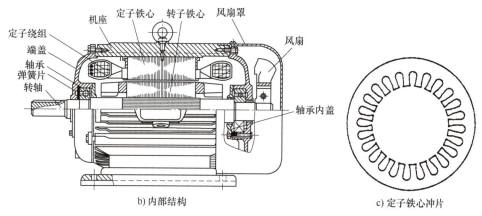

b) 内部结构　　　　c) 定子铁心冲片

图 7-1　Y 系列小型低压三相异步电动机的外形及结构

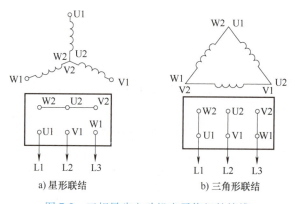

a) 星形联结　　　　b) 三角形联结

图 7-2　三相异步电动机定子绕组的接线

使用者应根据电动机铭牌上接法的规定进行正确接线。若使电动机反转，可将任意两相电源线头调换一次位置（即改变电源相序一次来改变电动机的转向）。

（2）转子　转子主要由转子铁心、转子绕组和转轴 3 部分组成。转子的作用是产生感应电动势和感应电流，形成电磁转矩，实现机电能量的转换，从而带动负载机械转动。

转子铁心和定子铁心、气隙一起构成电动机的磁路部分。转子铁心也用硅钢片叠压而成，压装在转轴上。按异步电动机转子绕组的结构型式不同可分为笼型转子和绕线转子两种。

1) 笼型转子。中、小型电动机的笼型转子一般都采用铸铝转子,即把熔化了的铝浇注在转子槽内,形成笼型转子绕组。大型电动机采用铜导条,导条两端分别焊接在两个短接的端环上,形成一个整体,如图 7-3b、c 所示。

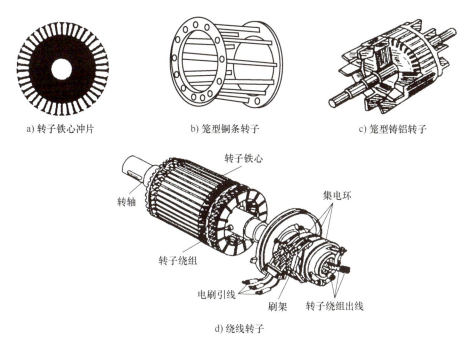

a) 转子铁心冲片　　　　b) 笼型铜条转子　　　　c) 笼型铸铝转子

d) 绕线转子

图 7-3　三相异步电动机的转子结构

2) 绕线转子。绕线转子绕组与定子绕组相似,由嵌放在转子铁心槽内的三相对称绕组构成,绕组作星形联结,3 个绕组的尾端连接在一起,3 个首端分别接在固定在转轴上且彼此绝缘的 3 个铜制集电环上,通过电刷与外电路的可变电阻相连,用于起动或调速,如图 7-3d 所示。

### 2. 三相交流异步电动机的旋转原理

(1) 三相异步电动机的旋转磁场　如图 7-4a 所示,假设三相异步电动机每相绕组由 1 个线圈组成,3 个线圈在空间彼此相隔 120°。图 7-4b 中的三相绕组作星形联结,由于三相绕组是对称的,因此接通三相对称电源后,定子绕组中便流过三相对称电流为

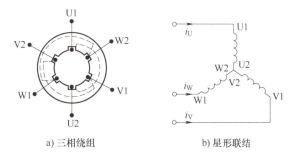

a) 三相绕组　　　　b) 星形联结

图 7-4　定子三相绕组和绕组中流过的电流

$$\left.\begin{array}{l} i_U = I_m\sin\omega t \\ i_V = I_m\sin(\omega t - 120°) \\ i_W = I_m\sin(\omega t - 240°) \end{array}\right\} \quad (7-1)$$

三相定子绕组电流的波形如图 7-5a 所示,规定电流的正方向是由线圈的首端进、尾端出。

当 $\omega t = 0$ 时,$i_U = 0$,即 U 相绕组(U1-U2 绕组)内没有电流;$i_V$ 是负值,V 相绕组(V1-V2 绕组)中的电流方向与正方向相反,此时电流由 V2 流进,由 V1 流出;$i_W$ 是正值,W 相绕

组（W1-W2 绕组）内的电流方向与正方向相同，此时电流由 W1 流进，由 W2 流出。运用右手螺旋定则，可判定这一瞬间的合成磁场方向如图 7-5b 中的①所示。

当 $\omega t = \pi/2$ 时，$i_U$ 是正值，电流由 U1 流进，由 U2 流出；$i_V$ 是负值，电流由 V2 流进，由 V1 流出；$i_W$ 是负值，电流由 W2 流进，由 W1 流出。如图 7-5b 中的②所示，合成磁场的方向在空间按顺时针方向旋转了 90°。

当 $\omega t = \pi$ 时，合成磁场的方向在空间按顺时针方向继续旋转了 90°；当 $\omega t = 3\pi/2$ 时，合成磁场的方向在空间按顺时针方向又旋转了 90°；当 $\omega t = 2\pi$ 时，合成磁场的方向与 $\omega t = 0$ 时的方向一致。由此可见，随着定子绕组中的三相电流不断地变化，它所产生的合成磁场也就在空间不断地旋转。

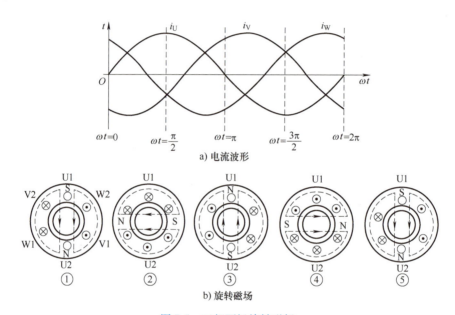

图 7-5 三相两极旋转磁场

由以上分析可知，当交流电变化 1 周时，旋转磁场在空间正好转过 1 周。所产生的旋转磁场由于只有 1 对 N、S 磁极，故称为三相两极旋转磁场（磁极对数为 1 对，$p = 1$）。当交流电的频率为 50Hz 时，两极旋转磁场每秒钟将在空间旋转 50 周，其转速为：$n_1 = 60f_1 = 60 \times 50 \text{r/min} = 3000 \text{r/min}$。旋转磁场的旋转速度又称为同步转速。

因此，旋转磁场的产生必须具备两个条件：

① 三相绕组必须对称，在定子铁心空间上互差 120° 电角度。

② 通入三相对称绕组的电流也必须对称，大小、频率相同，相位相差 120°。

要想获得 4 极旋转磁场，每相绕组应设置两个线圈，分别放置在 12 个定子铁心槽内，其空间排列如图 7-6 所示。图中各相绕组均分别由两只相隔 180°的线圈串联组成（如 U 相由线圈 U1U2 和 U1′U2′串联组

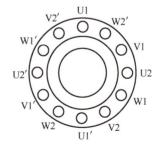

图 7-6 三相 4 极旋转磁场定子绕组的空间排列

成）。当三相交变电流通过这些线圈时，便能产生4极旋转磁场（两对磁极，$p=2$）。当交流电变化1周时，旋转磁场在空间转过1/2周。依此类推，当旋转磁场具有$p$对磁极时，交流电每变化1周，其旋转磁场就在空间转过$1/p$周。依此，旋转磁场的转速$n_1$同定子绕组的电流频率$f_1$及磁极对数$p$之间的关系为

$$n_1 = \frac{60f_1}{p} \quad (7\text{-}2)$$

$f_1 = 50\text{Hz}$时，不同磁极对数对应的同步转速值见表7-1。

表7-1 不同磁极对数对应的同步转速值

| 磁极对数 $p$ | 1 | 2 | 3 | 4 | 5 |
| --- | --- | --- | --- | --- | --- |
| 同步转速/(r/min) | 3000 | 1500 | 1000 | 750 | 600 |

由于这种电动机的转速总是小于绕组中旋转磁场的转速（同步转速），故称为异步电动机。又因为其转子绕组中的电流是感应产生的，所以还称其为感应电动机。

3. 三相异步电动机的转动原理

（1）转子感应电流的产生  以两极电动机为例说明感应电流的产生。图7-7为电动机的剖面图，转子上画的是转子绕组有效边的截面，转子绕组有效边也称为转子导体。假定旋转磁场以转速$n_1$作顺时针旋转，而转子开始时是静止的，故转子导体将被旋转磁场切割而产生感应电动势。感应电动势的方向用右手定则判定：由于运动是相对的，可以假定磁场不动而转子导体作逆时针旋转，又因转子导体两端被端环短接，导体已构成闭合回路，导体中感应电流从上部流入，下部流出。

（2）转子电磁力矩的产生  有感应电流的转子导体在旋转磁场中会受电磁力的作用，力的方向用左手定则判定，如图7-7所示。转子导体受到电磁力$F$的作用，形成一个顺时针方向的电磁转矩，驱动转子顺时针旋转，与定子的旋转磁场方向相同。

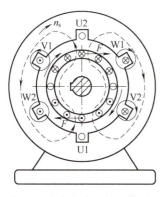

图7-7 异步电动机的工作原理

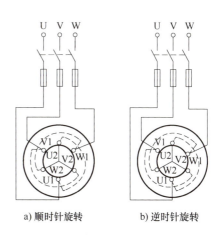

a) 顺时针旋转　　b) 逆时针旋转

图7-8 异步电动机的正转与反转

由图7-5可知，磁场的旋转方向与通入定子绕组的电流相序一致。电流相序为U-V-W时，磁场的旋转方向由U相→V相→W相，按顺时针方向旋转。如欲使旋转磁场反转，只要把接在定子绕组上的3根电源线中的任意两根对调，从而改变通入三相绕组中的电流相序即可。

如在图 7-8b 中，V 相电流入 W 相绕组，W 相电流入 V 相绕组，则电动机反转。

## 7.1.2 三相交流异步电动机的类型和铭牌

每台电动机上都装有一块铭牌，铭牌上标注了电动机的额定值和技术数据，见表 7-2。额定值是制造厂对电动机在额定工作条件下所规定的量值。电动机按铭牌上所规定的额定值和工作条件运行，称为额定运行。铭牌上的额定值与有关技术数据是正确选择、使用和检修电动机的依据。

表 7-2 三相交流异步电动机的铭牌

| | | | | | |
|---|---|---|---|---|---|
| 型号 | Y132S2—2 | 电压 | 380V | 接法 | △ |
| 功率 | 7.5kW | 电流 | 15A | 工作制 | 连续（S1） |
| 转速 | 2900r/min | 温升 | 80K | 绝缘等级 | B |
| 频率 | 50Hz | 防护等级 | IP44 | 重量 | ××kg |

产品编号×× 　　出厂日期 ×年×月

××电机制造有限公司

铭牌中的各数据如下：

（1）型号　异步电动机的型号主要包括产品代号、设计序号、规格代号和特殊环境代号等。产品代号表示电动机的类型，用大写汉语拼音字母表示；设计序号是指电动机产品设计的顺序，用阿拉伯数字表示；规格代号用机座中心高、铁心外径、机座号、机座长度、铁心长度和极数等表示。如：

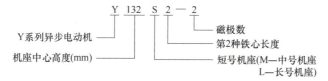

部分国产三相异步电动机见表 7-3。

表 7-3 部分国产三相异步电动机

| 系列代号 | 简要说明 | 外形图 |
|---|---|---|
| Y | Y 系列三相异步电动机是一般用途低压三相笼型异步电动机基本系列。该系列可以满足国内外一般用途的需要，机座范围 80~315，是全国统一设计的系列产品。额定电压为 380V，额定频率为 50Hz，功率范围为 0.55~315kW，同步转速为 600~3000r/min，外壳防护型式有 IP44 和 IP23 两种 |  |

(续)

| 系列代号 | 简要说明 | 外 形 图 |
|---|---|---|
| YR | 三相绕线转子异步电动机。该系列异步电动机可以在较小的起动电流下提供较大的起动转矩,并能在一定范围内实现速度调节,可应用在电源容量小,不能用同功率笼型异步电动机起动的生产机械上 | |
| YD | 变极多速三相异步电动机,调速方法经济、简便,常用在金属切削机床上以简化机械变速装置。笼型电动机大多采用这种方法来调速,改变绕组的接线方式来改变电动机的转速 | |
| YB | YB系列防爆式笼型电动机多采用全封闭自冷式结构,是全国统一设计的防爆电动机基本系列,具有防气体爆炸、防尘、防腐蚀等特点,多用于石油、化工、煤矿或有爆炸性气体的场合 | |
| YCT | 电磁调速异步电动机与控制器配合使用可控制输出转速,通过操纵主令电位器实现宽范围无级调速。当用于通风机或泵类等变转矩负载时,低速运行时的效率也比较高 | |
| YVP | 变频调速电动机是一种交流、高效、节能型调速电动机,与变频器配合使用,是机电一体化的调速新产品,能在 5~100Hz 甚至更宽的范围内平滑无级调速,单独配装风机,在不同转速下均有较好的冷却效果,其安装尺寸和外形与 Y 系列异步电动机基本相同 | |

(2)额定电压和接法  额定电压是指加在电动机定子绕组上的线电压有效值,单位为 V 或 kV。Y 系列三相异步电动机的额定电压统一为 380V。

接法是指电动机在额定电压下,三相定子绕组应采用的连接方法。Y 系列三相异步电动机规定额定功率在 3kW 及以下的为丫联结,4kW 及以上的为△联结。有的电动机铭牌上标有两种电压值,如 380V/220V,同时应标有两种电流值及丫/△两种接法。

(3)额定电流  指电动机在额定工作状态下运行时流过定子绕组的线电流,单位为 A 或 kA。

(4)额定功率  指在额定状态下运行时,电动机轴上输出的机械功率,单位为 W 或 kW。对于三相异步电动机,其额定功率为

$$P_N = \sqrt{3}\, U_N I_N \cos\varphi_N \eta_N \tag{7-3}$$

式中  $\eta_N$——电动机的额定效率;

$\cos\varphi_N$——额定功率因数。

对于380V的异步电动机来说，其$\eta_N$和$\cos\varphi_N$的乘积为0.8左右，代入式（7-3）可得：

$$I_N \approx 2P_N \tag{7-4}$$

式（7-4）中，$P_N$的单位为kW，$I_N$的单位为A，由此可估算其额定电流（约1kW电动机2A电流）。

（5）额定频率　指加在定子绕组上允许的电源频率，我国常用的为50Hz。

（6）额定转速　指额定运行时电动机的转速，单位为r/min。

（7）额定效率　指电动机在额定负载时的效率，等于额定状态下输出功率与输入功率的比值，即

$$\eta_N = \frac{P_N}{P_1} \tag{7-5}$$

（8）绝缘等级　指电动机定子绕组所用的绝缘材料的等级。目前一般电动机采用较多的是B级和F级，发展趋势是采用H级和N级。

（9）温升　温升是指允许电动机绕组温度高出周围环境温度的最大温差。电动机发热是因在实现能量变换的过程中，电动机内部产生了损耗并变成热量从而使电动机的温度升高。我国规定环境温度以40℃为标准。

电动机一旦有了温升，就要向周围散热，温升越高，散热越快。电动机在额定状态下运行时，温升是不会超出允许值的，只有在长期过载运行或故障运行时，才会因电流超出额定值而使温升高出允许值。

（10）防护等级　电动机外壳防护等级的标志，是以字母"IP"和其后面的两位数字表示的。"IP"为国际防护的缩写。不同防护形式电动机的特点和使用场合见表7-4。

表7-4　不同防护形式电动机的特点和使用场合

| 防护形式 | 防护等级 | 结构特点 | 适用场合 |
| --- | --- | --- | --- |
| 开启式 | IP11 | 这种电动机为无防护式电动机，散热好，价格低 | 环境干燥、清洁、无易燃、易爆气体的地方 |
| 防护式 | IP22、IP23 | 电动机机座两侧有通风口，散热较好，能防止固体异物和滴水从上方进入电动机内部 | 灰尘不多，比较干燥的地方 |
| 封闭式 | IP44 | 电动机机座上无通风口，散热能力较差，能防止微小固体异物和任何方向的溅水进入电动机内部，适合在较为严酷的环境中使用 | 潮湿、水液飞溅、尘土飞扬的场所 |

### 7.1.3　三相交流异步电动机的一般试验

电动机在长期闲置、修理及保养后，使用前都要经过必要的检查和试验。试验项目主要有绝缘试验、直流电阻测定、空载试验及温升试验等，其中最基本的试验项目是绝缘试验、空载电流的测定等。

在试验电动机前，应先进行常规检查。首先检查电动机的装配质量，各部分的紧固螺钉是否拧紧、转子转动是否灵活、引出线的标记和位置是否正确等。在确认电动机的一般情况良好后，方可进行试验。

（1）绝缘试验　绝缘试验包括绝缘电阻的测定、绝缘耐压试验。

## 项目 7 交流电动机及变压器的使用和维护

将定子绕组引出线的连接片拆下，使绕组的 6 个端头独立，使用绝缘电阻表测量电动机定子绕组相与相之间、各相对壳之间的绝缘电阻，绕线转子异步电动机还应检查转子绕组及绕组对壳之间的绝缘电阻。所测阻值均应在 5MΩ 以上，说明绝缘良好。测量时，对于 500V 以下的电动机用 500V 绝缘电阻表；对于 500~1000V 的电动机用 1000V 绝缘电阻表。使用绝缘电阻表测量电动机定子绕组的方法和步骤见表 7-5。

表 7-5　使用绝缘电阻表测量电动机定子绕组的方法和步骤

| 操作步骤 | | 图　示 | 说　明 |
| --- | --- | --- | --- |
| 使用前 | 放置要求 | | 应水平并平稳放置，以免在摇动手柄时，因表身抖动和倾斜产生测量误差 |
| | 开路试验 | | 先将绝缘电阻表的两接线端分开，再摇动手柄。正常时，绝缘电阻表指针应指向"∞" |
| | 短路试验 | | 先将绝缘电阻表的两接线端接触，再短时间摇动手柄。绝缘电阻表指针指向"0"时立即停止转动，即为正常 |
| 使用中 | 设备对外壳的绝缘性能 | | 将绝缘电阻表"L"端连接设备（如电动机）的待测部位，"E"端接设备外壳，匀速转动绝缘电阻表后进行读数 |
| | 设备绕组相与相间的绝缘性能 | | 将"L"端和"E"端分别接在电动机两相绕组的接线端，匀速转动绝缘电阻表后进行读数 |

(续)

| 操作步骤 | 图　　示 | 说　　明 |
|---|---|---|
| 使用后 |  | 使用后，要等绝缘电阻表停止转动并将被测物充分放电后，方可用手触摸设备和拆除仪表接线，以免发生触电事故 |

(2) 直流电阻的测定　电动机绕组经过重绕修复后，要测定新嵌绕组的直流电阻，一般测量 3 次，取其平均值。三相绕组直流电阻的三相不平衡度应不超过 ±3%。否则绕组可能有匝数多或少、匝间有短路、断路等故障。

(3) 空载试验　空载试验的目的是检查电动机的装配质量及运行情况，测定电动机的空载电流和空载损耗功率。

如图 7-9 所示，按图接线后，逐渐升高电压至额定值（380V），此时电动机应稳定运行，无异常噪声和振动。电流表所测得的数值即为空载电流。功率表显示的输入功率就是电动机的空载损耗功率。其中空载电流应三相平衡，任意一相空载电流与三相电流平均的偏差均不得超过 ±10%，空载电流与额定电流的百分比，可参考表 7-6 中给出的数据。

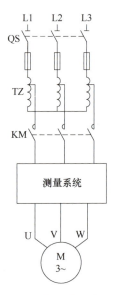

图 7-9　三相异步电动机的空载试验

表 7-6　三相空载电流与额定电流的百分比

| 极　数 | 功率 $P/\text{kW}$ | | | |
|---|---|---|---|---|
| | $P<0.55$ | $0.55 \leqslant P<2.2$ | $2.2 \leqslant P<10$ | $10 \leqslant P<55$ |
| 2 | 50~70 | 40~55 | 30~45 | 23~25 |
| 4 | 65~85 | 45~60 | 35~55 | 25~40 |
| 6 | 70~90 | 50~65 | 35~65 | 30~45 |
| 8 | 75~90 | 50~70 | 37~70 | 35~50 |

一般情况下，多采用更简便的空载试验方法，即通过控制开关直接给电动机通电，空载起动，用钳形电流表测出空载电流，如图 7-10a 所示。用离心式转速表（见图 7-10b）测出空载速度，并观察电动机的空载运转情况，以确定电动机的好坏。

### 7.1.4　三相交流异步电动机的拆装

在修理或维护电动机时，需要把电动机拆解开来。若拆装方法不当，可能会造成零部件

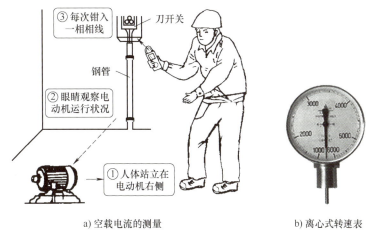

a) 空载电流的测量　　　　b) 离心式转速表

图 7-10　测量空载电流和空载转速

受损。因此，掌握正确的拆装方法才能保障修理和维护质量。

1. 三相交流异步电动机拆卸步骤

如图 7-11 所示，电动机的拆卸步骤如下：

1）切断电源，拆去电动机的电源线和接地线，并将接线头做好绝缘处理及标记。
2）拆卸带轮或联轴器，松开地脚螺栓。
3）拆卸风扇罩和风扇。
4）拆卸后端盖。
5）拆卸前端盖。
6）抽出或取出转子。

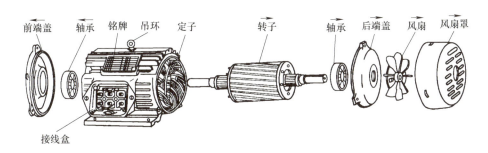

图 7-11　Y 系列三相交流异步电动机的拆卸

2. 三相交流异步电动机主要零部件的拆装方法

（1）带轮或联轴器的拆装　拆卸带轮或联轴器时，先做好带轮或联轴器的轴向尺寸标记，取出其定位螺钉或销，然后装上拉具，如图 7-12 所示。拆卸时，转动拉具的丝杠慢慢将带轮或联轴器拉出。注意：丝杠顶端应对准电动机轴的中心，使其受力均匀，以防拉裂。若遇锈蚀难以拉动时，可在定位孔内注入机油，几小时后再拉，若还不行可用局部加热法，用喷灯围绕轮套迅速加热，然后趁热慢慢拉出，同时用湿布包轴以防热量传到电动机内，损坏其他零部件。

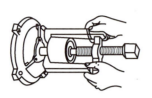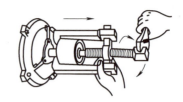

图7-12 拉具和使用方法

（2）端盖的拆装　拆卸端盖时，先做好端盖与机座之间的安装标记，对称地旋下固定螺栓，然后把端盖慢慢撬下，前后端盖分别做标记，以免装错。

安装端盖时，按对角线均匀对称地将螺栓拧紧，如图7-13所示，拧紧程度要一致，注意不要一次拧到底，并要随时转动转子，检查转子是否转动灵活。

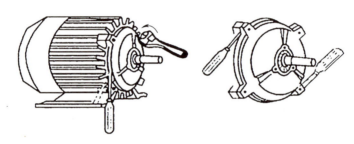

图7-13 端盖的拆装方法

（3）轴承的拆装　拆卸轴承有两种方法，一种是用轴承拉具，将拉具的抓钩紧紧地扣住轴承内圈，转动丝杠，慢慢地把轴承卸下来；另一种是敲打法，拆卸时用小于轴承内径的铜棒或其他软金属材料抵住轴端，轴承下部加垫块（垫块应能同时抵住轴承内外圈），用锤子轻轻敲击，如图7-14所示。

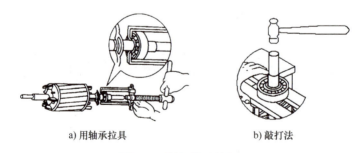

a) 用轴承拉具　　　b) 敲打法

图7-14 拆卸轴承的方法

安装轴承时，可将轴承套在转轴上，用一个内径略大于轴的铁圆筒套在转轴上，筒壁应能很好地顶住轴承内圈，用锤子均匀敲打套筒直至到位，如图7-15所示。注意：标有轴承代号的端面应安装在外侧，以便检修时加以识别。

（4）拆装转子　对于无前轴承盖的小型电动机，可先把后端盖固定螺栓松掉，用橡胶锤敲击前轴端，

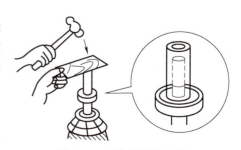

图7-15 安装轴承的方法

待后端盖与机壳脱开，便可抽出转子。有前、后轴承盖的电动机需将前端盖也拆下，然后用手或工具将转子抽出。绕线式转子电动机因有电刷装置，修理时应先拆卸电动机的电刷装置。

在取出转子时必须仔细，不能碰伤绕组、风扇、铁心和轴颈等。安装转子时，应先将前端盖装上，然后将转子连同后端盖、风扇等，慢慢装进电动机。

### 7.1.5 三相交流异步电动机定子绕组首尾端的判别

当三相交流异步电动机的接线盒无法从外观上分清6个出线的首尾端时，先用万用表的电阻档测量区分三相定子绕组的两个线头，并暂定编号为U1、U2、V1、V2、W1、W2，然后可采用下列方法加以判别。

（1）直流法　直流法是根据同一磁路中多个线圈会产生互感现象的原理进行操作的，如图7-16所示。

1）将万用表的两支表笔连接W1、W2，干电池的一个极性接到U1上。将万用表的量程开关选至最小的毫安档或最大的微安档。

2）将U2与干电池的的另一极性搭接触碰一下，观察两者接触瞬间万用表指针的偏转方向。若万用表的指针正偏，则与电池正极、万用表负极相接的线头同为首端（或同为尾端），即U1、W1同为首端；若万用表指针反偏，则与电池正极、万用表正极相接的线头同为首端，即U1、W2同为首端，对调编号W1、W2。

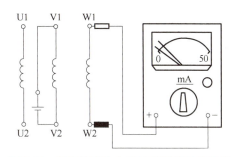

图7-16　用万用表和电池法判别绕组首尾端

3）将万用表接到V1、V2上，同样方法判别剩下一相绕组的首尾端。

（2）剩磁法　电动机经过运转后，它的转子铁心会存在一定强度的剩磁。剩磁法操作的原理是旋转转子时，定子绕组与剩磁切割，在定子绕组中产生微弱的感应电动势，如图7-17所示。

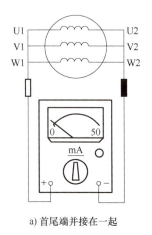
a) 首尾端并接在一起

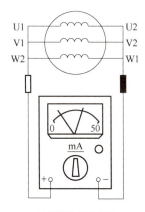
b) 首尾端混合并接

图7-17　用剩磁法判别定子绕组首尾端

1）将假定的U1、V1、W1连接在一起，假定的U2、V2、W2连接在一起，分别连接万用表的两支表笔;将万用表的量程开关选至最小的毫安档或最大的微安档。

2)用手慢慢转动电动机的转子,同时观察万用表指针的摆动情况。若指针不动(有时会有微小的摆动),则表明原先假定的首尾端编号正确;若指针出现较明显的摆动,则表明原先假定的首尾端编号不对,这时应将其中一相绕组的编号对调并重新连接后重新测量,经过几次对调测量便可判别出三相绕组的首尾端。

(3)交流法  交流法是一种运用变压器原理来判别三相绕组首尾端的方法。

1)将 U2、V2、W2 接在电源的一端,再将 U1、V1、W1 中任意一端,如 W1 接到电源另一端。

2)将余下的两端 U1、V1 相互碰撞,若无火花,则表明这两端同为首端(或同为尾端)。若有火花,对调这两相中任意一相两个线头编号,重新按前面方法操作。

3)将 W1 上的电源线换接到 V1 上,相互碰撞 U1、W1,若无火花,则 U1、V1、W1 同为首端(或同为尾端);若有火花,则对调 W1、W2 两线头编号,重新再测。

## 7.1.6 三相交流异步电动机的维护

三相交流异步电动机的故障通常是由于使用不当或负载、电源及控制电路的故障引起的,有些是电动机本身的问题,若在故障初期能及时发现和进行处理,就可以减少损失。

电动机常见的故障可以归纳为机械故障,如负载过大、轴承损坏、转子扫膛(转子外圆与定子内壁摩擦)等;电气故障,如绕组断路或短路等。三相异步电动机的故障现象比较复杂,同一故障可能出现不同的现象,而同一现象又可能由不同的原因引起。电动机发生故障时,如果原因不明,可按如下方法进行检查:

1)一般的检查顺序是先外部后内部、先机械后电气、先控制部分后机组部分,采用"问、看、闻、摸"的方法。

2)检查三相电源是否有电。

3)检查电源开关、控制电路是否有故障,如接线、熔断器是否完好等,可用验电器检查或万用表测量,确定电源三相是否对称,是否断相或虚接,是否欠电压等。

4)检查电动机负载是否正常,有无机械卡死、负载过大、电网容量不够等问题。在三相电源正常情况下,确定负载是否有问题的最简单的方法是:卸下电动机负载,让电动机空载运行,听其声,闻其味,用手触摸电动机外壳,测试其发热情况。若电动机一切正常,则基本可确定为电动机的负载有问题。若电动机通电时发热很快,甚至冒烟,或发出不正常声音,应立即停电检查。

5)检查电动机本身故障时,应先打开接线盒,检查是否有接线错误、断线、掉头或烧焦等现象。

6)观察电动机外表有无异常情况,端盖、机壳有无裂痕,用手摆动转轴,观察有无轴窜现象;用手转动转轴,观察转动是否灵活,有无扫膛和轴承损坏问题,如图 7-18 所示。若声音异常,可检查润滑油是否干涸、轴承是否损坏或缺损等。

7)检查转子和转轴,若无明显问题,检查笼

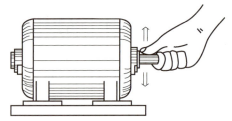

图 7-18  检查电动机转动情况

条、端环是否断裂。

## 7.2 单相异步电动机的使用和维护

单相异步电动机使用单相交流电源供电，具有结构简单、成本低廉、噪声小、移动安装方便、对电源无特殊要求等特点，因此在小功率领域占有不可替代的位置。单相异步电动机广泛应用于家用电器、医用机械、电动工具和自动化控制系统中。

### 7.2.1 单相异步电动机的结构和工作原理

三相绕组通入三相对称交流电后，在定子与转子的气隙中会产生旋转磁场。当电源一相断开时，电动机就成了单相运行（也称为两相运行），气隙中产生的是脉动磁场。当单相异步电动机的定子绕组通入单相交流电以后，电动机内就产生一个大小、方向随时间沿定子绕组轴线方向变化的磁场，称为脉动磁场。当定子中电流的方向如图7-19a所示时，磁通的方向垂直向上，当电流的方向与图7-19b所示相反时，磁通的方向垂直向下。磁场轴线的位置在空间固定不变，但是磁场的强度和方向按正弦规律变化，如图7-19c所示，在$t_0$时刻$B_1$、$B_2$正处在反向位置，矢量合成为零；在$t_1$时刻$B_1$顺时针旋转45°，$B_2$逆时针旋转45°，矢量合成为$\sqrt{2}B_1$；在$t_2$时刻$B_1$、$B_2$又各转了45°，相位一致，矢量合成为$2B_1$……如此继续旋转下去，两个正、反向旋转的磁场就合成了时间上随正弦交流电变化的脉动磁场。

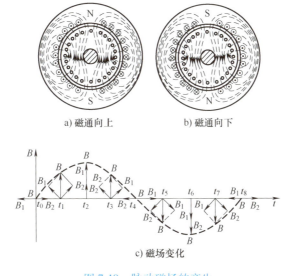

图 7-19 脉动磁场的产生

这个脉动磁场可以认为是由两个大小相等、转速相同，但转向相反的旋转磁场合成的。当转子静止时，两个旋转磁场分别在转子上产生两个转矩，其大小相等、方向相反，合转矩为零。由此可见，在定子绕组中通入单相交流电不能产生旋转磁场。磁场不会旋转，当然也不会产生起动转矩。

为了使单相异步电动机能够自动起动，必须采取一些起动措施，设法在电动机中再建立一个脉动磁场，使其相位和位置不同于原有的脉动磁场。如果用外力使转子顺时针转动一下，这时顺时针方向转矩大于逆时针方向转矩，转子就会按顺时针方向不停地旋转下去。当然，反方向旋转也是如此。

### 7.2.2 单相异步电动机的类型和铭牌

**1. 单相异步电动机的类型**

为了获得单相异步电动机的起动转矩，通常在电动机定子绕组上安装两套绕组：一套是工作绕组（又称为主绕组），长期通电工作；另一套是起动绕组（又称为副绕组），以产生起动转矩和固定电动机的转向。根据起动方式的不同，主要有以下几种单相异步电动机：

① 电阻分相式：电阻起动单相异步电动机（YU 系列）。

② 电容分相式：又分为电容运行单相异步电动机（YY 系列）、电容起动单相异步电动机（YC 系列）、双值电容单相异步电动机（YL 系列）。

单相电动机的选用原则（按功率大小）：

① 当电动机输出功率在 10W 以下时，可选用罩极式电动机。

② 当电动机输出功率在 10~60W 时，常采用电容运行电动机。

③ 当电动机输出功率在 60~250W 时，优先选用电容运行电动机，如果起动转矩不足，则最好用双值电容单相异步电动机。

④ 当电动机输出功率大于 250W 时，最好采用双值电容单相异步电动机。

常用的单相异步电动机种类繁多，其结构特点、起动方式及应用见表 7-7。

表 7-7 单相异步电动机结构特点及应用

| 名 称 | 等效电路图及结构特点 | 电动机外形 | 应 用 范 围 |
|---|---|---|---|
| 电阻分相式电动机 | 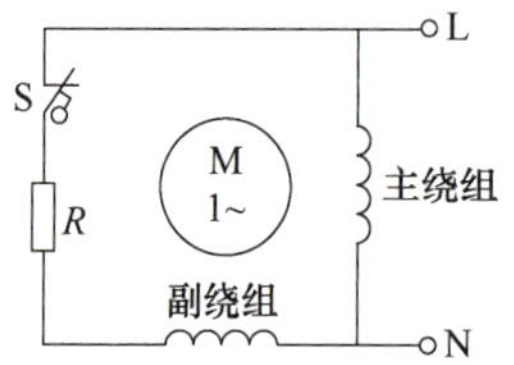 定子绕组由主绕组、副绕组两部分组成；起动结束后，副绕组被离心开关自动切除 |  | 小型鼓风机、研磨机、搅拌机、小型钻床、医疗器械、电冰箱等 |
| 电容起动式电动机 | 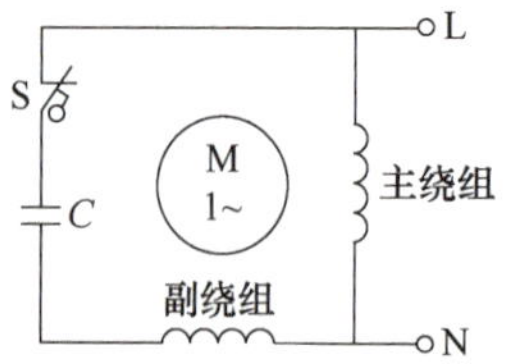 定子绕组由主绕组、副绕组两部分组成；起动结束后，副绕组被离心开关自动切除 |  | 小型水泵、空压机、电冰箱、洗衣机等 |

（续）

| 名　称 | 等效电路图及结构特点 | 电动机外形 | 应用范围 |
|---|---|---|---|
| 电容运行式电动机 | 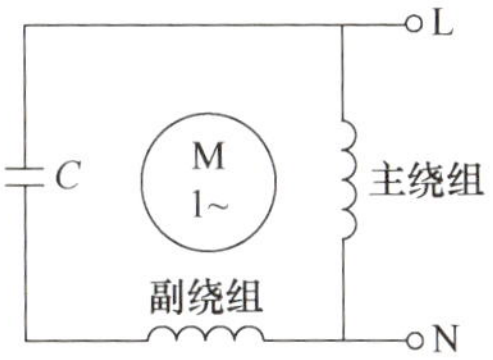 定子绕组由主绕组、副绕组两部分组成；副绕组也参与运行 |  | 电风扇、排气扇、吸尘器、电冰箱、洗衣机、空调器、复印机等 |
| 双值电容电动机 | 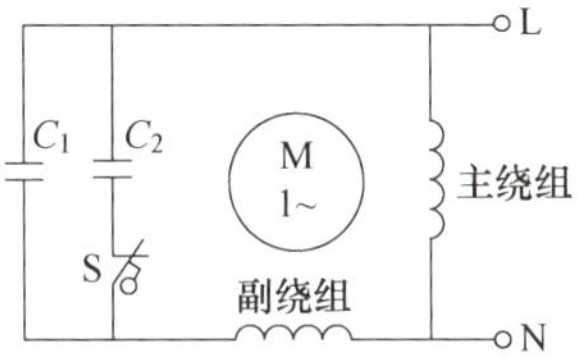 定子绕组由主绕组、副绕组两部分组成；副绕组中串入起动电容器 $C$；起动结束后，一组电容被离心开关自动切除，另一组电容与副绕组参与运行 |  | 小型机床设备、水泵等 |
| 罩极式电动机 | 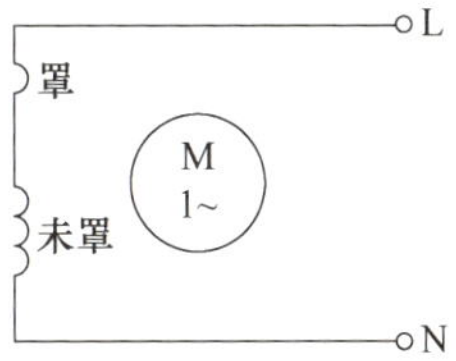 罩极电动机的副绕组是罩极环（又叫作短路环、铜环）；它通过罩住一小部分主极磁场，从而产生另一个与主磁场有相位差的罩极磁场；两磁场相互作用后就形成旋转磁场。"罩极"电动机因此而得名 |   | 计算机散热风扇、鼓风机、仪器仪表电动机、电动模型等 |

## 2. 单相异步电动机的铭牌

以表7-8为例，对单相异步电动机铭牌说明如下：

表7-8　单相异步电动机铭牌

| 型号 | YY—6314 | 电流 | 0.94A |
|---|---|---|---|
| 电压 | 220V | 转速 | 1400r/min |
| 频率 | 50Hz | 工作制 | 连续 |
| 功率 | 90W | 标准号 | |
| 编号　××××　　　　　　　　出厂日期　×××× ||||
| ××　电机厂 ||||

① 型号：表示该产品的种类、技术指标、防护型式等。

② 电压：是指电动机在额定状态下运行时加在定子绕组上的电压，单位为 V。根据国家标准规定电源电压在±5%范围内变动时，电动机应能正常工作。

③ 功率：是指单相异步电动机轴上输出的机械功率，单位为 W。铭牌上标出的功率是指电动机在额定电压、额定频率和额定转速下运行时输出的功率，即额定功率。

④ 电流：在额定电压、额定功率和额定转速下运行的电动机，流过定子绕组的电流值，称为额定电流，单位为 A。电动机在长期运行时的电流不允许超过该电流值。

⑤ 转速：电动机在额定状态下运行时的转速，单位为 r/min。每台电动机在额定运行时的实际转速与铭牌规定的额定转速有一定的偏差。

⑥ 工作制：是指电动机的工作是连续式还是间断式。连续运行的电动机可以间断工作，但间断运行的电动机不能连续工作，否则会烧损电动机。

### 7.2.3 典型单相异步电动机的应用

单相异步电动机与三相异步电动机的结构相似，也是由定子和转子两大部分结构组成的，其中定子绕组是单相绕组，转子一般是笼型结构。但因电动机使用场合的不同，其结构形式也有所差异。

**1. 台扇电动机**

（1）台扇电动机的结构　台扇电动机一般为内转子结构，电动机转子位于电动机内部，主要由转子铁心、转子绕组和转轴组成。定子结构位于电动机外部，主要由定子铁心、定子绕组、机座、前后端盖和轴承等组成。图 7-20 所示为常见的内转子结构台扇电动机。

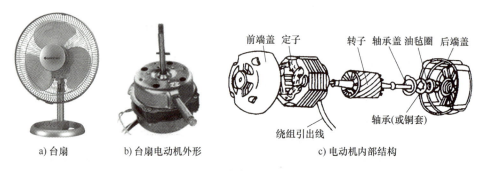

a) 台扇　　　b) 台扇电动机外形　　　c) 电动机内部结构

图 7-20　台扇电动机结构

（2）台扇电动机的调速　调速方法一般有以下几种：

1）串电抗器调速。将电抗器与电动机定子绕组串联，利用电抗器上产生的电压降，使加到电动机定子绕组上的电压下降，从而将电动机转速由额定转速往下调，调速电路如图 7-21 所示。

此种调速方法简单、操作方便；但只能实现有级调速，而且电抗器消耗电能，目前已用得很少。

2）电动机绕组内部抽头调速。电动机定子铁心嵌放有工作绕组 LZ、起动绕组 LF 和中间绕组 LL，通过开关改变中间绕组与工作绕组及起动绕组的接线方法，从而改变电动机内部气隙磁场的大小，使电动机的输出转矩也随之改变，在一定的负载转矩下，电动机的转速也发生变化。通常采用的接法有两种，如图7-22所示。

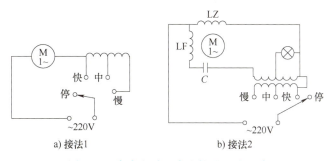

a) 接法1　　　　　　　b) 接法2

图 7-21　台扇电动机串电抗器调速电路

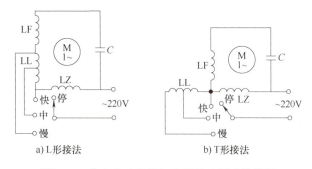

a) L形接法　　　　　　　b) T形接法

图 7-22　台扇电动机绕组内部抽头调速接线图

这种调速方法不需要电抗器，材料省、耗电少，但绕组嵌线和接线复杂，电动机和调速开关接线较多，而且也是有级调速。

2. 吊扇电动机

（1）吊扇电动机的结构　吊扇电动机一般为外转子结构，电动机的定子铁心及定子绕组置于电动机内部。转子铁心、转子绕组压装在上、下端盖内，两端盖间用螺钉连接，并借助轴承与定子铁心及定子绕组一起组合成一台完整的电动机。电动机工作时，上、下端盖、转子铁心与转子绕组等一起转动。图 7-23 所示为常见的外转子结构吊扇电动机。

（2）吊扇电动机的调速　串电抗调速的方法是吊扇电动机采用较多的调速方法，电抗调速器的接线和外形如图 7-24 所示，因这种调速电抗器也消耗电能，目前已很少采用。

利用改变晶闸管的导通角，来改变加在单相异步电动机上的交流电电压，从而调节电动机的转速，常用的调速方法如图 7-25 所示。这种调速方法可以做到无级调速，节能效果好；但会产生一些电磁干扰，广泛应用于吊扇调速。

（3）安装和使用吊扇时的注意事项

1）安装吊扇时，首先要检查各种配件是否齐全，再对照吊扇上的铭牌检查电扇电压和频率是否与所接的电压和频率一致，符合要求方能进行安装。

2）电容器倾斜安装在吊杆上端上罩内的吊盘中间，防尘罩需套上吊杆，扇头引出线穿入吊杆，先拆去扇头轴上的两只制动螺钉，再将吊杆与扇头螺纹拧合，直至吊杆孔与轴上的螺孔对准为止，并且将两只制动螺钉装上旋紧，然后握住吊杆拎起扇头，用手轻轻转动看其是否转动灵活，如图 7-26 所示。

图 7-23 电容运行吊扇电动机的结构

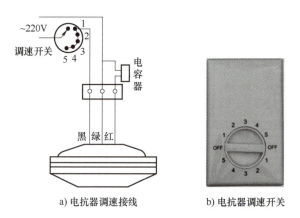

图 7-24 吊扇的调速方法

3）吊扇是借助吊盘悬挂在吊钩上的，若房屋顶较低，可截去一段吊杆，但吊杆不宜过短，以免影响风量。

4）固定吊杆的钩子要与房顶固定牢固，以保障安全。

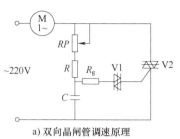
a) 双向晶闸管调速原理

b) 晶闸管调速开关

图 7-25　吊扇的调速方法

图 7-26　检查吊扇的转动

5）按照接线图接线，安装调速器，连接好电源线。

6）在修理、保存吊扇风叶时，切勿碰撞风叶，以免因风叶变形，使吊扇旋转时失去平衡。

7）吊扇在使用 1~2 年后，应对轴承进行清洗和加油处理。

8）如果将风叶去掉停止使用，最好用塑料布把吊扇电动机罩起来，以免因受潮而破坏吊扇电机的绝缘性能。

3. 罩极式电动机

罩极式电动机是单相交流电动机中最简单的一种，通常采用笼型斜槽铸铝结构的转子。尽管罩极式电动机起动转矩小、效率低，但由于它具有结构简单、易于制造、转速恒定、可长时间运行、噪声低、对无线电无干扰等优点，所以广泛应用在各种小功率驱动装置中，如电风扇、复印机、仪用风机等。

（1）罩极式电动机的工作原理　如图 7-27 所示，在罩极式异步电动机的移动磁场中，$\varPhi_1$ 是励磁电流 $i$ 产生的磁通，$\varPhi_2$ 是 $i$ 产生的另一部分磁通（穿过短路铜环）和短路铜环中的感应电流所产生的磁通的合成磁通。由于短路环中的感应电流阻碍穿过短路环磁通的变化，使 $\varPhi_1$ 和 $\varPhi_2$ 之间产生相位差，$\varPhi_2$ 滞后于 $\varPhi_1$。当 $\varPhi_1$ 达到最大值时，$\varPhi_2$ 尚小，而当 $\varPhi_1$ 减小时，$\varPhi_2$ 才增大到最大值，这相当于在电动机内形成一个向被罩部分移动的磁场，它使笼型转子产生转矩而起动。

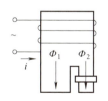 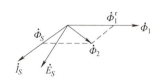

图 7-27　罩极式电动机的工作原理

（2）罩极式电动机的结构　根据定子外形结构的不同，又分为凸极式罩极电动机和隐极式罩极电动机。

凸极式罩极电动机的定子铁心外形为方形、矩形或圆形的磁场框架，磁极凸出，每个磁极上均有 1 个或多个起辅助作用的短路铜环，即罩极绕组。凸极磁极上的集中绕组作为主绕组。

隐极式罩极电动机的定子铁心与普通单相电动机的铁心相同，其定子绕组采用分布绕组，主绕组分布于定子槽内，罩极绕组不用短路铜环，而是用较粗的漆包线绕成分布绕组（串联后自行短路）嵌装在定子槽中（约为总槽数的1/3）起辅助组的作用。主绕组与罩极绕组在空间相距一定的角度。

当罩极电动机的主绕组通电后，罩极绕组也会产生感应电流，使定子磁极被罩极绕组罩住部分的磁通与未罩部分向被罩部分的方向旋转。

凸极式罩极电动机又可分为集中励磁罩极电动机和分别励磁罩极电动机两类，其中集中励磁罩极电动机的外形与单相变压器相仿，套装于定子铁心上的定子绕组接交流电源，转子绕组产生电磁转矩而转动，其外形如图7-28a 所示。分别励磁罩极电动机的结构和外形如图7-28b 所示。

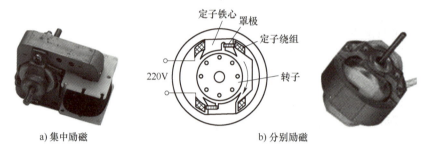

a) 集中励磁　　　　b) 分别励磁

图 7-28　凸极式罩极电动机

**4. 单相异步电动机的反转**

单相异步电动机的反转，必须要使旋转磁场反转，即把工作绕组或起动绕组中一组绕组的首端和末端与电源的接线对调。因为异步电动机的转向是从电流相位超前的绕组向电流相位落后的绕组旋转的，如果把其中的一个绕组反接，等于把这个绕组的电流相位改变了180°，假若原来这个绕组是超前90°，则改接后就变成了滞后90°，结果旋转磁场的方向随之改变。

例如洗衣机用单相电动机，大多使用电容运行单相电动机，是通过改变电容器的接法来改变电动机转向的，如需经常正、反转，如图7-29 所示。当定时器开关处于图中所示位置时，电容器串联在 LZ 绕组上，电流 $I_{LZ}$ 超前于 $I_{LF}$ 相位约90°；经过一定时间后，定时器开关将电容从 LZ 绕组切断，串联到 LF 绕组，则电流 $I_{LF}$ 超前于 $I_{LZ}$ 相位约90°，从而实现了电动机的反转。这种单相异步电动机的工作绕组与起动绕组可以互换。

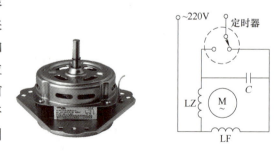

图 7-29　洗衣机用单相电动机及其电路原理

对于单相罩极式电动机来说，外部接线是无法改变电动机转向的，因为它的转向是由内部结构决定的，所以它一般用于不需要改变转向的场合。

**7.2.4　单相异步电动机的维护**

单相异步电动机在运行中出现的故障是多种多样的，原因也比较复杂。

**1. 起动前的检查**

为了保证电动机投入运行后能正常运转，对新安装的电动机或较长时间停止运行的电动机，在使用前要进行必要的检查，以避免发生故障，损坏电动机和有关设备。

1）检查铭牌数据。特别注意电动机功率和定额（连续、短时或断续运行），必须和被拖动机械的要求相一致。电源电压和频率应和铭牌相符。防护型式应适合工作环境。如果铭牌规定的转速与拖动机械要求不一致，则需要更换电动机或采用非直接传动方式。

2）对电动机进行机械和外观检查。查看电动机各部件是否完整无损、紧固件是否牢固、轴承润滑是否良好，用手转动转子，检查转动是否灵活。

3）检查电动机线路是否和接线图一致、起动设备是否完好、熔丝是否符合规格、接触是否良好。

4）检查电动机绕组的绝缘电阻。一般单相电动机用500V绝缘电阻表测量绕组对壳的绝缘电阻，其值不得小于5MΩ。若低于此值，说明绝缘受潮或损坏。

5）特别要仔细检查电动机机壳是否已可靠接地，防止相线接机壳，避免触电事故。

如果以上各项均正常，即可通电进行空载运转，仔细观察电动机是否正常，有无异常噪声或振动，有无焦糊味和冒烟现象。如果一切正常，可与负载相连，投入正常使用。

2. 正常运行中的维护

电动机在正常运行中，应仔细观察运转情况，记录有关数据，经一段时间运行后，应加润滑油。

1）电动机在正常运行时的温升不应超过允许的限度。为此可用电阻法测量绕组平均温度或用半导体点温计测量铁心外表温度。

2）监视电动机负载电流。电动机发生故障时多数情况是定子电流剧增，使电动机过热。但对电扇等家用电器一般只要注意其外壳温升就足够了。

3）监视电源电压和频率的变化。一般电动机允许在额定电压的90%~110%范围内运行。电扇和洗衣机规定在85%额定电压时仍能正常运行。

4）注意电动机的振动、噪声和气味。

5）定期检查有无轴承发热、外壳漏电等情况。对于轴承侧严重发热的电动机，应拆开电动机，如图7-30所示，用手转动轴承（或轴套）检查轴承的运行情况。

6）注意保持电动机工作环境清洁、防止脏物、水滴、油污及杂物进入电动机内部。电动机的进出风口应保持畅通无阻。

图7-30 检查电动机轴承的转动情况

## 7.3 小型变压器的应用和维修

### 7.3.1 变压器的结构和工作原理

1. 变压器工作原理

变压器是利用电磁感应原理工作的，它把某一等级的交流电压变换成相同频率另一等级的交流电压。变压器的主要作用是传输电能、传输交流信号、变换电压、变换阻抗以及进行交流隔离等。

图 7-31a 所示为单相变压器两组互相绝缘且匝数不等的绕组，套装在由导磁材料制成的闭合铁心上。通常一组绕组接交流电源，称为一次绕组；另一组绕组接负载，称为二次绕组。

图 7-31b 所示，当匝数为 $N_1$ 的一次绕组 AX 接到电压为 $u_1$、频率为 $f$ 的交流电源上时，由励磁电流 $i_1$ 在铁心中产生交变磁通 $\Phi$，从而在一、二次绕组中感应出电动势 $e_1$ 和 $e_2$，匝数为 $N_2$ 的二次绕组 ax 侧产生电压 $u_2$。当二次绕组接有负载 $Z_L$ 时，一、二次绕组中流通电流 $i_1$ 和 $i_2$。感应电动势的大小为

$$e_1 = -N_1 \frac{d\Phi}{dt}$$

$$e_2 = -N_2 \frac{d\Phi}{dt} \tag{7-6}$$

若忽略变压器绕组的内部压降，$u_1 \approx e_1$、$u_2 \approx e_2$，则一、二次绕组两端的电压之比为

$$\frac{u_1}{u_2} \approx \frac{e_1}{e_2} = \frac{N_1}{N_2} \tag{7-7}$$

式（7-7）表明，变压器一、二次绕组的电压比等于一、二次绕组的匝数之比。若改变一次或二次绕组的匝数，即可改变二次电压的大小，这就是变压器的变压原理。

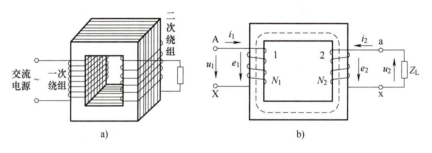

图 7-31　变压器的工作原理

## 2. 变压器的结构

变压器主要由铁心和绕组两个基本部分组成，如图 7-32 所示。

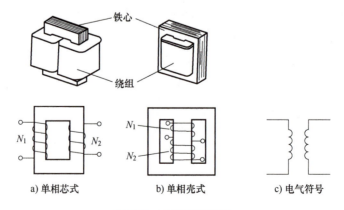

图 7-32　变压器的结构

（1）铁心　铁心是变压器的导磁回路，也作为绕组的支撑骨架。铁心由铁心柱和铁轭组成，因绕组的位置不同，其结构型式有心式和壳式两种。

铁心多由 0.35mm 或 0.5mm 厚的硅钢片叠装而成。有些变压器的铁心采用更薄的（如 0.23~0.27mm）冷轧有取向电工硅钢片叠积或卷制而成。

（2）绕组　绕组是变压器的导电回路，由铜或铝质圆导线绕制而成。图 7-33 所示为同心式、交叠式两种绕组。铁心和绕组装配在一起合称为器身。

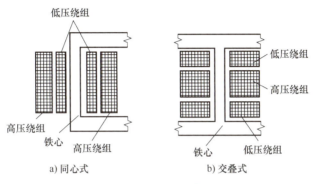

图 7-33　变压器的绕组

### 7.3.2　变压器绕组同名端的判断

同名端是指在同一交变磁通的作用下任一时刻两（或两个以上）绕组中都具有相同电动势极性的端头彼此互为同名端。两个绕组的绕向一致时，它们的起绕点是同名端，两个绕组的绕向相反时，其中一个绕组的起绕点和另一个绕组的结束点是同名端。

两个或多个绕组的同名端用"·"来表示。一、二次绕组感应电动势的相位，一、二次绕组均带"·"的两对应端，表示该两端感应电动势的相位相同，称为同名端；一端带"·"，而另一端不带"·"的两对应端，表示该两端感应电动势相位相反，则称为非同名端，又称为异名端。

变压器绕组的极性指的是变压器一、二次绕组的感应电动势之间的相位关系。如图 7-34 所示：1、2 为一次绕组，3、4 为二次绕组，它们的绕向相同，在同一交变磁通的作用下，两绕组中同时产生感应电动势，在任何时刻两绕组同时具有相同电动势极性的两个端头互为同名端。1、3 互为同名端，2、4 互为同名端；1、4 互为异名端。

变压器同名端的判断方法较多，分别叙述如下：

1. 交流电压法

一单相变压器一、二次绕组接线如图 7-35 所示，在它的一次侧加适当的交流电压，分别用电压表测出一、二次电压 $u_1$ 和 $u_2$，以及 1、3 之间的电压 $u_3$。如果 $u_3=u_1+u_2$，则相连的线头 2、4 为异名端，1、4 为同名端，2、3 也是同名端。如果 $u_3=u_1-u_2$，则相连的线头 2、4 为同名端，1、4 为异名端，1、3 也是同名端。

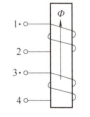

图 7-34　相同电动势极性为同名端

2. 直流法（又叫作干电池法）

如图 7-36 所示，准备干电池一节，万用表一台。将万用表档位选在直流电压最低档位，在接通开关 S 的瞬间，表针正向偏转，则万用表的正极、电池的正极所接的为同名端；如果表针反向偏转,则万用表的正极、电池的负极所接的为同名端。注意断开 S 时,表针会摆向另一方向;S 不可长时间接通。

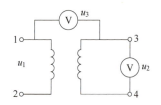
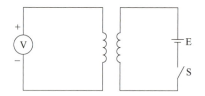

图 7-35　交流电压法判断同名端　　　　图 7-36　干电池法判断同名端

**3. 多绕组变压器同名端的判断**

在使用多绕组变压器时,常常需要弄清各绕组引出线的同名端或异名端,才能正确地将线圈并联或串联使用。

如图 7-37 所示,任意找一组绕组接上 1.5~3V 电池,然后将其余各绕组两端分别接在直流毫伏表或直流毫安表的正、负接线柱上。在接通电源的瞬间,表的指针会很快摆动一下,如果指针向正方向偏转,则接电池正极的线头与接电表正接线柱的线头为同名端;如果指针反向偏转,则接电池正极的线头与接电表负接线柱的线头为同名端。

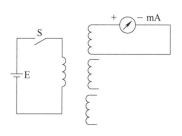

图 7-37　多绕组变压器同名端的判别

在测试时应注意以下两点:

① 若变压器的高压绕组(即匝数较多的绕组)接电池,电表应选用最小量程,使指针摆动幅度较大,以利于观察;若变压器的低压绕组(即匝数较少的绕组)接电池,电表应选用较大量程,以免损坏电表。

② 接通电源瞬间,指针会向某一个方向偏转;当断开电源时,由于自感作用,指针将向相反方向倒转。如果接通和断开电源的间隔时间太短,很可能只看到断开时指针的偏转方向,而把测量结果搞错。

### 7.3.3　小型控制变压器

小型控制变压器是指容量在 1kV·A 以下的单相变压器,此类变压器应用较为广泛。控制变压器主要作为电子设备、机床、机械设备等的控制电器、低压照明的电源使用。常用控制变压器的外形如图 7-38 所示。

a) 电源变压器　　b) BK 系列　　c) JBK3 系列　　d) BKC 系列
　　　　　　　　(壳式单组输出)　(壳式多组输出)　(芯式卷绕铁心)

图 7-38　常用控制变压器的外形

常用控制变压器的型号含义如下:

其中,JBK3 系列机床控制变压器适用于交流 50~60Hz,各行业的机械设备、一般电器的控制电源和工作照明、信号灯的电源之用。

小型控制变压器的检测方法如下:

(1) 检测绕组的通路　用万用表"$R\times1$"档测量各绕组线圈,应有一定的电阻值,如图 7-39 所示。如果表针不动,说明该绕组内部断路;如果阻值为 0,说明该绕组内部短路。

(2) 检测绕组的绝缘电阻　用万用表"$R\times1k$"或"$R\times10k$"档,测量两个绕组之间的绝缘电阻,均应为无穷大(实际值只要不低于 1MΩ 即可),如图 7-40 所示。再测量每个绕组线圈与铁心之间的绝缘电阻,也均应为无穷大(实际值只要不低于 1MΩ 即可),否则说明该变压器绝缘性能太差,不能再使用。

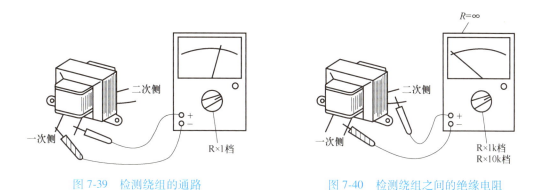

图 7-39　检测绕组的通路　　　　　　图 7-40　检测绕组之间的绝缘电阻

## 7.4　基本技能训练

### 技能训练 1　三相异步电动机的常项检测

1) 考核方式:技能操作。

2) 实训器件和耗材:

① 常用电工工具、万用表、绝缘电阻表。

② 小型三相异步电动机 1 台。

③ 导线若干。

3) 评分标准:见表 7-9。

表 7-9　三相异步电动机的常项检测项目评分表

| 序号 | 考核项目 | 考核要求 | 配分 | 评分标准 | 扣分 | 得分 |
|---|---|---|---|---|---|---|
| 1 | 测量三相定子绕组 | 正确使用万用表；测量方法正确 | 40分 | 万用表档位和量程选择合理，不合理每次扣3分 | | |
| | | | | 测量方法正确，不正确每次扣5分 | | |
| | | | | 测量结果正确，不正确每次扣5分 | | |
| 2 | 测量定子绕组绝缘性能 | 正确使用绝缘电阻表；判别方法正确 | 50分 | 绝缘电阻表使用方法正确，不正确扣5分 | | |
| | | | | 绝缘电阻表接线正确，不正确扣5分 | | |
| | | | | 测量相间绝缘方法正确，不正确每相扣5分 | | |
| | | | | 测量相对机壳绝缘方法正确，不正确每相扣5分 | | |
| 3 | 安全操作 | 遵守电工安全操作规程 | 10分 | 发生安全事故，每次扣5分 | | |
| | 合　计 | | 100分 | | | |

## 技能训练 2　三相异步电动机定子绕组首尾端的判别

1）考核方式：技能操作。

2）实训器件和耗材：

① 常用电工工具、万用表。

② 小型三相异步电动机 1 台。

③ 1 号电池 1 节、导线若干。

3）实训步骤：

① 用直流法正确判定三相绕组的 3 个首端 U1、V1、W1 及 3 个尾端 U2、V2、W2，再用剩磁法验证直流法判定的结果。

② 正确排列三相电动机接线盒内 6 个出线端的位置，并将三相绕组接成星形联结。

4）评分标准：见表 7-10。

表 7-10　三相异步电动机定子绕组首尾端的判别项目评分表

| 序号 | 考核项目 | 考核要求 | 配分 | 评分标准 | 扣分 | 得分 |
|---|---|---|---|---|---|---|
| 1 | 区分三相定子绕组 | 正确使用万用表；测量方法正确 | 30分 | 万用表调零、档位和量程选择合理，不合理每次扣3分 | | |
| | | | | 测量方法正确，不正确每次扣5分 | | |
| | | | | 测量结果正确，不正确扣10分 | | |

项目7 交流电动机及变压器的使用和维护

(续)

| 序号 | 考核项目 | 考核要求 | 配分 | 评分标准 | 扣分 | 得分 |
|---|---|---|---|---|---|---|
| 2 | 判别定子绕组首末端 | 正确使用万用表；判别方法正确 | 60分 | 万用表档位和量程选择合理，不合理每次扣3分 | | |
| | | | | 测量方法正确，不正确每次扣10分 | | |
| | | | | 检验方法正确，不正确扣10分 | | |
| | | | | 判别结果正确，不正确每一相绕组扣10分 | | |
| 3 | 安全操作 | 遵守电工安全操作规程 | 10分 | 发生安全事故，每次扣5分 | | |
| | 合　计 | | 100分 | | | |

## 技能训练3　小型变压器同名端的判断

1）考核方式：技能操作。

2）实训器件和耗材：

① 常用电工工具、万用表。

② 小型控制变压器1只。

③ 1号或2号电池1节、导线若干。

3）评分标准：见表7-11。

表7-11　小型变压器同名端的判断项目评分表

| 序号 | 考核项目 | 考核要求 | 配分 | 评分标准 | 扣分 | 得分 |
|---|---|---|---|---|---|---|
| 1 | 区分绕组 | 正确使用万用表；测量方法正确 | 30分 | 万用表调零、档位和量程选择合理，不合理每次扣3分 | | |
| | | | | 测量方法正确，不正确每次扣5分 | | |
| | | | | 测量结果正确，不正确扣10分 | | |
| 2 | 判断绕组同名端 | 正确使用万用表；判断方法正确 | 60分 | 万用表档位和量程选择合理，不合理每次扣3分 | | |
| | | | | 测量方法正确，不正确每次扣10分 | | |
| | | | | 检验方法正确，不正确扣10分 | | |
| | | | | 判断结果正确，不正确每一绕组扣10分 | | |
| 3 | 安全操作 | 遵守电工安全操作规程 | 10分 | 发生安全事故，每次扣5分 | | |
| | 合　计 | | 100分 | | | |

复习思考题

1. 三相异步电动机的主要结构有哪些？

2. 三相异步电动机定子绕组的接法有哪些？
3. 旋转磁场的产生条件有哪些？
4. 如何实现三相异步电动机的反转？
5. 什么是三相异步电动机的额定功率？根据额定功率如何估算其额定电流？
6. 三相异步电动机的拆卸步骤有哪些？
7. 单相异步电动机的类型有哪些？
8. 台扇电动机的调速方法有哪几种？
9. 如何实现单相异步电动机的反转？
10. 什么是变压器的同名端？判断变压器的同名端有哪些方法？

# 项目 8

# 低压电器及控制电路的装调和维修

**培训学习目标：**

熟悉常用低压电器的结构、工作原理、电气符号和型号含义；熟悉三相异步电动机的直接起动控制电路、减压起动控制电路和制动控制电路的工作原理；掌握三相异步电动机多种控制电路的装调与维修方法。

## 8.1 常用低压电器的使用

根据外界特定的信号或要求，自动或手动接通和断开电路，断续或连续地改变电路参数，实现对电路或非电现象的切换、控制、保护、检测和调节的电气设备均称为电器。工作在交流额定电压1200V及以下、直流额定电压1500V及以下的电器称为低压电器。

### 8.1.1 低压电器的分类

低压电器的种类繁多，就用途或所控制对象而言，可概括为两大类：

（1）低压配电电器　主要用于低压配电系统中，要求在系统出现故障的情况下能够动作准确、可靠工作。此类电器包括刀开关、转换开关、熔断器、低压断路器和保护继电器等。

（2）低压控制电器　用于完成接通、分断或起动、反向以及停止等控制，还可依靠电器本身参数的变化或外来信号自动进行工作，具有寿命长、动作可靠等特点。此类电器包括控制继电器、接触器、起动器、主令电器、电阻器和电磁铁等。

### 8.1.2 常用低压开关

低压开关主要用作隔离、转换及接通和分断电路用，多用作机床电路的电源开关和局部照明电路的控制开关，有时也可用来直接控制小功率电动机的起动、停止和正、反转。

常用类型有刀开关、组合开关和低压断路器等。

#### 1. 开启式负荷开关

开启式负荷开关又称为瓷底胶盖刀开关，简称刀开关。这种开关适用于照明、电热负载及小功率电动机控制电路中，供手动不频繁地接通和分断电路，并起短路保护作用。

（1）开启式负荷开关的结构　HK系列负荷开关由刀开关和熔断器组合而成。它的瓷底座上装有进线座、静触头、熔体、出线座和带瓷质手柄的动触头，并有上、下胶盖用来灭弧。HK系列开启式负荷开关的外形和内部结构如图8-1所示。

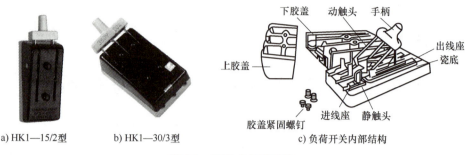

a) HK1—15/2型    b) HK1—30/3型    c) 负荷开关内部结构

图 8-1　开启式负荷开关

刀开关的型号及含义如下：

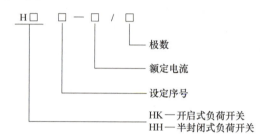

HK——开启式负荷开关
HH——半封闭式负荷开关

（2）开启式负荷开关的选用

1）照明和电热负载：开关应选择额定电流应不小于所有负载的额定电流之和，额定电压为 220 V 或 250 V 的两极开关。

2）电力负载：电动机功率不超过 3kW 时可选用，额定电流应不小于电动机额定电流 3 倍，额定电压为 380 V 或 500 V 的三极开关。

2. 封闭式负荷开关

HH 系列封闭式负荷开关主要用于各种配电设备中手动不频繁接通和分断负载的电路。交流 380V、60A 及以下等级的封闭式负荷开关还用于为三相交流电动机（功率在 15kW 以下）的不频繁接通和分断。其常见外形如图 8-2 所示。

（1）封闭式负荷开关的使用与维护

1）封闭式负荷开关应垂直安装在控制屏或开关板上。

图 8-2　封闭式负荷开关常见外形

2）对封闭式负荷开关接线时，电源进线和出线不能接反。

3）封闭式负荷开关的外壳应可靠的接地，防止意外漏电使操作者发生触电事故。

4）更换熔丝应在开关断开的情况下进行，且应更换与原规格相同的熔丝。

（2）封闭式负荷开关的选用

1）用于照明或电热负载：封闭式负荷开关的额定电流应大于或等于被控制电路中各负载额定电流之和。

2）用于电动机负载：封闭式负荷开关的额定电流一般为电动机额定电流的 1.5 倍。

3. 低压断路器

低压断路器通常用作电源开关，有时也可用于电动机不频繁起动、停止控制和保护。当电路中发生短路、过载和失电压等故障时，它能自动切断故障电路，保护线路和电气设备。

（1）结构　低压断路器由触头系统、灭弧装置、操作机构和保护装置等组成。按结构形式分类，低压断路器可分为塑壳式、框架式、限流式、直流快速式、灭磁式和漏电保护式等6类。常用低压断路器如图8-3所示。

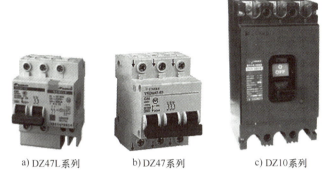

图 8-3　常用低压断路器

图8-3a、b所示的漏电型低压断路器具有结构先进、外形美观小巧等特点，广泛用于办公楼、住宅和类似建筑物的照明、配电线路，以及设备的过载、短路、漏电保护等，也可在正常情况下，作为线路不频繁转换之用。DZ系列低压断路器的型号及含义如下：

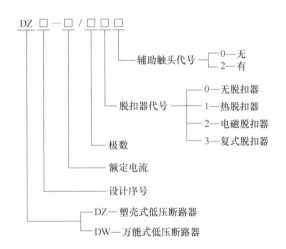

（2）选用

1）低压断路器的额定电压和额定电流应不小于线路的正常工作电压和实际工作电流。

2）热脱扣器的额定电流应与所控制负载的额定电流一致。

3）断路器的极限通断能力应不小于线路最大的短路电流。

4）欠电压脱扣器的额定电压应等于线路的额定电压。

5）电磁脱扣器的瞬时脱扣整定电流应大于负载正常工作时可能出现的峰值电流。用于控制电动机的断路器，其瞬时脱扣整定电流可按下式选取：

$$I_Z \geqslant KI_{st} \tag{8-1}$$

式中　$K$——安全系数，可取1.5~1.7；

$I_{st}$——电动机的起动电流。

（3）安装与使用

1）低压断路器一般要垂直安装在配电板上，电源引线应接到上端，负载引线接到下端。

2）当断路器与熔断器配合使用时，熔断器应装于断路器之前，以保证使用安全。

3）电磁脱扣器的整定值不允许随意更动，使用一段时间后应检查其动作的准确性。

4）断路器在分断短路电流后，应在切除前级电源的情况下及时检查触头，如有电灼烧痕，应及时修理或更换。

5）当低压断路器用作电源总开关或电动机的控制开关时，在电源进线侧必须加装刀开关或熔断器等，以形成明显的断开点。

4. 组合开关

组合开关又叫作转换开关。这种开关适用于工频交流电压380V以下及直流220V以下的电器线路中，供手动不频繁地接通和断开电路、换接电源和负载以及作为控制5kW以下三相异步电动机的直接起动、停止和换向。

组合开关在机床设备和其他设备中使用较广泛，它体积小，灭弧性能比刀开关好，接线方式有多种。常见的HZ系列组合开关的外形及型号含义如图8-4所示。该系列开关具有通用性强、技术性能及经济效果好的优点。

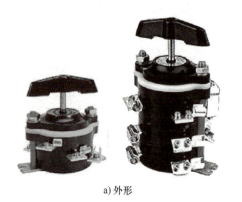

图8-4 HZ系列组合开关

（1）结构 HZ系列组合开关是由分别装在数层绝缘体内的动、静触头组合而成的。开关的顶盖部分是由滑板、凸轮、扭簧和手柄等构成的操作机构。由于采用了扭簧储能，可使触头快速闭合或分断，从而提高了开关的通断能力。HZ10系列组合开关的内部结构如图8-5所示。

（2）选用 应根据极数、电源种类、电压等级及负载的容量选用组合开关。

1）用于照明或电热电路：组合开关的额定电流应大于或等于被控制电路中各负载电流的总和。

2）用于电动机电路：组合开关的额定电流一般取电动机额定电流的1.5~2.5倍。

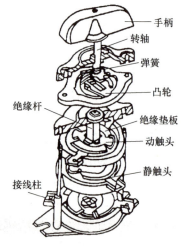

图8-5 HZ10系列组合开关的内部结构

(3) 使用与维护。

1) 组合开关的通断能力较低，当用于控制电动机做可逆运转时，必须在电动机完全停止转动后，才能反向接通。

2) 当操作频率过高或负载的功率因数较低时，转换开关要降低容量使用，否则会影响开关的使用寿命。

### 8.1.3 熔断器

熔断器是低压电路和电动机控制电路中用于过载保护和短路保护的电器。它串联在电路中，当通过的电流大于规定值时，使熔体熔化而自动分断电路。

1. 结构

熔断器主要由熔体、安装熔体的熔管和熔座三部分组成。熔体的材料通常有两种，一种由铅、铅锡合金或锌等低熔点材料制成，用于小电流电路；另一种由银、铜等较高熔点的金属制成，多用于大电流电路。常见熔断器的外形和结构如图8-6所示。

a) RL1系列

b) RT18系列

c) RC1A系列

d) RM10系列

图8-6　低压熔断器

熔断器的型号含义如下：

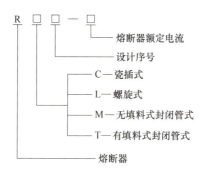

```
R□□-□
      └── 熔断器额定电流
    └──── 设计序号
  ├────── C—瓷插式
  ├────── L—螺旋式
  ├────── M—无填料式封闭管式
  └────── T—有填料式封闭管式
└──────── 熔断器
```

2. 使用与维护

1) 正确选用熔断器和熔体。对不同性质的负载，如照明电路、电动机电路的主电路和控制电路等，应分别保护，并装设单独的熔断器。

2) 安装螺旋式熔断器时，必须注意将电源线接到瓷底座的下接线端（即低进高出的原则），以保证安全。

3) 瓷插式熔断器安装熔丝时，熔丝应顺着螺钉旋紧方向绕过去，同时应注意不要划伤熔丝，也不要把熔丝绷紧，以免减小熔丝截面尺寸或插断熔丝。

4) 更换熔体时应切断电源，并应换上相同额定电流的熔体。

3. 选用

1) 根据使用场合选择熔断器的类型。电网配电一般用管式熔断器；电动机保护一般用螺旋式熔断器；照明电路一般用瓷插式熔断器；保护晶闸管时应选择快速熔断器。

2）熔断器规格的选择：

① 对于变压器、电炉和照明等负载，熔体的额定电流应略大于或等于负载电流。

② 对于输配电线路，熔体的额定电流应略大于或等于线路的安全电流。

③ 对电动机进行短路保护时，应按电动机起动时间的长短来选择熔体的额定电流。

### 8.1.4 交流接触器

接触器是一种自动的电磁式开关，适用于远距离频繁地接通或断开交、直流主电路及大容量控制电路。它的控制对象主要是电动机，它不仅能实现远距离自动操作和欠电压释放保护功能，而且具有控制容量大、工作可靠、操作频率高、使用寿命长等优点，在电力拖动系统中得到广泛应用。按主触头通过的电流种类，接触器可分为交流接触器和直流接触器。

1. 交流接触器的结构和工作原理

交流接触器主要由电磁系统、触头系统、灭弧装置及辅助部件等组成。其常见外形如图 8-7 所示。其中 CJX2 系列交流接触器适用于交流 50Hz 或 60Hz，电压至 660V，电流至 780A 的电路中，供远距离接通与分断电路及频繁起动、控制交流电动机，接触器还可加装积木式辅助触头组、空气延时触头、机械联锁机构等附件，组成延时接触器、可逆接触器、星-三角起动器，并且可以和热继电器直接安装组成电磁起动器。

图 8-7 交流接触器的外形

交流接触器的型号及含义如下：

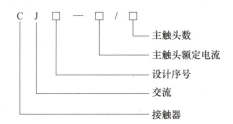

（1）交流接触器的结构　CJ10—20型交流接触器的结构如图8-8所示。

1）电磁系统：用来操作触头闭合与分断。它包括静铁心、吸引线圈、动铁心（衔铁）。铁心用硅钢片叠成，以减少铁心中的铁损耗，在静铁心端部极面上装有短路环，其作用是消除交流电磁铁在吸合时产生的振动和噪声。

2）触头系统：起着接通和分断电路的作用。它包括主触头和辅助触头。通常主触头用于通断电流较大的主电路，辅助触头用于通断小电流的控制电路。

3）灭弧装置：起着熄灭电弧的作用。

4）其他部件：主要包括反作用弹簧、缓冲弹簧、触头压力弹簧片、传动机构及外壳等。

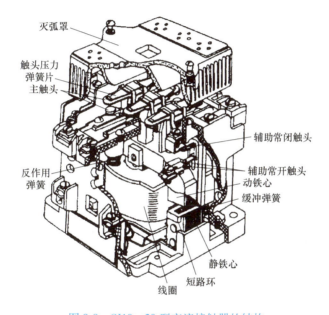

图8-8　CJ10—20型交流接触器的结构

（2）交流接触器的工作原理　当接触器线圈通电后，动铁心被吸合，所有的常开触头都闭合，常闭触头都断开。当线圈断电后，在反作用弹簧的作用下，动铁心和所有的触头都恢复到原来的状态。接触器适用于远距离频繁接通和切断电动机或其他负载主电路，如图8-9所示。由于交流接触器具备低电压释放功能，所以还可当作保护电器使用。

2. 使用与维护

1）交流接触器安装前应先检查线圈的额定电压是否与实际需要相符。

2）交流接触器的安装多为垂直安装，其倾斜角不得超过5°，否则会影响其动作特性；安装有散热孔的交流接触器时，应将散热孔放在上下位置，以利于降低线圈的温升。

3）交流接触器安装与接线时应将螺钉拧紧，以防振动松脱。

4）交流接触器的触头应定期清理，若触头表面有电弧灼伤时，应及时修复。

3. 交流接触器的选用

（1）选择交流接触器主触头的额定电压　接触器主触头的额定电压应大于或等于控制电路的额定电压。

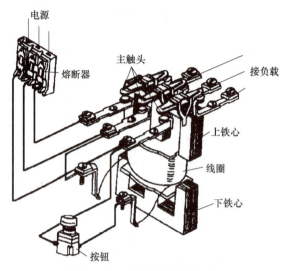

图 8-9 交流接触器的工作原理

(2) 选择交流接触器主触头的额定电流　接触器控制电阻性负载时，主触头的额定电流应等于负载的额定电流；控制电动机时，主触头的额定电流应大于电动机的额定电流。一般按下列经验公式计算：

$$I_C = \frac{P_N \times 10^3}{KU_N} \tag{8-2}$$

式中　$K$——经验系数，一般取 1~1.4；

$P_N$——被控制电动机的额定功率，单位为 kW；

$U_N$——被控制电动机的额定电压，单位为 V；

$I_C$——交流接触器主触头电流，单位为 A。

若交流接触器控制的电动机起动或正反转频繁，一般将接触器主触头的额定电流降一级使用。

(3) 选择交流接触器吸引线圈的电压　当控制电路简单，使用电器较少时，为节省变压器，可直接选用 380V 或 220V 的电压。当控制电路复杂，使用电器超过 5 个时，从人身和设备安全的角度考虑，线圈额定电压要选低一些，可用 36V 或 110V 电压的线圈。

(4) 选择交流接触器的触头数量及类型　交流接触器触头的数量、类型应满足控制电路的要求。

4. 交流接触器的常见故障

交流接触器常见故障原因及修理方法见表 8-1。

表 8-1　交流接触器常见故障原因及修理方法

| 故障现象 | 故障原因 | 修理方法 |
| --- | --- | --- |
| 交流接触器不吸合或吸不牢 | 1. 电源电压过低<br>2. 线圈断路<br>3. 线圈技术参数与使用条件不符<br>4. 铁心机械卡阻 | 1. 调高电源电压<br>2. 调换线圈<br>3. 调换线圈<br>4. 排除卡阻物 |

(续)

| 故障现象 | 故障原因 | 修理方法 |
|---|---|---|
| 线圈断电，交流接触器不释放或释放缓慢 | 1. 触头熔焊<br>2. 铁心表面有油污<br>3. 触头弹簧压力过小或反作用弹簧损坏<br>4. 机械卡阻 | 1. 排除熔焊故障，修理或更换触头<br>2. 清理铁心极面<br>3. 调整触头弹簧力或更换反作用弹簧<br>4. 排除卡阻物 |
| 触头熔焊 | 1. 操作频率过高或过负载使用<br>2. 负载侧短路<br>3. 触头弹簧压力过小<br>4. 触头表面有电弧灼伤<br>5. 机械卡阻 | 1. 调换合适的交流接触器或减小负载<br>2. 排除短路故障，更换触头<br>3. 调整触头弹簧压力<br>4. 清理触头表面<br>5. 排除卡阻物 |
| 铁心噪声过大 | 1. 电源电压过低<br>2. 短路环断裂<br>3. 铁心机械卡阻<br>4. 铁心极面有油垢或磨损不平<br>5. 触头弹簧压力过大 | 1. 检查线路并提高电源电压<br>2. 调换铁心或短路环<br>3. 排除卡阻物<br>4. 用汽油清洗极面或更换铁心<br>5. 调整触头弹簧压力 |
| 线圈过热或烧毁 | 1. 线圈匝间短路<br>2. 操作频率过高<br>3. 线圈参数与实际使用条件不符<br>4. 铁心机械卡阻 | 1. 更换线圈并找出故障原因<br>2. 调换合适的接触器<br>3. 调换线圈或接触器<br>4. 排除卡阻物 |

## 8.1.5 继电器

继电器的种类较多，按照它在电力拖动自动控制系统中的作用，可分为控制继电器和保护继电器两种类型。其中，中间继电器、时间继电器和速度继电器多作为控制电器使用；热继电器、欠电压继电器和过电流继电器则作为保护电器使用。

1. 中间继电器

中间继电器一般用来控制各种电磁线圈使信号扩大，或将信号同时传给几个控制元件。JZ 系列中间继电器的外形和内部结构如图 8-10 所示。

（1）工作原理 中间继电器的基本结构和工作原理与接触器完全相同，故称为接触器式继电器。所不同的是中间继电器的触头数量多，并且没有主、辅之分，各对触头允许通过的电流大小是相同的，其额定电流为 5A。

（2）使用与选用 中间继电器的使用与接触器相似，但中间继电器的触头容量较小，一般不能在主电路中应用。中间继电器一般根据负载电流的类型、电压等级和触头数量来选择。

2. 热继电器

热继电器一般作为交流电动机的过载保护用。常见热继电器的外形和结构如图 8-11 所示。

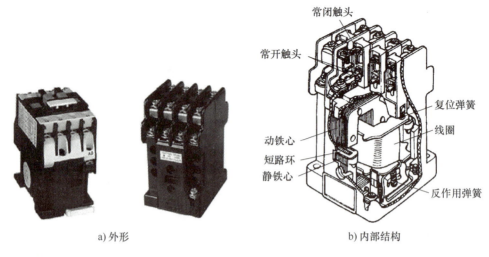

图 8-10　JZ 系列中间继电器的外形和内部结构

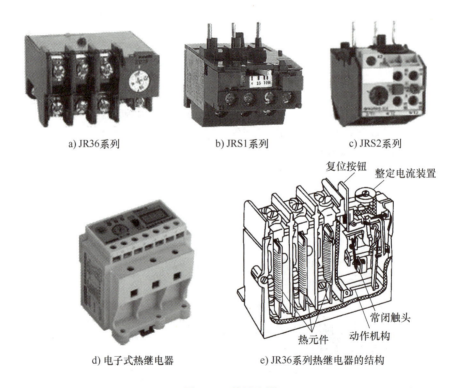

图 8-11　热继电器

JRS1 系列热继电器用于交流 50Hz 或 60Hz，电压至 660V，电流至 80A 及以下的电路中，供交流电动机热保护用，可与 CJX2 系列交流接触器配装，也可独立安装。JRS2 系列热继电器适用于交流电压至 660~1000V，电流至 630A 的长期工作或间断长期工作的一般交流电动机的过载保护，具有断相保护、温度补偿、脱扣指示功能，并能自动与手动复位，可与接触器接插安装，也可独立安装。JR 系列热继电器的型号含义如下：

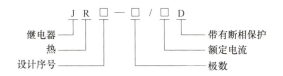

新型电子式热继电器具有对称性故障（如过载、过电流、堵转）及非对称性故障（如各种断相、电流不平衡、相间短路、匝间短路等）以及相序、过电压、欠电压等保护。

（1）使用与维护

1）当电动机起动时间过长或操作次数过于频繁时，会使热继电器误动作或烧坏电器，故这种情况一般不用热继电器作过载保护。

2）当热继电器与其他电器安装在一起时，应将它安装在其他电器的下方，以免其动作特性受到其他电器发热的影响。

3）热继电器出线端的连接导线应选择合适。若导线过细，则热继电器可能提前动作；若导线太粗，则热继电器可能滞后动作。

（2）选用  选用热继电器作为电动机的过载保护时，应使电动机在短时过载和起动瞬间不受影响。

1）热继电器的类型选择。一般轻载起动、短时工作，可选择二相结构的热继电器；当电源电压的均衡性和工作环境较差或多台电动机的功率差别较显著时，可选择三相结构的热继电器；对于三角形联结的电动机，应选用带断相保护装置的热继电器。

2）热继电器的额定电流及型号选择。热继电器的额定电流应大于电动机的额定电流。

3）热元件的整定电流选择。一般将整定电流调整到等于电动机的额定电流；对过载能力差的电动机，可将热元件整定值调整到电动机额定电流的 0.6~0.8 倍；对起动时间较长，拖动冲击性负载或不允许停车的电动机，热元件的整定电流应调节到电动机额定电流的 1.1~1.15 倍。

3. 时间继电器

时间继电器是一种利用电磁原理或机械动作原理来延迟触头闭合或分断的自动控制电器。它的种类很多，有电磁式、电动式、空气阻尼式及晶体管式等，如图 8-12 所示。

在生产机械的控制中被广泛应用的是空气阻尼式时间继电器，这种继电器结构简单，延时范围宽。JS7—A 系列时间继电器的延时范围有 0.4~60s 和 0.4~180s 两种，其型号及含义如下：

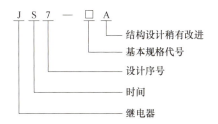

（1）空气阻尼式时间继电器的结构  由电磁系统、工作触头、气室及传动机构等四部分组成，如图 8-13 所示。

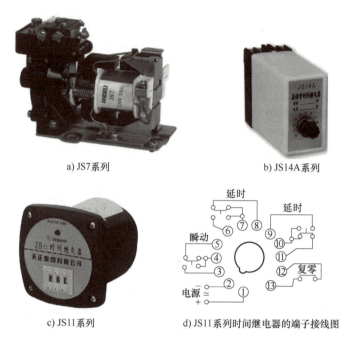

图 8-12 时间继电器

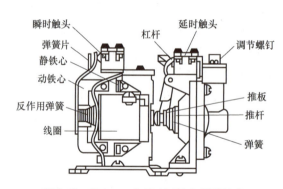

图 8-13 JS7—A 系列时间继电器的结构

(2) 安装与使用

1) JS7—A 系列时间继电器只要将线圈转动 180°,即可将通电延时改为断电延时。

2) JS7—A 系列时间继电器由于延时调节无刻度,故不能准确地调整延时时间。

3) JS11—□1 系列通电延时继电器,必须在分断离合器电磁线圈电源时才能调节延时值;而 JS11—□2 系列断电延时继电器,必须在接通离合器电磁线圈电源时才能调节延时值。

(3) 选用

1) 类型选择:凡是对延时要求不高的场合,一般采用价格低廉的 JS7—A 系列时间继电器,对于延时要求较高的场合,可采用 JS11、JS20 等系列的时间继电器。

2) 延时方式的选择:时间继电器有通电延时和继电延时两种,应根据控制电路的要求来选择哪一种延时方式的时间继电器。

3) 线圈电压的选择:根据控制电路电压来选择时间继电器吸引线圈的电压。

4. 过电流继电器

过电流继电器主要用于重载或频繁起动的场合作为电动机主电路的过载和短路保护。常用的 JL12 系列过电流继电器如图 8-14 所示。

图 8-14　JL12 系列过电流继电器

（1）使用与维护

1）安装前先检查额定电流及整定值是否与实际要求相符。

2）安装后应在主触头不带电的情况下，使吸引圈带电操作几次，试验继电器的动作是否可靠。

3）定期检查各部件有否松动及损坏现象，并保持触头的清洁和可靠。

（2）选用

1）过电流继电器线圈的额定电流一般可按电动机长期工作的额定电流来选择，对于频繁起动的电动机，考虑起动电流在继电器中的热效应，额定电流可选大一级。

2）过电流继电器的整定值一般为电动机额定电流的 1.7~2 倍，频繁起动场合可取 2.25~2.5 倍。

5. 速度继电器

速度继电器是一种可以按照被控电动机转速的大小使控制电路接通或断开的电器。速度继电器通常与接触器配合使用，实现对电动机的反接制动。速度继电器的型号及含义如下：

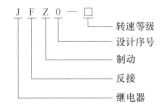

（1）结构　速度继电器主要由定子、转子、可动支架、触头系统及端盖等部分组成。JY1 系列速度继电器的外形内部结构和工作原理如图 8-15 所示。

（2）安装与使用

1）安装时，速度继电器的转轴应与电动机同轴连接。

2）速度继电器安装接线时，正反向的触头不能接错，否则不能实现反接制动控制。

3）速度继电器的金属外壳应可靠接地。

4）速度继电器主要根据电动机的额定转速来选择。

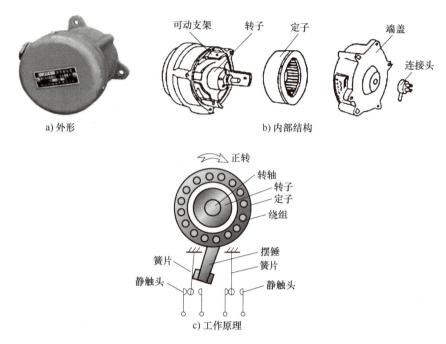

图 8-15 JY1 系列速度继电器

## 8.1.6 主令电器

主令电器主要用于闭合、断开控制电路，以发出信号或命令，达到对电力拖动系统的控制或实现程序控制。常用的主令电器有多种，在此只介绍按钮和位置开关。

1. 按钮

按钮是一种以短时接通或分断小电流电路的电器，它不直接控制主电路的通断，而是在控制电路中发出"指令"去控制接触器、继电器等电器，再由它们去控制主电路。按钮型号及含义如下：

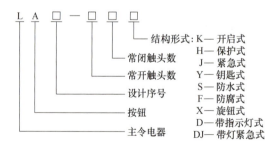

（1）结构 按钮是短时间接通或断开小电流电路的电器，其常见外形和结构如图 8-16 所示。按动按钮时，桥式动触头先和上面的静触头分离，然后和下面的静触头接触，手松开后，靠弹簧复位，如图 8-16g 所示。按钮主要用于操纵接触器、继电器或电气联锁电路。

（2）选用

1）根据使用场合和具体用途选择按钮的种类。在灰尘较多时不宜选用 LA18 和 LA19 系列按钮。

## 项目 8　低压电器及控制电路的装调和维修

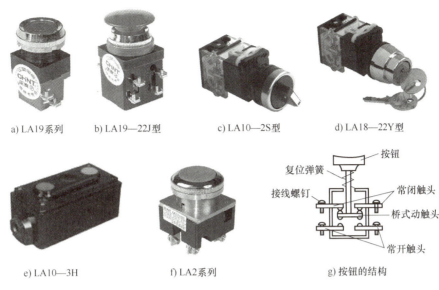

图 8-16　按钮

2) 按工作状态指示和工作情况的要求，选择按钮和指示灯的颜色。

3) 按控制电路的需要，确定按钮的数量，如单联钮、双联钮和三联钮等。

(3) 安装与使用

1) 按钮用于高温场合时，易使塑料变形老化而导致松动，引起接线螺钉间相碰短路，可在接线螺钉处加套绝缘塑料管来防止短路。

2) 带指示灯的按钮因灯泡发热，长期使用易使塑料灯罩变形，应降低灯泡电压，延长使用寿命。按钮一般都安装在面板上，布置要整齐、合理、牢固，应保持触头间的清洁。

3) 同一机床运动部件有几种不同工作状态时，应使每一对相反状态的按钮安装在一组。

2. 位置开关

位置开关又称为行程开关或限位开关，它的作用与按钮相同，只是其触头的动作不是靠手动操作，而是利用生产机械某些运动部件上的挡铁碰撞其滚轮使触头动作来实现接通或分断某些电路，使之达到一定的控制要求。LX 系列位置开关的型号及含义如下：

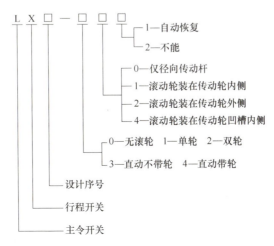

（1）结构　位置开关的结构是由触头系统、操作机构和外壳组成。部分 JLXK 系列与 LX 系列位置开关的外形和结构如图 8-17 所示。

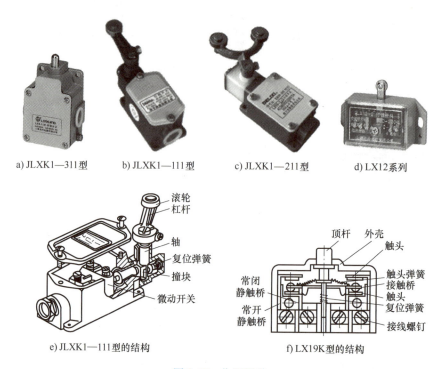

图 8-17　位置开关

（2）选用

1）根据安装环境选择防护形式，是开启式还是防护式。

2）根据控制电路的电压和电流选择采用何种系统的行程开关。

3）根据机械与行程开关的传力与位移关系选择合适的头部结构形式。

（3）安装与使用

1）位置开关安装时位置要准确，否则不能达到位置控制和限位的目的。

2）应定期检查位置开关，以免触头接触不良而达不到行程和限位控制的目的。

## 8.2　三相异步电动机的起动控制

在工业生产中，多以电力为原动力，用电动机拖动生产机械使之运转的方法称为电力拖动。电力拖动由电动机、控制设备和保护设备、生产机械传动装置三部分组成。

（1）电动机　电动机是电力拖动的原动机，交流电动机具有结构简单、制造方便、维修容易、价格便宜等优点，所以使用较为广泛，如工厂企业中大量使用的各种机床、风机、机械泵、压缩机等。

（2）控制设备和保护设备　控制设备是控制电动机运转的设备，控制设备由各种控制电器（如开关、熔断器、接触器、继电器、按钮等）按照一定要求和规定组成控制电路和设备，用于控制电动机的运行，即控制电动机的起动、正转、反转、调速和制动。保护设备是保护控制电路和电动机实现过载、过电流、欠电压和短路等作用（如低压断路器、热继电器、电流继电器等）。

（3）生产机械及传动装置　生产机械是直接进行生产的机械设备，生产机械是电动机的负载。传动装置是电动机与生产机械之间的传动机械，用于传递动力，如减速箱、传动带、联轴器等。不同的生产机械对传动装置的要求也不同。因此，选用合理的传动装置，可使生产机械达到理想的工作状态。

三相笼型异步电动机有全压起动和减压起动两种方式。起动时，其定子绕组上的电压为电源额定电压的，属于全压起动，也称为直接起动。对于较大功率的电动机起动控制时，一般采用降压起动。

任何复杂的控制电路是由一些比较简单的、基本的控制电路或基本环节所组成。掌握这些控制电路是分析和维修电气控制电路的有力工具。

三相异步电动机的起动控制电路类型如下：

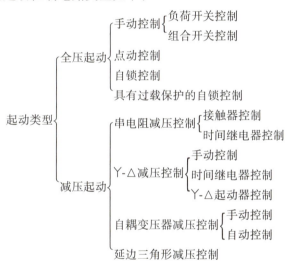

## 8.2.1　三相异步电动机单向运转控制电路

全压起动控制电路简单、电气设备少，是一类最简单、经济的起动方法。只要电网的容量允许，应尽量采用此种方法。但全压起动时电流较大，可达电动机额定电流的 4~7 倍，会使电网电压显著降低，影响在同一电网工作的其他设备的稳定运行，甚至使其他电动机停转或无法起动。

**1. 手动正转控制电路**

如图 8-18 所示，该电路简单、元件少，装有熔断器，可作电动机的短路保护，对于功率较小、起动不频繁的电动机来说，此种控制是经济方便的起动控制方法，工厂中常被用来控制三相电风扇和砂轮机等设备。但在起动频繁的场合，该方法是不可取的。电路中低压组合开关 QS 用于接通、断开电源；熔断器 FU 作短路保护用。

**2. 接触器点动控制电路**

如图 8-19 所示，该电路可分成主电路和控制电路两部分。主电路从电源 L1、L2、L3、开关 QS、熔断器 FU、接触器主触头 KM 到电动机 M。控制电路由按钮 SB 和接触器线圈 KM

组成。

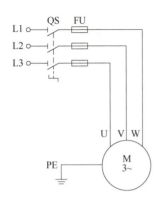
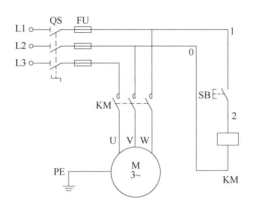

图 8-18 手动正转控制电路　　　　图 8-19 接触器点动控制电路

由图 8-19 可见，当合上电源开关 QS 时，电动机是不会起动运转的，因为这时接触器 KM 的线圈未通电，它的主触头处在断开状态，电动机 M 的定子绕组上没有电压。若要使电动机 M 转动，只有按下按钮 SB，使线圈 KM 得电，KM 的主触头闭合，电动机 M 即可起动。但当松开按钮 SB 时，KM 线圈失电，KM 主触头分开，切断电动机 M 的电源，电动机即停转。这种只有当按下按钮电动机才会运转，松开按钮即停转的电路，称为点动控制电路。这种电路常用于快速移动或简易起重设备等。

3. 接触器自锁正转控制电路

如果要使点动控制电路中的电动机长期运行，起动按钮 SB 必须始终用手按住，显然这是不合生产实际要求的，为实现电动机连续运行，需要采用具有接触器自锁的控制电路。图 8-20 所示为具有接触器自锁的正转控制电路，该电路与点动控制电路的不同之处在于，控制电路中增加了停止按钮 SB1，在起动按钮 SB2 的两端并联一对接触器 KM 的常开触头。

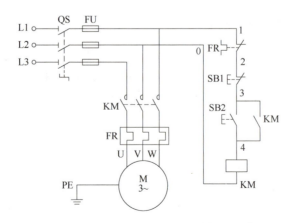

图 8-20 具有接触器自锁的正转控制电路

由图 8-20 可见，当按下起动按钮 SB2，线圈 KM 得电，主触头闭合，电动机 M 起动旋转。当松开按钮时，电动机 M 不会停转，因为这时接触器线圈 KM 可以通过并联在 SB2 两端的

KM 辅助触头继续维持通电，保证 KM 主触头仍处在接通状态，电动机 M 运转。这种松开按钮而仍能自行保持线圈通电的控制电路叫作具有自锁（或自保）的接触器控制电路，简称自锁控制电路，与 SB2 并联的这一对常开辅助触头 KM 叫作自锁（或自保）触头。

## 8.2.2 三相异步电动机正反转控制电路

许多生产机械往往要求运动部件可以正反两个方向运动，如机床工作台的前进与后退，主轴的正转与反转，起重机的上升与下降等，这就要求电动机能正、反双向旋转来实现。我们知道，改变电动机电源的相序就能实现改变电动机旋转方向的目的。

1. 倒顺开关正反转控制电路

该控制电路只能用于功率较小的三相笼型异步电动机的控制，否则触头易被电弧烧坏。倒顺开关属于组合开关，但它结构上不同于一般作为电源引入的组合开关。它有三个操作位置——顺转、停转和倒转，如图 8-21a 所示。其工作原理如图 8-21b 所示。

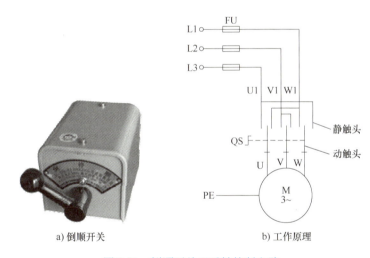

图 8-21 倒顺开关正反转控制电路

由图 8-21 可见，倒顺开关置于顺转和倒转位置时，对电动机 M 来说，差别是电源相序得到了改变，从而改变了电动机的转向。需要注意的是，当电动机处于正转（开关置于"顺"位置）状态时，要使它反转，必须先把手柄扳到"停"的位置。若直接由"顺"扳至"倒"，电源突然反接，会产生较大的反接电流，对电源是一种不利的冲击，也容易损坏开关的触头。

2. 接触器联锁的正反转控制电路

该控制电路利用按钮、接触器等电器来自动控制电动机的正反转，如图 8-22 示。

图 8-22 中采用了两个接触器，即正转接触器 KM1 和反转接触器 KM2，它们分别由正转按钮 SB2 和反转按钮 SB3 控制。这两个接触器的主触头相序不同，KM1 按 U1—V1—W1 相序接线，KM2 则调了两相相序，所以当两个接触器分别工作时，电动机的旋转方向不一样。

这种控制电路虽然可以完成正反转控制任务，但是存在着一个严重缺点，即操作不方便，在改变电动机转向时，必须先按下停止按钮，然后再按下另一方向的起动按钮，来改变电动机的转向。为达到不按停止按钮就能直接由一种转向改变到另一种转向，可采用有接触器、按钮联锁的正反转控制电路。

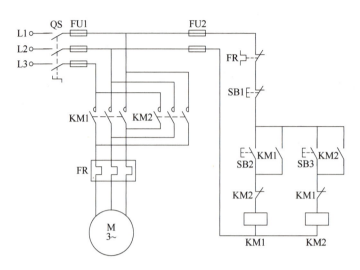

图 8-22 接触器联锁的正反转控制电路

**3. 按钮、接触器双重联锁的正反转控制电路**

图 8-23 所示为按钮、接触器双重联锁的正反转控制电路，主电路部分与图 8-22 相同。这种电路集中了按钮联锁和接触器联锁的优点，具有操作方便、安全可靠等优点，为电力拖动设备中所常用。

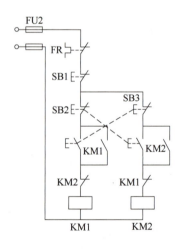

图 8-23 按钮、接触器双重联锁的正反转控制电路

### 8.2.3 三相异步电动机多地控制电路

为了操作方便，一台设备会有几处按钮站，各处都可以进行操作控制。在两个或两个以上的地点，进行同一台电动机的操作控制，称为两地控制或多地控制。要实现两地（或多地）控制，在控制电路中将常开按钮并联、常闭按钮串联，如图 8-24 所示。

由图 8-24 可见，SB11、SB21 为起动按钮，SB12、SB22 为停止按钮，将 SB11、SB12 和 SB21、SB22 分别安装在甲地、乙地不同的位置就能实现两地控制的目的。

项目 8　低压电器及控制电路的装调和维修

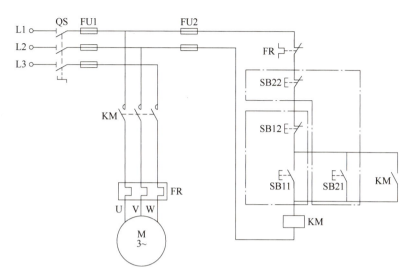

图 8-24　三相异步电动机两地控制电路

电路工作原理如下：先合上电源开关 QS，按下 SB11（甲地）按钮，KM 线圈得电，KM 自锁触头闭合，KM 主触头闭合，电动机正转；按下 SB12（甲地），KM 线圈失电，自锁触头断开，解除自锁，主触头断开，电动机停转。在乙地控制时，按下 SB21 按钮，KM 线圈得电，电动机正转；按下 SB22 按钮，KM 线圈失电，电动机停转。

要实现两地控制，就应有两组按钮，这两组按钮的接线原则是：常开按钮并联连接，常闭按钮串联连接，这一原则也适用于三地或更多地点的控制。

## 8.3　电气控制电路故障的检修方法和技巧

### 8.3.1　电气控制电路故障的检修方法

1. 验电器检测法

用验电器检测断路故障的方法如图 8-25 所示。检测时，用验电器依次测试图中 1、2、3、4、5 各点，并按下起动按钮 SB2，当验电器测量到哪一点不亮时即为断路处。

用验电器测试断路故障时应注意：

① 测量时，应从电源侧开始，依次测量，并注意观察验电器的亮度，防止由于外部电场、泄漏电流造成氖管发亮，而误认为电路没有断路。

② 当检查 380V 且有变压器的控制电路中的熔断器是否熔断时，防止由于电源通过另一相熔断器和变压器的一次绕组回到已熔断的熔断器的出线端，造成熔断器没有熔断的假象。

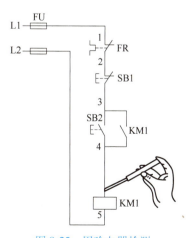

图 8-25　用验电器检测断路故障的方法

## 2. 万用表电压测量法

使用万用表电压测量法检查时,应将万用表档位开关转到交流电压500V。

(1) 分阶测量法　如图8-26所示,检查时,首先用万用表测量1和5两点间的电压,若电路电压为380V,说明电源电压正常。然后按住起动按钮SB2不松开,此时将黑表笔接到5号线上不动,红表笔按2、3、4标号依次测量,分别测量5-2、5-3、5-4各阶之间的电压。电路正常的情况下,各阶的电压值均为380V。这种测量方法就像台阶一样,所以称为分阶测量法。

(2) 分段测量法　如图8-27所示,检查时先用万用表测试1、5两点之间,若电压值为380V,说明电源电压正常。然后将红、黑两根表笔逐段测量相邻两标点1-2、2-3、3-4、4-5间的电压。如果电路正常,则按下SB2后,除4-5两点间的电压为380V外,其他相邻两点间的电压值均为零。

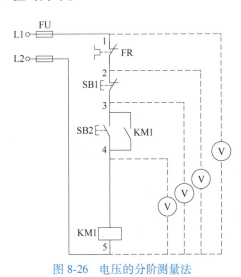

图8-26　电压的分阶测量法

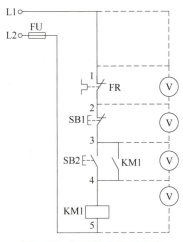

图8-27　电压的分段测量法

再按着起动按钮SB2,接触器KM1不吸合时,说明发生了断路故障,此时可用电压表逐段测试各相邻点间的电压。若测量到某相邻两点间的电压为380V,说明这两点间有断路故障。

## 3. 万用表电阻测量法

(1) 分阶测量法　如图8-28所示,按下起动按钮SB2,如果接触器KM1不吸合,则该回路有断路故障。

用万用表的电阻档检测前应先断开电源,然后按下SB2不放,先测量1-5两点间的电阻,如果电阻值为无穷大,说明1-5之间的电路断路;然后分阶测量1-2、1-3、1-4各点间的电阻值,若电路正常,则该两点间的电阻值为"0";若测量到某标号间的电阻值为无穷大,则说明表笔刚跨过的两点或连接导线断路。

(2) 分段测量法　如图8-29所示,检查时先切断电源,按下起动按钮SB2后依次逐段测量相邻两标号点1-2、2-3、3-4、4-5间的触头或连接导线断路。例如,当测得2-3两点间电阻为无穷大时,说明停止按钮SB1或连接SB1的导线断路。

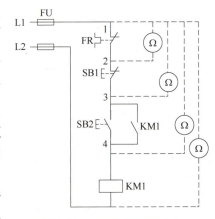

图8-28　电阻的分阶测量法

电阻测量法的优点是安全，缺点是测得的电阻值不准确时，容易造成判断错误。为此应注意以下几点：

1）用电阻测量法检查故障时一定要断开电源。

2）当被测的电路与其他电路并联时，必须将该电路与其他电路断开，否则所测得的电阻值将不准确。

3）测量高电阻值的电器元件时，应把万用表的选择开关旋至合适的电阻档。

注意：在用以上测量法检查故障点时，一定要保证各种测量工具和仪表完好，使用方法正确，尤其要注意防止感应电、回路电及其他并联电路的影响，以免产生误判断。

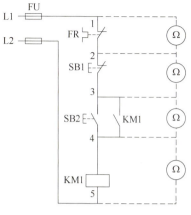

图 8-29　电阻的分段测量法

### 8.3.2　电气控制电路故障的检修技巧

（1）熟悉电路原理，确定检修方案　当一台设备的电气控制电路发生故障时，不要急于动手拆卸，首先要了解该电气设备产生故障的现象、经过、范围、原因；熟悉该设备及电气控制电路的基本工作原理，分析各个具体电路；弄清电路中各级之间的相互联系以及信号在电路中的来龙去脉，结合实际经验，经过周密思考，确定合理的检修方案。

（2）先简单，后复杂　检修故障要先用最简单易行的方法去处理，再用复杂、精确的方法。排除故障时，先排除直观、显而易见、简单常见的故障，后排除难度较高、没有处理过的疑难故障。电气设备经常容易产生相同类型的故障就是"通病"。由于通病比较常见，积累的经验较丰富，因此可快速排除，这样就可以集中精力和时间排除比较少见、难度高的疑难杂症，简化步骤，缩小范围，提高检修速度。

（3）先外部，后内部　外部是指在电气控制电路外部的各种开关、按钮、插口及指示灯。内部是指在电气设备外壳内部的元器件及各种连接导线。先外部、后内部，就是在不拆卸电气设备的情况下，利用电气设备面板上的开关、旋钮、按钮等调试检查，缩小故障范围。首先排除外部部件引起的故障，再检修内部的故障，尽量避免不必要的拆卸。

（4）先不通电测量，后通电测试　首先在不通电的情况下，对电气控制电路进行断电检修，排除短路故障；然后再在通电情况下，对电路进行带电检修。对许多发生故障的电气控制电路检修时，不能立即通电，否则会人为扩大故障范围，烧毁更多的元器件，造成不应有的损失。因此，在故障电路通电前，先进行电阻测量，采取必要的措施后，方能通电检修。

（5）总结经验、提高效率　不断地学习各种新型电气设备的机电理论知识，熟悉其工作原理，积累维修经验，将自己的经验上升为理论。在理论指导下，具体故障具体分析，才能准确、迅速地排除故障。

## 8.4　三相异步电动机的减压起动控制

电动机减压起动的目的是减小起动电流，避免起动瞬间电网电压的显著下降。

判断一台三相异步电动机能否直接起动通常由式（8-3）来确定，当满足此条件或电动机功率较小时，可全压起动；当电动机功率在10kW以上或不满足式（8-3）时，则应采用减压起动，即

$$\frac{I_\text{st}}{I_\text{N}} \leqslant \frac{3}{4} + \frac{S}{4P_\text{N}} \tag{8-3}$$

式中　$I_\text{st}$——电动机起动电流，单位为A；

$I_\text{N}$——电动机额定电流，单位为A；

$S$——电源容量，单位为kV·A；

$P_\text{N}$——电动机额定功率，单位为kW。

减压起动时减低加在电动机定子绕组上的电压，待电动机起动后，再将电压恢复到额定值，使电动机在额定电压下运行。常用的减压起动方式有：串电阻（或电抗器）减压、丫-△减压、自耦变压器减压、延边三角形减压等。此节只介绍常用的丫-△减压起动控制。

对于正常运行时定子绕组为"△联结"的三相笼型异步电动机，可采用丫-△减压起动的方式，即电动机起动时，将定子绕组先连接为丫联结（此时每相绕组承受的电压为全压起动的$1/\sqrt{3}$，起动电流为全压起动时电流的1/3，起动转矩为全压起动时的1/3）；待电动机转速上升到一定值时，再将定子绕组转接为△联结，使电动机在全压下运行。

丫-△减压起动方式，只适用于轻载或空载下的起动。

### 8.4.1　手动式丫-△起动器

如图8-30所示的QX1—30丫-△起动器为手动式，无过载、短路和失电压保护，起动器由4个结构相似的触头及一个定位机构所组成，具有薄钢板防护式外壳，触头材料为银，由凸轮操作其分断，由弹簧操作其闭合，定位机构能使触头迅速动作，不致停留在任何位置。

QX1—30丫-△起动器适用交流50Hz、电压至380V、额定工作电流至60A，可控制电动机最大功率至30kW，这类起动器

图8-30　QX1—30丫-△起动器

作用在星形联结下起动三相笼型异步电动机，并将电动机换接成三角形联结后，加速至额定转速以及人为地停止电动机。

### 8.4.2　手动控制丫-△减压起动控制电路

**1. 丫-△减压起动手动控制电路的工作原理**

如图8-31所示，图中加装电流表的目的是监视电动机的起动和运行电流，电流表的量程应按电动机额定电流的3倍选择。

电路工作原理分析如下：合上低压断路器QF接通三相电源。按下起动按钮SB2，首先交流接触器KM3线圈通电吸合，KM3的三对主触头将定子绕组末端连在一起。KM3的辅助常开触头接通使交流接触器KM1线圈通电吸合，KM1三对主触头闭合接通电动机定子三相绕组的首端，电动机绕组丫联结低压起动。

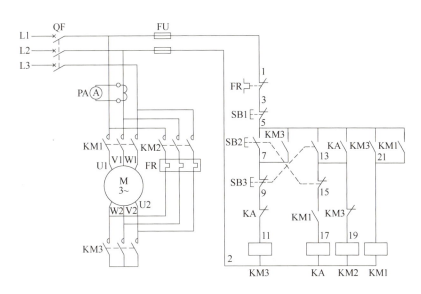

图 8-31　Y-△减压起动手动控制电路

随着电动机转速的升高，待接近额定转速时（或观察电流表接近额定电流时），按下运行按钮 SB3，此时 BS3 的常闭触头断开 KM3 线圈的回路，KM3 断电释放，常开主触头释放将三相绕组末端连接打开，SB3 的常开触头接通中间继电器 KA 线圈通电吸合，KA 的常闭触头断开 KM3 电路（互锁），KM3 的常开触头吸合，通过 SB2 的常闭触头和 KM1 常开触头实现自锁，使接触器 KM2 线圈通电吸合，KM2 主触头闭合，将电动机三相绕组连接成△联结并全压运行。

2. Y-△减压手动控制接线注意事项

Y-△减压手动控制接线示意图如图 8-32 所示。

控制电路安装时的注意事项：

① Y-△减压启动控制电路，只适用于△联结的三相笼型异步电动机，不可用于Y联结的电动机。因为起动时已是Y联结，电动机全压起动，当转入△联结运行时，电动机绕组会因电压过高而烧毁。

② 接线时必须先将电动机接线盒的连接片拆除。

③ 接线时应特别注意电动机的首末端接线相序不可有错，如果接线有错，在通电运行会出现起动时电动机顺转，运行时电动机逆转，因电动机突然反转电流剧增烧毁电动机或造成跳闸事故。

④ 如果需要调换电动机旋转方向，应在电源开关负荷侧调电源线为好，这样操作不容易造成电动机首末端的接线错误。

### 8.4.3　时间继电器控制Y-△减压起动控制电路

1. 控制电路工作原理

如图 8-33 所示，KM1 为电源接触器，KM3 为Y联结接触器，KM2 为△联结接触器。此图常用于功率为 4~13kW 的三相笼型异步电动机的控制。

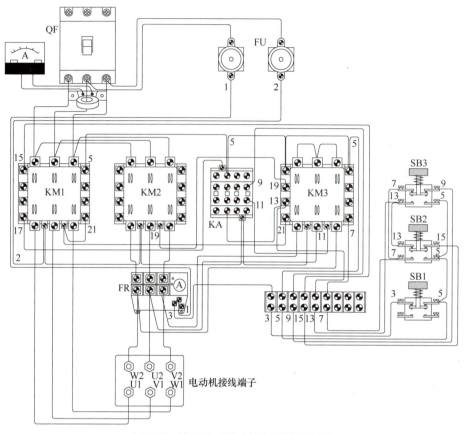

图 8-32　Y-△减压手动控制接线示意图

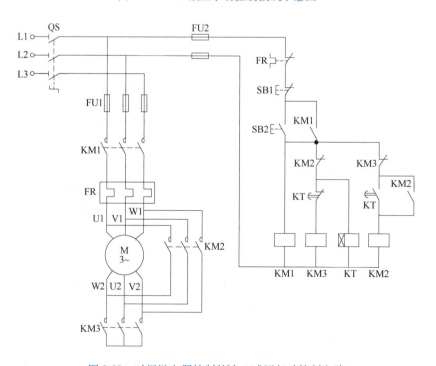

图 8-33　时间继电器控制的Y-△减压起动控制电路

电路的工作原理分析如下：

（1）Y联结减压起动

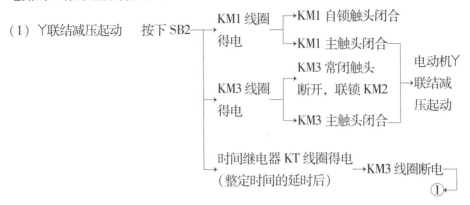

（2）停止运行　按下停止按钮SB1，KM1、KM2线圈断电，所有触头均复位，电动机停止运行。

2. 成型Y—△起动器

图8-34所示为QJX2系列成型Y—△起动器，适用于交流50Hz（或60Hz）、额定电压为380V时控制功率至80kW的三相笼型异步电机，用于控制电动机定子绕组由Y联结至△联结的换接起动、运行及停止。若配装相应规格的热继电器后，可实现对电动机的过载及断相保护。

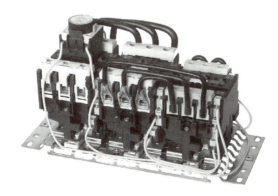

图8-34　QJX2系列成型Y—△起动器

## 8.5　三相异步电动机的制动控制

电动机断开电源后，因惯性作用经过一段时间后才会完全停下来。对于某些生产机械的控制，这种情况是不适宜的，所以有时要对电动机进行制动。所谓制动，是指在切断电动机电源后使它迅速停转而采取的措施。

制动方式分为两种类型：机械制动和电气制动。电气制动是在电动机停转时利用电气原理产生一个与实际转动方向相反的转矩来迫使电动机迅速停转的方法。电气制动的方法有反接制动、能耗制动、电容制动和发电制动等。本节主要介绍机械制动方式。

机械制动是利用电磁铁操纵机械装置，迫使电动机在切断电源后迅速停转的方法。常用的机械制动有电磁制动器制动和电磁离合器制动。

## 8.5.1 电磁制动器制动控制电路

电磁制动器分为通电制动型和断电制动型两种。断电制动型制动器在起重机械上被广泛采用，其优点是能够准确定位，同时可防止电动机突然断电时重物自行坠落。

1. 电磁断电制动控制电路

电磁断电制动控制电路图如图 8-35a 所示。

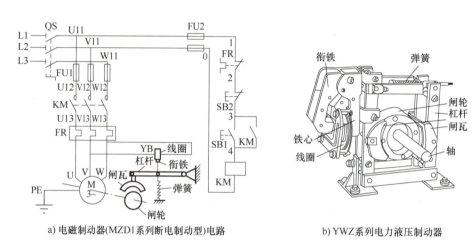

a) 电磁制动器(MZD1系列断电制动型)电路　　b) YWZ系列电力液压制动器

图 8-35　机械制动器

该电路的工作原理如下：先合上电源开关 QS。

（1）起动运转　按下起动按钮 SB1，接触器 KM 线圈得电，其自锁触头和主触头闭合，电动机 M 接通电源，同时电磁制动器 YB 线圈得电，衔铁与铁心吸合，衔铁克服弹簧拉力，迫使制动杠杆向上移动，从而使制动器的闸瓦与闸轮分开，电动机正常运转。

（2）制动停转　按下停止按钮 SB2，接触器 KM 线圈失电，其自锁触头和主触头分断，电动机 M 失电，同时电磁制动器线圈 YB 也失电，衔铁与铁心分开，在弹簧拉力的作用下，闸瓦紧紧抱住闸轮，使电动机被迅速制动而停转。

当重物起吊到需要高度时，按下停止按钮，电动机和电磁制动器的线圈同时断电，闸瓦立即抱住闸轮，电动机立即制动停转，重物随之被准确定位。如果电动机在工作时，电路发生故障而突然断电，电磁制动器同样会使电动机迅速制动停转，从而避免重物自行坠落。

因为电磁制动器线圈耗电时间与电动机通电时间一样长，所以这种制动方法并不经济；另外切断电源后，由于电磁制动器的制动作用，使手动调整工件变得很困难，因此，对要求电动机制动后能调整工件位置的机床设备不能采用这种制动方法,可采用通电制动控制电路。

目前采用较多的是 YWZ 系列电力液压制动器,其外形如图 8-35b 所示。它以单推杆 MYT 系列电力液压推动器作为驱动装置,主要用于起重运输、冶金、港口、建筑机械等制动装置,具有动特性好、起制动时间快、制动平稳、无噪声、安全可靠、维护简单、寿命长等优点。

2. 电磁通电制动控制电路

此种通电制动与上述断电制动方法稍有不同。当电动机得电运转时,电磁制动器线圈断电,闸瓦与闸轮分开,无制动作用;当电动机失电需停转时,电磁制动器的线圈得电,使闸瓦紧紧抱住闸轮制动;当电动机处于停转常态时,电磁制动器线圈也无电,闸瓦与闸轮分开,这样操作人员可以用手扳动主轴调整工件、对刀等。

### 8.5.2 电磁离合器制动

电磁离合器制动的原理和电磁制动器的制动原理类似。有的机床设备和电动葫芦的绳轮采用这种制动方法。电磁离合器的外形和结构示意图如图 8-36 所示。

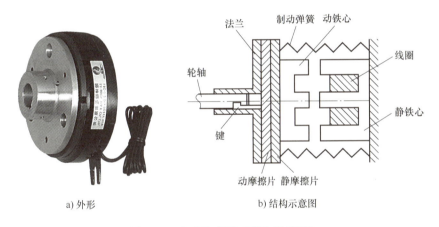

a) 外形  b) 结构示意图

图 8-36 电磁离合器(断电制动型)

1. 结构

电磁铁的静铁心靠导向轴连接在电动葫芦本体上,动铁心与静摩擦片固定在一起,并只能做轴向移动而不能绕轴转动。动摩擦片通过连接法兰与绳轮轴(与电动机共轴)由键固定在一起,可随电动机一起转动。

2. 制动原理

电动机静止时,线圈无电,制动弹簧将静摩擦片紧紧地压在动摩擦片上,此时电动机通过轮轴被制动。当电动机通电运转时,线圈也同样得电,电磁铁的动铁心被静铁心吸合,使静摩擦片与动摩擦片分开,动摩擦片连同轮轴在电动机的带动下正常起动运转。当电动机切断电源时,线圈也同时失电,制动弹簧立即将静摩擦片连同动铁心推向转动着的动摩擦片,因弹簧张力迫使动、静摩擦片间产生较大的摩擦力,使电动机断电后立即受制动停转。

## 8.6 三相笼型异步电动机的调速控制

由电动机工作原理可知,三相笼型异步电动机的转速公式为:

$$n = \frac{60f(1-s)}{p} \qquad (8\text{-}4)$$

式中　$s$——转差率;

　　　$f$——电源频率;

　　　$p$——定子绕组的磁极对数。

由式(8-4)可知,改变异步电动机的转速可通过三种方法来实现:一是改变电源频率 $f$;二是改变转差率 $s$;三是改变磁极对数 $p$。本节只介绍通过改变磁极对数来实现电动机的调速控制。

### 8.6.1 双速异步电动机定子绕组的连接

双速异步电动机定子绕组的接线方式常用以下两种:一种是绕组 Y 联结改接为 YY 联结;另一种是 △ 联结改接为 YY 联结。这两种方式都能使电动机的磁极对数减少 1/2。

图 8-37 所示为 △/YY 联结,图 8-37a 所示为电动机定子绕组 △ 联结,三相电源线分别接到接线端 U1、V1、W1,每相绕组的中点各接出的一个出线端 U2、V2、W2(三个出线端空着不接),此时为低速运行;图 8-37b 所示为电动机绕组 YY 联结,接线端 U1、V1、W1 连接,U2、V2、W2 分别接三相电源,此时电动机的转速接近于低速的两倍。

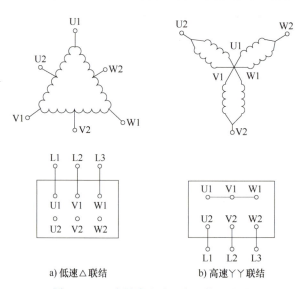

图 8-37　双速异步电动机定子绕组接线

### 8.6.2 双速异步电动机的控制电路

1. 按钮手动控制电路

如图 8-38 所示,图中 KM1 为低速运行接触器,KM2 为高速运行接触器。

项目 8 低压电器及控制电路的装调和维修

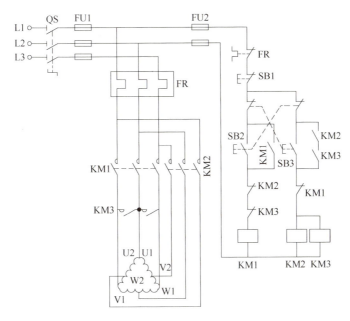

图 8-38 按钮控制双速异步电动机的控制电路

控制电路的工作原理分析如下：合上电源开关 QS，按下低速按钮 SB2，接触器 KM1 线圈通电并自锁，KM1 辅助常闭触头断开，联锁接触器 KM2、KM3 线圈电路；KM1 主触头闭合，使电动机定子绕组为△联结，电动机以低速起动并运行。

如需转换为高速运行，可按下高速按钮 SB3，其常闭触头断开，KM1 线圈断电，主触头断开，使电动机的定子绕组断开△联结，同时 KM1 辅助常闭触头复位闭合，为 KM2、KM3 线圈通电做准备。当 SB3 的常开触头闭合后，KM2、KM3 线圈通电，KM2、KM3 辅助常闭触头断开，联锁接触器 KM1 线圈电路；KM2、KM3 主触头闭合，使电动机定子绕组为 YY 联结，电动机以高速起动并运行。

2. 时间继电器自动控制电路

有些场合需要电动机以低速起动，然后自动地转为高速运行，这个过程可以用时间继电器来控制，如图 8-39 所示。控制电路的工作原理读者可参照图 8-38 所示控制电路的原理自行分析。

### 8.6.3 三速异步电动机的控制电路

三速电动机定子绕组的接线如图 8-40 所示。图 8-40a 中定子绕组有两套，即 10 个出线端，改变这 10 个出线端与电源的连接方式，就可得到三种不同的转速。要使电动机低速运行，只需将三相电源线接至接线端 U1、V1、W1，并将 W1 和 U3 出线端连接（见图 8-40b），其余 6 个出线端空着不接，电动机定子绕组接成△联结低速运转。

若将三相电源接至接线端 U4、V4、W4（见图 8-40c），其余 7 个出线端空着不接，电动机定子绕组接成 Y 联结中速运转。若将三相电源接至接线端 U2、V2、W2，而将 U1、V1、W1 和 U3 出线端连接（见图 8-40d），其余三个出线端空着不接，电动机定子绕组接为 YY 联结高速运转。

233

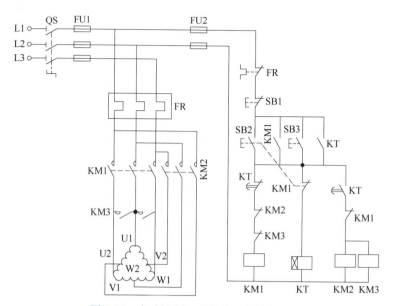

图 8-39 自动控制双速电动机的控制电路

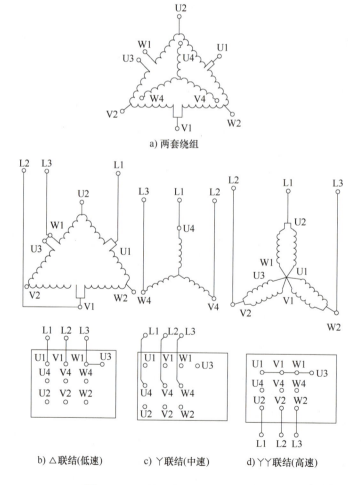

a) 两套绕组

b) △联结(低速)　　c) Y联结(中速)　　d) YY联结(高速)

图 8-40 三速电动机定子绕组的接线

注意:图中 W1 和 U3 出线端分开的目的是当电动机定子绕组接为丫联结中速运转时,不会在△联结的定子绕组中产生感应电流。

采用时间继电器自动控制三速异步电动机的控制电路如图 8-41 所示。

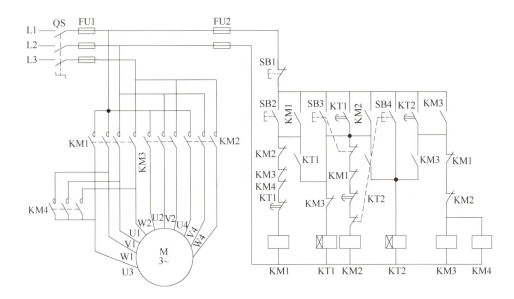

图 8-41　时间继电器自动控制三速异步电动机的控制电路

## 8.7　基本技能训练

**技能训练 1　交流接触器的拆装与通电试验**

(1) 考核方式　技能操作。

(2) 实训器件和耗材

1) 常用电工工具、万用表、收纳盒。

2) CJT1—20 型交流接触器一只;截面积为 $1mm^2$ 的铜芯导线(BV)若干。

(3) 实训步骤

1) 拆装和检修:

① 拆卸灭弧罩的固定螺钉,拆灭弧罩,检查有无碳化层;如有可用锉刀轻轻锉平,并清理干净。

② 用尖嘴钳拔出主触头及触头压力弹簧,查看触头的磨损情况。

③ 松开底盖的紧固螺钉,取下盖板。

④ 取出静铁心、支架、缓冲弹簧、拔出线圈与接线柱之间的连接线。

⑤ 从静铁心上取出线圈、反作用弹簧、动铁心和支架。

⑥ 检查动静铁心接触是否紧密,短路环是否良好。

完成检修后,将接触器及各部件擦拭干净;按照拆卸的逆步骤进行装配。

2）通电试验：

① 装配无误后，在不通电的情况下，手动通断触头数次，检查动作是否可靠，检查触头接触是否紧密。

② 在通电的情况下，检查接触器吸合情况，铁心处是否有噪声。若铁心接触不良，则应将铁心找正，并检查短路环及弹簧等松紧适应度。

③ 进行多次通断试验，检查接触器吸合和触头接触情况。

（4）注意事项

1）拆卸接触器时，应备有盛放零件的容器，以免丢失零件。

2）拆装过程中不允许硬撬元器件，以免损坏接触器。装配辅助触头的静触头时，要防止卡住动触头。

3）接触器通电校验时，应把接触器固定在控制板上。通电校验过程中，应有教师监护，以确保安全。

（5）评分标准　见表8-2。

表8-2　交流接触器的拆装与通电试验项目评分表

| 序号 | 项目 | 技术要求 | 配分 | 评分标准 | 扣分 | 得分 |
|---|---|---|---|---|---|---|
| 1 | 拆卸 | 拆卸方法正确，无零件损坏、丢失 | 40分 | 拆卸方法不正确扣15分 | | |
| | | | | 丢失、损坏零部件，每件扣5分 | | |
| 2 | 装配 | 装配方法正确，无零件损坏、丢失和漏装 | 40分 | 装配方法不正确扣15分 | | |
| | | | | 丢失、损坏或漏装零部件，每件扣5分 | | |
| 3 | 通电试验 | 通电试验符合质量要求 | 20分 | 装配后不能进行通电试验扣10分 | | |
| | | | | 通电时有较大振动、噪声扣5分 | | |
| | | 安全文明操作 | | 违反安全文明生产扣5分 | | |
| | 合　计 | | 100分 | | | |

### 技能训练2　电动机点动与连续控制电路的安装与调试

（1）考核方式　技能操作。

（2）实训器件和耗材

1）常用电工工具、万用表。

2）电路板一块、导线规格：电源电路、主电路采用 BVR1.5mm² （黑色）塑铜线约10m，控制电路采用 BVR1mm² 塑铜线（红色）约5m，接地线采用 BVR1.5mm²（黄绿双色）塑铜线。

（3）实训步骤

1）根据图8-42所示的电动机点动与连续控制电路原理图，绘制电器布置图如图8-43所示，配齐所用的电器元件，并检验各电器元件的质量。

2）如图8-43所示，在控制板对应位置上安装线槽和电器元件，并贴上文字符号。安装时，应做到横平竖直、排列整齐匀称、安装牢固和便于走线等。

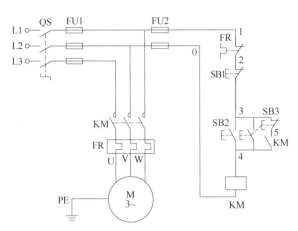

图 8-42 电动机点动与连续控制电路

3）按图 8-42 所示的电气原理图进行线槽配线，并在导线端部套编码套管和压接冷压端头。线槽配线的工艺要求是：

① 布线时，严禁损伤线芯和导线绝缘；导线线芯与冷压端头处露铜长度应小于 1mm，且不应有导线毛刺。

② 各电器元件接线端子上引入或引出的导线，除间距很小和元器件机械强度很差允许直接架空敷设外，其他导线必须穿入线槽进行敷设。

③ 进入线槽内的导线要完全置于线槽内，尽量避免交叉，装线不要超过其容量的 70%。

④ 各电器元件与线槽之间的外露导线，应走线合理，并尽可能做到横平竖直，变换走向要垂直。

⑤ 一个接线端子上最多只能压接两根导线端头。所有接线端子、导线端头上都应套有与电路图上一致的线号套管，并按线号进行连接，连接必须牢固。

4）根据电路图检验控制板内部布线的正确性。

5）连接保护地线、电动机和电源线等控制板外部的导线。

6）自检。

7）检查无误后通电试验。

8）拆卸控制板外部的导线；整理工具；清扫工作台。

(4) 考核时间　90min，应在规定时间内完成。

(5) 评分标准　见表 8-3。

表 8-3　电动机点动与连续控制电路的安装与调试项目评分表

| 考核项目 | 考核要求 | 配分 | 评分标准 | 扣分 | 得分 |
| --- | --- | --- | --- | --- | --- |
| 元器件安装 | 1. 正确安装线槽<br>2. 正确固定元器件 | 20 分 | 1. 不按接线图布置元器件，每只扣 2 分<br>2. 元器件安装不牢固，每处扣 3 分<br>3. 元器件安装不整齐，每只扣 3 分<br>4. 损坏元器件，每处扣 5 分<br>5. 漏装固定螺钉，每处扣 2 分 | | |

(续)

| 考核项目 | 考核要求 | 配分 | 评分标准 | 扣分 | 得分 |
|---|---|---|---|---|---|
| 电路安装 | 1. 按接线图施工<br>2. 合理、规范布线，横平竖直，无交叉<br>3. 规范接线，无线头松动<br>4. 正确编号和套线号管 | 50分 | 1. 不按接线图接线，扣20分<br>2. 布线不合理，不美观每根扣3分<br>3. 走线不横平竖直，每根扣3分<br>4. 线头松动、反圈、压皮、露铜过长，每处扣2分<br>5. 损伤导线绝缘或线芯，每处扣5分<br>6. 错编、漏编号管，每处扣2分<br>7. 线号管方向不统一，每处扣2分 | | |
| 通电试运行 | 按照要求和步骤正确接线和调试；通电前电源线和电动机的接线顺序和完成试运行后的拆线顺序均规范正确 | 30分 | 1. 主控电路配错熔体，每处扣2分<br>2. 热继电器的整定值未正确调整，扣3分<br>3. 一次试运行不成功扣10分<br>4. 二次试运行不成功扣20分<br>5. 三次试运行不成功此项不得分 | | |
| 安全操作 | 遵守电工安全操作规程 | | 1. 漏接接地线一处，扣10分<br>2. 发生安全事故，扣10~30分 | | |
| 合计 | | 100分 | | | |

**技能训练3　接触器联锁正反转控制电路的安装与调试**

（1）考核方式　技能操作。

（2）实训器件和耗材

1）常用电工工具、万用表。

2）电路板一块、导线规格：电源电路、主电路采用BVR1.5mm² （黑色）塑铜线，控制电路采用BVR1mm² 塑铜线（红色），接地线采用BVR1.5mm²（黄绿双色）塑铜线。

（3）实训步骤

1）根据图8-22所示的接触器联锁的正反转控制电路原理图，配齐所用的电器元件，其安装位置参照图8-43所示，并检验电器元件质量。

2）在控制板上安装线槽和电器元件，并贴上文字符号。

3）按电路图进行板前线槽配线，并在导线端部套编码套管和压接冷压端头。

4）根据电路图检验控制板内部布线的正确性。

5）连接保护地线、电动机和电源线等控制板外部的导线。

6）自检。

7）检查无误后通电试验。

8）拆卸控制板外部的导线；整理工具；清扫工作台。

（4）考核时间　120min，应在规定时间内完成。

## 项目 8　低压电器及控制电路的装调和维修

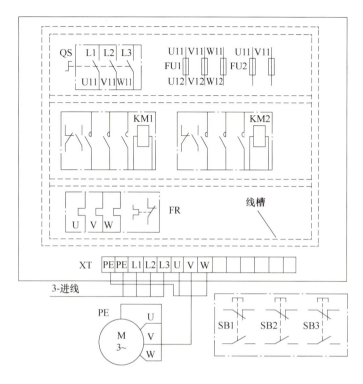

图 8-43　电器布置图

（5）评分标准　见表 8-4。

表 8-4　接触器联锁正反转控制电路的安装与调试项目评分表

| 考核项目 | 考核要求 | 配分 | 评分标准 | 扣分 | 得分 |
| --- | --- | --- | --- | --- | --- |
| 元器件安装 | 1. 正确安装线槽<br>2. 正确固定元器件 | 20 分 | 1. 不按接线图布置元器件，每只扣 2 分<br>2. 元器件安装不牢固，每处扣 3 分<br>3. 元器件安装不整齐，每只扣 3 分<br>4. 损坏元器件，每处扣 5 分<br>5. 漏装固定螺钉，每处扣 2 分 | | |
| 线路安装 | 1. 按接线图施工<br>2. 合理、规范布线，横平竖直，无交叉<br>3. 规范接线，无线头松动<br>4. 正确编号和套线号管 | 50 分 | 1. 不按接线图接线，扣 20 分<br>2. 布线不合理，不美观每根扣 3 分<br>3. 走线不横平竖直，每根扣 3 分<br>4. 线头松动、反圈、压皮、露铜过长，每处扣 2 分<br>5. 损伤导线绝缘或线芯，每处扣 5 分<br>6. 错编、漏编号管，每处扣 2 分<br>7. 线号管方向不统一，每处扣 2 分 | | |

(续)

| 考核项目 | 考核要求 | 配分 | 评分标准 | 扣分 | 得分 |
|---|---|---|---|---|---|
| 通电试运行 | 按照要求和步骤正确接线和调试；通电前电源线和电动机的接线顺序和完成试运行后的拆线顺序均规范正确 | 30 分 | 1. 主控电路配错熔体，每处扣 2 分<br>2. 热继电器的整定值未正确调整，扣 3 分<br>3. 一次试运行不成功扣 10 分<br>4. 二次试运行不成功扣 20 分<br>5. 三次试运行不成功此项不得分 | | |
| 安全操作 | 遵守电工安全操作规程 | | 1. 漏接接地线一处，扣 10 分<br>2. 发生安全事故，扣 10~30 分 | | |
| 合计 | | 100 分 | | | |

复习思考题

1. 什么是电气原理图？绘制电气原理图有哪些基本原则？
2. 什么是电器元件布置图？绘制电器元件布置图有哪些原则？
3. 在电动机控制电路中，熔断器和热继电器的作用是什么？能否相互替代？
4. 低压断路器的作用是什么？如何选用低压断路器？
5. 交流接触器的作用是什么？如何选用交流接触器？
6. 常用的触头有哪几种形式？
7. 过电流继电器的作用是什么？如何选用过电流继电器？
8. 中间继电器和交流接触器有何区别？在什么情况下，中间继电器可以代替交流接触器起动电动机？
9. 如何选用电动机过载保护用的热继电器？
10. 如何选择熔体的额定电流？
11. 三相笼型异步电动机起动方式有哪些？
12. 什么叫作自锁？如何实现自锁控制？
13. 怎样实现电动机的正反转控制？比较一下常用正反转控制电路各有哪些特点？
14. 什么叫作减压起动？三相异步电动机减压起动有哪几种方法？
15. 三相笼型异步电动机的调速方法有哪些？
16. 什么叫作制动？三相异步电动机制动控制有哪几种方法？

# 项目 9

# 钳工基本操作工艺

**培训学习目标：**

熟悉常用工具和量具及其使用方法；掌握锯削和锉削操作技术；掌握钻孔工具和设备的操作方法；掌握攻螺纹和套螺纹的操作技术。

电工在进行电气安装、电气线路装配和维护、设备安装和维修等工作时，经常要涉及钳工操作工艺等技术，它主要包括：划线、锯削、锉削、钻孔、攻螺纹和套螺纹等。所以，掌握钳工基本的操作工艺，也是电工培训的重要技术。

## 9.1 常用工具和量具

1. 钢直尺

钢直尺是一种简单的尺寸量具，其外形如图 9-1 所示。钢直尺最高测量精度为 0.5mm，常见规格有 150mm、300mm、500mm 和 1000mm 等。

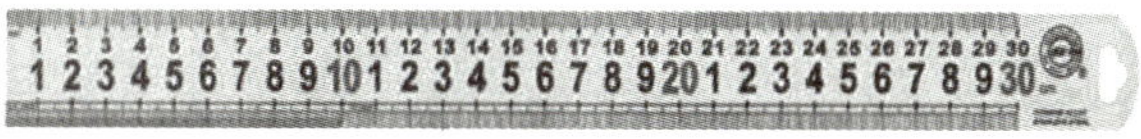

图 9-1 钢直尺

2. 划规

划规可以用来划圆或圆弧、等分线段、等分角度及量取尺寸，其外形如图 9-2 所示。

3. 直角尺

直角尺可以用来测量直角、划平行线和垂直线，其外形如图 9-3 所示。

图 9-2 划规

图 9-3 直角尺

4. 游标卡尺

游标卡尺是一种中等精度的量具，其测量精度有 0.02mm 和 0.05mm 两种。它可以用来测量工件的内、外及深度尺寸，其外形结构和读数示例如图 9-4 所示。

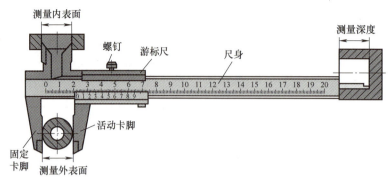

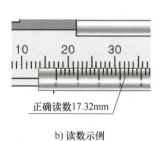

图 9-4　游标卡尺的外形结构和读数示例

（1）测量方法　测量前应先校准零位。使活动卡脚测量面紧靠工件，如图 9-4a 所示，并使测量面的连线垂直于被测量面，拧紧止动螺钉，读出所测数值。

（2）读数方法

1）读整数。游标尺零线左边尺身上的第一条刻线是整数的毫米值。

2）读小数。在游标尺上找出哪一条刻线与尺身刻线对齐，在对齐处从游标尺上读出毫米的小数值。

3）将上述两值相加，即为游标卡尺测量尺寸。

5. 千分尺

千分尺是一种精度较高的量具，测量精度一般为 0.01~0.05mm。它有内径千分尺和外径千分尺两种。在测量导线或电磁线线径时，经常要用到测量精度为 0.01mm 的外径千分尺，其常见外形结构和读数示例如图 9-5 所示。

（1）测量方法

1）测量前将千分尺测量面擦净，然后检查零位的准确性。

2）将工件被测表面擦干净，以保证测量准确。

3）用单手或双手握千分尺对工件进行测量，一般先转动活动套筒，当千分尺的测量面刚接触到工件表面时改用棘轮，当听到测力控制装置发出"嗒嗒"声，停止转动。

（2）读数方法　如图 9-5b 所示，应先看清内套筒（即固定套筒）上露出的刻线，读出毫米数和半毫米数；然后再看清外套筒（活动套筒）的刻线和内套筒基准线所对齐的数值（每格为 0.01mm），将两个读数相加，其结果就是测量值。

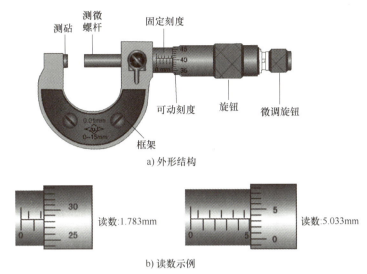

图 9-5 千分尺的外形结构和读数示例

注意：使用时不能用千分尺测量粗糙的表面；使用后擦净测量面并加润滑油防锈，放入盒中。

6. 水平仪

水平仪是利用水准泡的移动来检查平面相对水平或垂直位置的专用量具。安装设备时经常要用到。水平仪有条式和框式两种，如图 9-6 所示，由框架和弧形玻璃管组成。框架的测量面上有 V 形槽，以便安置在圆柱形的表面上。玻璃管的表面有刻线，内装乙醚或酒精，留有气泡。当被测平面处在水平或垂直位置时，气泡处于中央位置；若被测平面是倾斜的，气泡位置就会发生偏移。

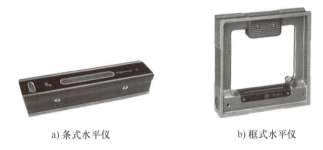

图 9-6 水平仪

框式水平仪的每个侧面均可作为测量面使用，各侧面间保持精确的直角关系。

使用水平仪的注意事项如下：

1）测量前，应检查水平仪的零位是否正确。
2）被测表面必须清洁。
3）读数时，气泡必须完全稳定方可读数。
4）读取水平仪示值时，应在垂直于水准仪的位置上进行。

水平仪是用气泡偏移一格来表示表面所倾斜的角度 α 或表面在 1m 内的倾斜高度差。

常用水平仪的精度见表 9-1。

表 9-1 常用水平仪的精度

| 精度等级 | I | II | III | IV |
|---|---|---|---|---|
| 气泡移动一格时的倾斜角 α/(″) | 4~10 | 12~20 | 24~40 | 50~60 |
| 1m 内倾斜高度差/mm | 0.02~0.05 | 0.06~0.10 | 0.12~0.20 | 0.25~0.30 |

## 9.2 划线与冲眼

### 9.2.1 划线

**1. 划线工具及使用方法**

（1）划线平台　划线平台用铸铁制成，表面经过精刨或刮削加工，如图 9-7a 所示。划线平台应平稳放置，并处于水平位置；应注意表面清洁，防止金属屑、灰砂等划伤台面；要防止碰撞和锤击，以免降低准确度；用后应擦拭干净，并涂上机油防锈。

（2）划针　划针由弹簧钢丝或高速钢制成，直径为 3~5mm，尖端磨成 15°~20°的尖角，并经淬火处理，用于在工件上划线条，如图 9-7b 所示。电工在进行低压元器件安装定位时经常要用到划针。

（3）样冲　一般用工具钢制成，尖端磨成 45°~60°并淬硬（可用废丝锥或废立铣刀代用），也称为中心冲，用于在工件上冲小眼，如图 9-7c 所示。电工在钻孔工作时需要使用样冲给所钻孔进行中心定位。

图 9-7　划线工具

**2. 划线方法**

（1）工件表面划线前　在划线部位的表面涂上一层薄而均匀的涂料，从而使划出的线条清晰。涂料应具有一定的附着力。常用的涂料有石灰水，适用于铸锻件的毛坯表面；酒精色溶液，适用于已加工的表面。

划线时，划针尖要紧贴导向工具，上端要向外倾斜 15°~20°，同时向划线方向倾斜 45°~75°，如图 9-8 所示。操作时要尽量做到一次划成，避免重复划线、线条过粗和模糊不清等现象的发生。

（2）选择划线基准　划线时应选择一个或几个

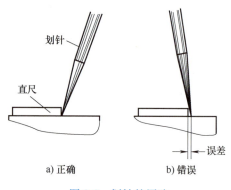

图 9-8　划针的用法

平面（或线）作为划线的根据，划其余的尺寸线都从这些线或面开始，这样的线或面就是划线基准。选定划线基准应尽量与图样上的设计基准一致。常见的选择基准的类型有以下三种：以两个互成直角的平面为基准；以两条中心线为基准或以一个平面和一条中心线为基准。一般平面划线选两个基准。

（3）平行线的划法

1）用靠边直角尺推平行线：如图 9-9a 所示，将直角尺紧靠工件基准边，并沿基准边移动，用钢尺度量尺寸后，沿角尺划出。

2）用作图法划平行线：如图 9-9b 所示，按已知平行线的距离为半径，用划规划两圆弧，做两圆弧的切线即得。

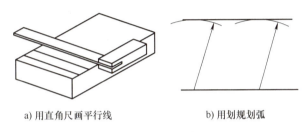

a) 用直角尺画平行线　　　b) 用划规划弧

图 9-9　平行线的划法

（4）其他线的划法

1）角度线。通常用角规划出，角规用来划角度线或测量角度。

2）圆弧。在直角上划圆弧；在两直角间划半圆；在锐角上划圆弧。具体划法如图 9-10 所示。

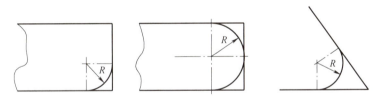

图 9-10　圆弧的划法

3）正多边形。在已知圆内划正方形；在已知圆内划正六边形。图 9-11 所示为用几何作图法或用按等弦长作图法划出的正方形和正六边形。

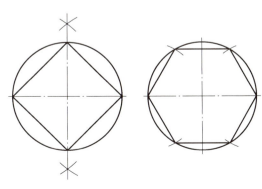

图 9-11　正多边形的划法

## 9.2.2 冲眼

**1. 锤子**

冲眼操作时要用锤子来敲击。锤子由锤头和锤柄两部分组成,如图9-12所示。钢制锤子的规格用锤头的重量表示,有0.25kg、0.5kg和1kg等几种。锤头用碳素工具钢锻制而成,并经热处理淬硬。锤柄选用比较坚固的木材制成。

图9-12 锤子

锤子的握法如图9-13所示。要根据各种不同加工的需要选择使用锤子,使用中要注意时常检查锤头是否有松脱现象。

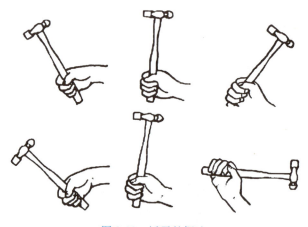

图9-13 锤子的握法

使用时,一般右手握锤,常用的方法有紧握锤和松握锤两种。紧握锤是指从挥锤到击锤的全过程中,全部手指一直紧握锤柄。如果在挥锤开始时,全部手指紧握锤柄,随着锤的上举,逐渐依次地将小指、无名指和中指放松,而在锤击的瞬间,迅速将放松了的手指又全部握紧,并加快手腕、肘以至臂的运动,则称为松握锤。松握锤可以加强锤击力量,且不易疲劳。

**2. 冲眼方法**

如图9-14所示,冲眼时先要看准位置,将样冲外斜,使尖端对正线的正中,然后再将样冲直立冲眼,同时手要搁实。

**3. 冲眼时的注意事项**

1) 对线位置要准确,冲点不能偏离线条。

2) 线条长而直时,冲眼距离可大些;线条短而曲时,冲眼距离要小些,但至少有三个冲眼;在线条的交叉和转折处必须冲眼。

3) 冲眼的深浅要适当,薄壁零件冲眼要浅些,应轻敲;光滑表面也要浅些;精加工表面严禁冲眼;粗糙表面冲眼要深些;钻孔的中心冲眼要大而深。

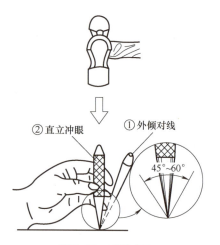

图9-14 冲眼方法

4)为检查冲眼后的位置是否正确,划线时应划出几个同心检测圆,在与加工尺寸线相同的一个圆上打样冲眼,如图9-15所示。

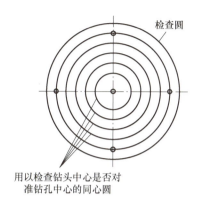

图9-15 钻孔划线打样冲眼的方法

## 9.3 锯削

电工在安装线槽或桥架等工作时,经常要用到手锯来对材料进行切割,这样就要求掌握基本的锯削技术。

### 9.3.1 锯削工具的安装与选用

**1. 锯弓**

锯弓用来张紧锯条,分为固定式和可调式两种。

**2. 锯条**

锯条根据锯齿的牙距大小分为粗齿、中齿和细齿三种,常用的长度规格是300mm。锯条应根据所锯材料的软硬、厚薄来选用。粗齿锯条适宜锯削软材料;细齿锯条适宜锯削硬材料、管子、薄板料和角铁。

安装锯条时可根据加工需要,将锯条装成直向的或横向的,锯齿的方向一般要向前,如图9-16所示。锯条的绷紧程度要适当,若过紧,锯条会因受力而失去弹性,锯削时稍有弯曲就会崩断;若过松,锯削时不但容易弯曲造成折断,而且锯缝易歪斜。

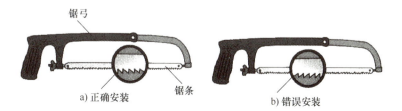

图9-16 手锯及锯条安装的锯齿方向

**3. 台虎钳**

台虎钳是用来夹持工件的工具,分为固定式和可调式两种。常见台虎钳的外形如图9-17

所示。台虎钳的规格用钳口的宽度表示，有 100mm、125mm 和 150mm 等。

台虎钳在安装时，必须使固定钳身的工作面处于钳台边缘以外，钳台的高度为 800～900mm。钳台的主要作用是安装台虎钳和存放钳工常用工具、量具、夹具等。钳台常见外形如图 9-18 所示。

图 9-17　常见台虎钳的外形

图 9-18　钳台常见外形

## 9.3.2　锯削姿势

**1. 手锯握法**

右手满握锯柄（也可将食指伸直靠紧弓架），控制锯削推力和压力；左手轻扶锯弓前端，配合右手扶正锯弓，如图 9-19 所示。注意：不应加过大的压力。

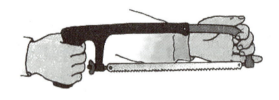

图 9-19　手锯握法

**2. 姿势**

（1）站立姿势　锯削时右腿伸直，左腿弯曲，身体向前倾斜，重心落在左脚上，两脚站稳不动，靠左膝的屈伸使身体做往复摆动。跨前半步的左脚、膝部要自然并稍弯曲；右脚稍向后；两脚均不要过分用力，身体自然稍前倾。两脚的站位如图 9-20 所示。

（2）身体运动姿势　身体应与锯弓一起前推，右腿甚至稍向前倾，重心移向左脚，左膝弯曲，两腿形成弓字步。当锯条推至 3/4 行程时，身体先回到原位，这时左膝微曲，右膝仍然伸直，重心后移，并顺势拉回收据；当手锯收回将近结束时，身体又与锯弓一起向前，做第二次锯削的前推运动。

（3）锯削运动　锯弓的运动有上下摆动和直线运动两种。上下摆动就是手锯前推时，身

项目9 钳工基本操作工艺

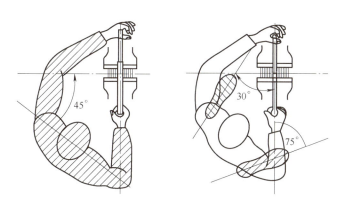

图 9-20 锯削时站立和两脚的站位

体稍前倾,双手随着前推手锯的同时,左手上翘、右手下压;回程时右手上抬,左手自然跟回。这种方式较为省力,锯削管材、薄板料和要求锯缝平直时都采用直线运动,其余锯削都采用上下摆动式运动。

### 9.3.3 锯削操作方法

1. 工件夹持

工件一般可任意夹持在钳口的左右侧,锯缝应尽量靠近钳口且与钳口侧面保持平行。夹持要紧固,也要防止过大的夹紧力将工件夹变形。

2. 起锯方法

起锯是锯削工作的开始,起锯质量的好坏直接影响锯削质量。起锯有远起锯和近起锯两种,如图9-21a、b所示,在实际操作中较多采用远起锯。

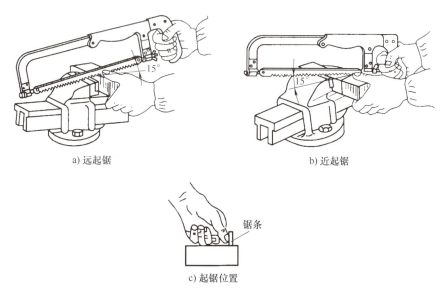

a) 远起锯  b) 近起锯

c) 起锯位置

图 9-21 起锯方法

无论采用哪种起锯方法,起锯角度都要小一些,一般小于15°。如果起锯角太大,锯齿易被工件的棱边卡住。若起锯角太小，会由于同时与工件接触的齿数多而不易切入材料，锯条还可能打滑，使锯缝发生偏离，工件表面被拉出多道锯痕而影响表面质量。起锯时压力要轻，为了使起锯平稳，位置准确，可用左手大拇指确定锯条位置，如图9-21c所示。起锯时压力要小，行程要短。

锯削速度以20~40次/min为宜，锯削软材料时可以快一些；锯削硬材料时可以慢一些。锯削时应尽量采用锯条的全长，一次往复的距离不小于锯条全长的2/3。

3. 锯削方法

（1）棒料的锯削　一般把具有一定厚度的实心料统称为棒料。如果要求断面平整，则应从一个方向锯到底；如果断面要求不严，则可按几个方向锯下，锯到一定深度后，用手折断。

（2）管料的锯削　锯削前，要划出垂直于轴线的锯削线。当锯到管料内壁时应停锯，把管料沿推锯方向转一个角度，并沿原锯缝继续锯削到内壁。这样逐渐改变方向不断地转锯，直到锯断为止，如图9-22所示。

a) 转位锯削

b) 不正确的锯削

图9-22　管料的锯削

（3）薄板料的锯削　锯削薄板料时，使锯缝处于水平位置，手锯做横向斜推锯，尽可能从宽的面上锯下去，这样，锯齿不易产生钩住现象。当一定要在板料的窄面锯下去时，应该把它夹在两块木块之间，连木块一起锯下。这样可避免锯齿钩住，锯削时薄板料不会颤动，如图9-23所示。

4. 锯削的安全知识

1）锯条安装松紧要适当，锯削时速度不要太快，压力不要过大，防止锯条突然崩断、弹出伤人。

2）工件快要锯断时，要及时用手扶住被锯下的部分，以防止工件落下、砸伤脚面。

5. 锯削时的注意事项

（1）锯缝歪斜　其原因是起锯线与钳口不平行，往复锯削时不在一条直线上，锯弓左右偏斜。

（2）锯条折断　其原因是锯条装得过松或过紧，工件没有夹紧或伸出过长而引起锯削时抖动，锯削时压力过大。正确的锯削方法应是用力均匀，前推时加压，返回时轻轻滑过。

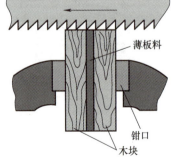

图9-23　薄板料的锯削方法

（3）锯齿崩裂　其原因是锯齿粗细选择不当，起锯方向和角度不对。锯削时应根据工件的材料及厚度选择合适的锯条。起锯角度不超过15°。

(4) 锯齿磨损过快　其原因是锯削速度过快，未使锯条全长工作。

## 9.4　锉　削

锉削就是用锉刀对工件表面进行切削加工，电工在安装或维修及更换元器件的过程中，有时要用到锉刀进行修整作业。

### 9.4.1　锉刀

按横截面形状分为平锉、方锉、三角锉、圆锉和半圆锉等，其种类和使用方法如图9-24所示。使用时根据锉削面的形状选择。

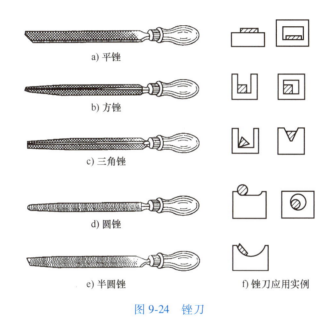

图 9-24　锉刀

锉刀的齿纹有单齿纹和双齿纹。锉削软金属用单齿纹，其余都用双齿纹。齿纹又分粗齿、中齿、细齿。电工作业时常用的是中齿或细齿的双齿纹锉刀。

### 9.4.2　锉削操作知识

1. 锉刀握法

根据锉刀的尺寸不同，其握法也不相同，如图9-25所示。

2. 锉削姿势

双脚站立位置与锯削相似，站立要自然。

3. 锉削操作方法

(1) 工件的夹持　工件应夹持在钳口的中间，且伸出钳口约15mm，以防止锉削时产生振动；夹持牢靠又不致使工件变形；夹持已加工或精度高的工件时，应在钳口和工件之间垫入钳口铜皮或其他软金属保护衬垫；表面不规则工件，夹持时要加垫块，垫平夹稳；大而薄的工件，夹持时可用两根长度相适应的角钢夹住工件，将其一起夹持在钳口上。

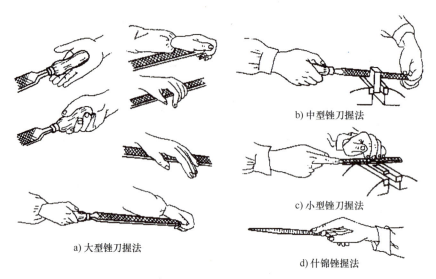

a) 大型锉刀握法
b) 中型锉刀握法
c) 小型锉刀握法
d) 什锦锉握法

图 9-25　常用锉刀握法

（2）锉削方法　锉平直的平面，必须使锉刀保持直线运动；在推进过程中要使锉刀不出现上下摆动，就必须使锉刀在工件的任意位置时前后两端所受的力矩保持平衡。如图 9-26 所示，右手握锉柄，用力方向与锉的方向一致，左手握住锉头处。锉的方向与工件成 45°，还要保持锉成水平状态。推进时右手压力要随锉刀的推进逐渐增大，回程中不加压力。

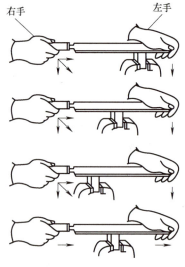

图 9-26　锉削方法

4. 锉削的安全知识

1）没有装柄或柄已裂开的锉刀不可使用；不可将锉刀当作拆卸工具或手锤使用；锉刀不用时应放在台虎钳的右侧，其柄不可露出钳台外。

2）不能用嘴吹铁屑，也不用手摸工件的表面。

项目 9 钳工基本操作工艺

## 9.5 钻　孔

钻孔是用钻头在工件上加工出孔的工作，电工人员在安装和维修的过程中经常要用到钻床或手电钻在各种材料上进行钻孔作业。

### 9.5.1 钻孔设备和工具

**1. 电钻**

电钻是用来钻孔的常用电动工具，常用电钻有手枪式、手提式、充电式多种类型，其外形如图 9-27 所示，电钻常见的规格有 6mm、10mm 和 13mm 三种。手电钻的电动机为串励式电动机，具有体积小、过载能力强、换向方便等优点。从转速上看，规格小的手电钻转速较高，如 6mm 的手电钻转速在 1200r/min 左右，而 13mm 的手电钻转速在 550r/min 左右，也有手电钻具有调速功能，通常是通过特殊的调速开关实现平滑调速。

a) 手枪式

b) 手提式

c) 充电式

图 9-27　电钻的外形

**2. 台式钻床**

台式钻床简称台钻，一般用来钻直径小于 13mm 的孔，其常见外形如图 9-28 所示。通常有三档或五档的机械调速，变速机构是由两组塔形带轮和 V 带构成，通过改变变速比来改变转速，变速时要先停机；主轴有两个方向的转动，换向采用开关控制电动机来实现；各活动部分均有锁紧手柄，使用前要检查各活动部分的手柄是否锁紧。

使用台式钻床前，首先根据加工工件的形状、大小及加工部位调节好主轴箱和工作台的相对位置和高度，并锁紧各部分的锁紧手柄。工件尺寸较大，不能放置在工作台上时，可将工作台移开，将工件直接放置在底座或地面上，然后根据使用性质、钻头直径及工件材料选择并调节好转速，把钻头在钻夹头上夹牢，工件固定好位置，方可进行加工。

图 9-28　台式钻床

**3. 钻头**

常用的钻头是麻花钻，由高速钢制成并淬硬，其外形如图 9-29 所示。

麻花钻由柄部、颈部及工作部分组成。柄部用来夹持、定心和传递动力，直径在 13mm 以下的麻花钻为直柄，13mm 以上的为锥柄，锥柄钻头需要配合钻套使用。

4. 钻夹头和钻头套

钻夹头和钻头套是夹持钻头的夹具。直柄式钻头用钻夹头夹持，钻头柄部塞入钻夹头的长度不能小于15mm，夹紧钻头要用专用的钻夹头钥匙，其外形如图9-30所示。不能用锤子或其他工具敲击钻夹头来夹紧钻头，以免损坏钻夹头。

锥柄钻头用钻头套夹持，直接与主轴连接。连接时必须先擦净主轴上的锥孔，并式钻头套矩形舌的方向与主轴上的腰形孔中心线方向一致，利用向上冲力一次装接；拆卸使用斜铁顶出。

图9-29 麻花钻头的外形

图9-30 钻夹头和钻夹头钥匙

## 9.5.2 钻孔操作方法

1. 划线冲眼

按钻孔位置尺寸，划好孔位的十字中心线，并用样冲打出小的中心冲眼。按孔的孔径大小划孔的圆周线和检查圆，再将中心样冲眼打大打深，以便钻头定位。图9-31所示为样冲及其使用方法。

2. 工件的夹持

钻孔是根据孔径和工件的大小、形状，采用合适的夹持方法，以保证质量和安全。钻孔时工件夹持方法如图9-32所示。

3. 钻孔的操作方法

钻孔时，先将钻头对准中心样冲眼进行试钻，试钻出来的浅坑应保持在中心位置，如有偏移，要及时矫正。矫正方法是：可在钻孔的同时将工件向偏移的反方向推移；还可用样冲在偏移的位置斜着多冲眼，达到逐步矫正的目的。当试钻孔达到孔位要求后，即可压紧工件完成钻孔。钻孔时要经常退钻排屑。孔将钻穿时，进给力必须减小，以防止钻头折断或使工件随钻头转动造成事故。

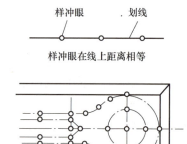

图9-31 样冲及使用方法

4. 钻孔时的冷却与润滑

为了使钻头散热冷却，减小钻削时钻头与工件、切屑间的摩擦，提高钻头的耐用度和改善加工孔的表面质量，钻孔时要加注足够的切削液。钻削铜、铝及铸件等材料时一般可不加切削液。

## 项目9 钳工基本操作工艺

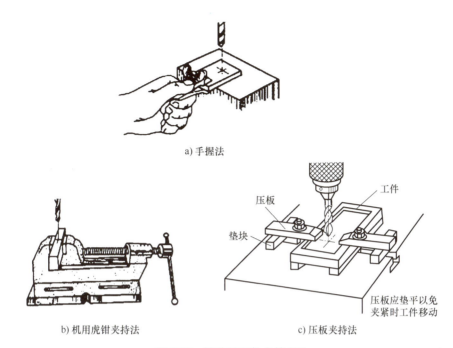

图9-32 钻孔时工件夹持方法

### 9.5.3 钻孔安全知识

1) 操作钻床时不可戴手套,袖口要扎紧,必须戴工作帽。
2) 钻孔前,要根据需要,调节好钻床的速度。调节时,必须断开钻床的电源开关。
3) 不能用手和棉纱头或用嘴吹来清除切屑,要用毛刷或棒钩来清除,必须在钻床停转时清除。
4) 钻床停转时应让主轴自然停止转动,严禁用手捏刹钻头。

## 9.6 攻螺纹和套螺纹

常用的带螺纹工件,其螺纹除采用机械加工外,还可以用钳加工方法中的攻螺纹和套螺纹工艺来完成加工。攻螺纹是用丝锥在工件内圆柱面上加工出内螺纹;套螺纹是用板牙在圆柱杆上加工外螺纹。

### 9.6.1 攻螺纹

**1. 攻螺纹工具**

(1) 丝锥 丝锥是用来加工较小直径内螺纹的成形刀具,一般选用合金工具钢制成,并经热处理制成,其外形如图9-33所示。

按加工螺纹的种类分为:普通三角螺纹丝锥、圆柱管螺纹丝锥、圆锥管螺纹丝锥,通常用到的是第一种。按加工方法分为机用丝锥和手用丝锥。通常M6~M24的丝锥一套有两支,称为头锥、二锥;M6以下及M24以上一套有三支,即头锥、二锥和三锥。

（2）铰杠  铰杠又叫作扳杠，是用来夹持丝锥的工具。常用的是可调式铰杠，旋转手柄即可调节方孔的大小，以便夹持不同尺寸的丝锥。铰杠的长度应根据丝锥尺寸来选择，以便控制一定的扭矩。铰杠有普通铰杠和丁字形铰杠两种，其常见外形如图9-34所示。

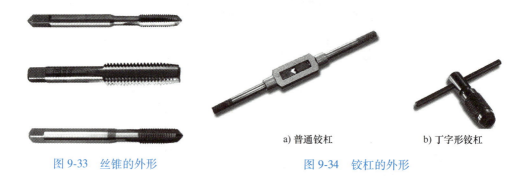

图 9-33　丝锥的外形　　　　　　图 9-34　铰杠的外形
　　　　　　　　　　　　　　a）普通铰杠　　b）丁字形铰杠

（3）丝锥的选用

1）选用的内容有大径、牙形、精度和旋向等，应根据所配的螺栓大小选用丝锥的公称规格。

2）使用圆柱形螺纹丝锥时，应注意镀锌钢管标称直径是以内径标称的，而电线管标称直径是以外径标称的。

2. 攻螺纹的操作方法和注意事项

（1）确定底孔直径　攻螺纹前应先确定底孔直径，底孔直径应比丝锥螺纹内径稍大，还要根据工件材料性质来考虑，可用下列经验公式计算：

钢和塑性较大的材料：　　　　　　$D \approx d - t$　　　　　　　　　　　　　　(9-1)

铸铁等脆性材料：　　　　　　　　$D \approx d - 1.05t$　　　　　　　　　　　　(9-2)

式中　$D$——底孔直径，单位为 mm；

　　　$d$——螺纹大径，单位为 mm；

　　　$t$——螺距，单位为 mm。

（2）操作方法　操作方法如图9-35所示。

1）划线、钻底孔。底孔孔口应倒角；通孔应两端倒角，便于丝锥切入，并可防止孔口的螺纹崩裂。

2）攻螺纹前工件夹持位置要正确，应尽可能把底孔中心线置于水平或垂直位置，便于攻螺纹时掌握丝锥是否垂直于工件。

3）先用头锥起攻，丝锥一定要和工件垂直，可用一手掌按住铰杠中部，用力加压；另一只手配合做顺时针旋转。或两手均匀握住铰杠，均匀施加压力，并将丝锥顺时针旋转。当丝锥攻入一两圈后，从间隔90°的两个方向用直角尺检查，并矫正丝锥位置至要求；攻入三四圈后，不要再在铰杠上加压，两手把稳铰杠，均匀用力顺着推扳铰杠旋转。一般转1/2~1圈后，倒转1/4~1/2圈，以利于

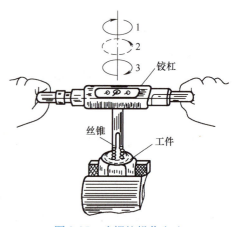

图 9-35　攻螺纹操作方法

排屑。在攻削 M5 以下塑性较大的材料时，倒转要频繁，一般正转 1/2 圈倒转一次。

4）攻螺纹时必须按头锥、二锥、三锥顺序攻削至标准尺寸。换用丝锥时，先用手将丝锥旋入已攻出的螺孔中，待手转不动时，再装上铰杠攻螺纹。

5）攻不通孔时，应在丝锥上作深度标记。攻螺纹时要经常退出丝锥，排出切屑。

注意：攻螺纹时要加注切削滑液。攻钢件上的内螺纹时，要加机油润滑，可使螺纹光洁、省力和延长丝锥的使用寿命；攻铸铁件上的内螺纹时，可加煤油；攻铝及铝合金、纯铜上的内螺纹时，可加乳化液。不要用嘴直接吹切屑，以防切屑飞入眼内。

### 9.6.2 套螺纹

**1. 套螺纹工具**

（1）板牙　板牙是加工外螺纹的刀具，用合金工具钢制成，并经热处理制成，如图9-36 所示。其外形像一个圆螺母，上面钻有 3~4 个排屑孔，并形成刀刃。

板牙由切削部分、定位部分和排屑孔组成。板牙的外圆有一条深槽和四个锥坑，锥坑用于定位和紧固板牙。

（2）圆板牙铰杠　圆板牙铰杠是用来夹持板牙、传递扭矩的工具。不同外径的板牙应选用不同的铰杠。其常见外形如图9-37 所示。

图 9-36　圆板牙

图 9-37　圆板牙铰杠

**2. 套螺纹前圆杆直径的确定和倒角**

（1）圆杆直径的确定　与攻螺纹相同，套螺纹时有切削作用，也有挤压金属的作用。故套螺纹前必须检查圆杆直径。圆杆直径应稍小于螺纹的公称尺寸，圆杆直径可查表或按经验公式［圆杆直径=螺纹外径 $d$-（0.13~0.2）螺距 $P$］计算。

（2）圆杆端部的倒角　套螺纹前圆杆端部应倒角，使板牙容易对准工件中心，同时也容易切入。倒角长度应大于一个螺距，斜角为 15°~30°。

**3. 套螺纹的操作方法和注意事项**

1）套螺纹时，如图9-38 所示，板牙端面应与圆杆垂直，用力要均匀。开始转动时要稍加压力，套入 3~4 牙后，可只转动而不加压，并经常反转，以便断屑。

2）每次套螺纹前应将板牙排屑槽内及螺纹内的切屑清除干净。

3）套螺纹前要检查圆杆直径大小和端部倒角。

4）套螺纹时切削扭矩很大，易损坏圆杆的已加工面，所以应使用硬木制的 V 形槽衬垫或用厚铜板作保护片来夹持工件。工件伸出钳口的长度，在不影响螺纹要求长度的前提下，应尽量短。

5）在钢制圆杆上套螺纹时要加机油润滑。

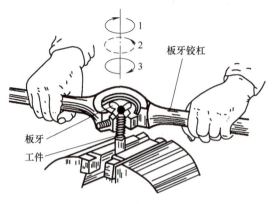

图 9-38 套螺纹方法

1. 游标卡尺的读数方法是什么？
2. 千分尺的测量方法是什么？
3. 锯削的安全知识有哪些？锯削的锯条如何进行安装？锯削时的注意事项有哪些？
4. 钻削时安全知识有哪些？钻孔时的操作方法是什么？
5. 钻孔时的安全知识有哪些？
6. 如何选用丝锥？攻螺纹的操作方法和注意事项有哪些？

# 模拟试卷样例

**一、判断题**（对画"√"，错画"×"，每题1分，共20分）

1. 变压器的额定功率是指当一次侧施以额定电压时，在温升不超过允许温升的情况下，二次侧所允许输出的最大功率。（　）
2. 变压器在使用时铁心会逐渐氧化生锈，因此空载电流也就相应逐渐减小。（　）
3. 三相异步电动机的转速取决于电源频率和磁极对数，而与转差率无关。（　）
4. 三相异步电动机转子的转速越低，电动机的转差率越大，转子电动势频率越高。（　）
5. 剥线钳可用于剖削线芯截面积为 $6mm^2$ 以下导线的绝缘层，故应有直径6mm及以下的切口。（　）
6. 变压器无论带什么性质的负载，只要负载电流继续增大，其输出电压就必然降低。（　）
7. 凡有灭弧罩的接触器，一定要装妥灭弧罩后方能通电起动电动机。（　）
8. 交流接触器铁心上的短路环断裂后会使动静铁心不能释放。（　）
9. 在易燃、易爆场所的照明灯具，应使用密闭型或防爆型灯具；在多尘、潮湿和有腐蚀性气体的场所，应使用防水防尘型灯具。（　）
10. 抢救触电人员时，可用使心脏复跳的肾上腺素等强心针剂可代替人工呼吸和胸外心脏挤压两种急救措施。（　）
11. 锯条的锯齿在前进方向时进行切削，所以在安装锯条时应使锯齿的尖端朝着前推的方向。（　）
12. 发现触电人员后，抢救者应迅速用双手拉动他离开此处。（　）
13. 根据绝缘材料的不同，电力电缆可分为油浸纸绝缘电缆、塑料绝缘电缆和橡胶绝缘电缆。（　）
14. 在电动机直接起动控制电路中，熔断器只作短路保护，不能作过载保护。（　）
15. 无论测直流电或是交流电，验电器氖管的发光情况是一样的。（　）
16. 用万用表测量小功率晶体管时，不宜使用 $R×1$ 档和 $R×10$ 档。（　）
17. 笼型异步电动机的转子绕组对地不需要绝缘。（　）
18. 冲击电钻的调节位置置于任意位置时，都能在砖石、混凝土等墙面上钻孔。（　）
19. 镀锌管常用于潮湿、有腐蚀性的场所作暗敷配线用。（　）
20. 当人体突然进入高电压线跌落区时，一定要先看清高压线的位置，小幅度单脚迈步跳动，离开高压线越远越好。（　）

二、单项选择题（将正确的答案的序号填入括号内；每小题2分，共80分）

1. 金属外壳的电钻使用时外壳必须（　　）。
   A. 接零　　　　B. 接地　　　　C. 接相线

2. 软磁性材料常用来制作电机和电磁铁的（　　）。
   A. 线圈　　　　B. 铁心　　　　C. 铁心和线圈

3. 钢管配线时，暗配钢管弯曲半径不应小于管外径的（　　）。
   A. 4倍　　　　B. 5倍　　　　C. 6倍　　　　D. 8倍

4. 测量电压时，电压表应与被测电路（　　）。
   A. 正接　　　　B. 反接　　　　C. 串联　　　　D. 并联

5. 按钮联锁正反转控制电路的优点是操作方便，缺点是容易产生（　　）短路事故。
   A. 电源两相　　　　　　　　B. 电源三相
   C. 电源一相　　　　　　　　D. 电源

6. 为降低变压器铁心中的（　　），叠压硅钢片间要互相绝缘。
   A. 无功损耗　　　　　　　　B. 空载损耗
   C. 涡流损耗　　　　　　　　D. 短路损耗

7. 对于中小型电力变压器，投入运行后每隔（　　）要大修一次。
   A. 1年　　　　　　　　　　B. 2~4年
   C. 5~10年　　　　　　　　D. 15年

8. Y联结的三相异步电动机空载运行时，若定子一相绕组突然断路，则电动机（　　）。
   A. 必然会停止转动　　　　　B. 有可能连续运行
   C. 肯定会继续运行

9. 某正弦交流电压的初相角 $\varphi = -\pi/6$，在 $t=0$ 时其瞬时值将（　　）。
   A. 大于零　　　　B. 小于零　　　　C. 等于零

10. 节能型荧光灯的基本结构和工作原理都与荧光灯相同，但由于其采用了（　　），故其更加节能。
    A. 特殊的灯管形状　　　　　B. 电子镇流器
    C. 较小的外形尺寸　　　　　D. 发光效率更高的三基色荧光粉

11. 白炽灯发生灯泡忽亮忽暗或忽亮忽熄的故障，其常见原因是（　　）。
    A. 线路中有断路故障
    B. 线路中发生短路
    C. 灯泡额定电压低于电源电压
    D. 电源电压不稳定

12. 普通功率表在接线时，电压线圈和电流线圈之间的关系是（　　）。
    A. 电压线圈必须接在电流线圈的前面
    B. 电压线圈必须接在电流线圈的后面
    C. 视具体情况而定

13. 测量 $1\Omega$ 以下的电阻应选用（　　）。

A. 直流单臂电桥　　　　　　　　　B. 直流双臂电桥
C. 万用表　　　　　　　　　　　　D. 绝缘电阻表

14. 某三相异步电动机的额定电压为380V，其交流耐压试验电压为（　　）V。
    A. 380　　　　B. 500　　　　C. 1000　　　　D. 1760

15. 叠加原理不适用于（　　）。
    A. 含有电阻的电路　　　　　　　B. 含有空心电感的交流电路
    C. 含有二极管的电路

16. 单相3孔插座接线时，中间孔接（　　）。
    A. 相线 L　　　　B. 零线 N　　　　C. 保护线 PE

17. 对螺旋灯座接线时，应把来自开关的导线线头连接在（　　）的接线桩上。
    A. 中心簧片　　　　B. 螺纹圈　　　　C. 外壳

18. 单相桥式整流电路一般由（　　）组成。
    A. 一台变压器、4只晶体管和负载
    B. 一台变压器、4只晶体管、一只二极管和负载
    C. 一台变压器、4只二极管和负载
    D. 一台变压器、3只二极管、一只晶体管和负载

19. 设三相异步电动机 $I_N$ =10A，△联结，用热继电器作过载及断相保护。热继电器型号应选（　　）型。
    A. JR16—20/3D　　　　　　　　B. JR0—20/3
    C. JR10—10/3　　　　　　　　 D. JR16—40/3

20. 低压断路器中电磁脱扣器承担（　　）保护作用。
    A. 过流　　　　　　　　　　　　B. 过载
    C. 失电压　　　　　　　　　　　D. 欠电压

21. 要测量三相异步电动机的绝缘电阻，应选用额定电压为（　　）的绝缘电阻表。
    A. 250V　　　　　　　　　　　　B. 500V
    C. 1000V　　　　　　　　　　　D. 2500V

22. 交流接触器动作频率过多会导致（　　）过热。
    A. 铁心　　　　B. 线圈　　　　C. 触头　　　　D. 弹簧

23. 热继电器主要用作电动机的（　　）。
    A. 短路保护　　　　　　　　　　B. 过载保护
    C. 欠电压保护　　　　　　　　　D. 失电压保护

24. 热继电器中主双金属片的弯曲主要是由于两种金属材料的（　　）不同而产生的。
    A. 机械强度　　　　B. 导电能力　　　　C. 热膨胀系数

25. 在晶体管管脚极性的判别中，使用万用表电阻量程 $R \times 100$ 档，将红表笔触一管脚，黑表笔分别接另两个管脚，对管型和基极说法判别正确的一项是（　　）。
    A. 若测得两个电阻值均较小时，则红表笔接的是 NPN 型管的基极
    B. 若测得两个电阻值中有一个较大，则红表笔接的是 NPN 型管的基极
    C. 若测得两个电阻值均较大时，则红表笔接的是 NPN 型管的基极

26. 焊接较大的元器件要用（　　）W以上的电烙铁。
   A. 25　　　　　B. 45　　　　　C. 75　　　　　D. 100

27. 一台三相四极异步电动机，电源的频率 $f=50Hz$，则定子旋转磁场每秒在空间转过（　　）转。
   A. 12.5　　　　B. 25　　　　　C. 50　　　　　D. 100

28. 交流接触器的触头因表面氧化、积垢造成接触不良时，可用（　　）修整并清理表面，但应保持触头原来的形状。
   A. 砂轮　　　　　　　　　　　B. 砂纸
   C. 粗锉　　　　　　　　　　　D. 细锉

29. 用符号或带注释的框概略地表示系统、分系统、成套装置或设备的基本组成、相互关系及主要特征的一种简图称为（　　）。
   A. 电路图　　　　　　　　　　B. 装配图
   C. 位置图　　　　　　　　　　D. 系统图

30. 在纯电容电路中，已知电压的最大值为 $U_m$；电流最大值为 $I_m$，则电路的无功功率为（　　）。
   A. $U_m I_m$　　　B. $U_m I_m / \sqrt{2}$　　　C. $U_m I_m / 2$

31. 三相异步电动机额定运行时，其转差率一般为（　　）。
   A. $s=0.004\sim0.007$　　　　B. $s=0.01\sim0.07$
   C. $s=0.1\sim0.7$　　　　　　D. $s=1$

32. 直流电动机若要实现反转，需要对调电枢电源的极性，其励磁电源的极性（　　）。
   A. 保持不变　　　　　　　　　B. 同时对调
   C. 变与不变均可

33. 修理变压器时，若保持额定电压不变，而一次绕组匝数比原来少了一些，则变压器的空载电流与原来相比（　　）。
   A. 减少一些　　　B. 增大一些　　　C. 基本不变

34. 一台三相异步电动机，其铭牌上标明的额定电压为220/380V，其接法应是（　　）。
   A. Y/△　　　　　B. △/Y　　　　　C. △/△　　　　D. Y/Y

35. 三相异步电动机采用Y-△降压起动时，其起动电流是全压起动电流的（　　）。
   A. 1/3　　　　　　　　　　　　B. $1/\sqrt{3}$
   C. $1/\sqrt{2}$　　　　　　　　D. 倍数不能确定

36. 配电盘上装有计量仪表、互感器时，二次侧的导线使用截面积不小于（　　）mm² 的铜芯导线。
   A. 0.5　　　　　B. 1.0　　　　　C. 1.5　　　　　D. 2.5

37. 两台电动机M1与M2为顺序起动、逆序停止控制，当停止时（　　）。
   A. M1停，M2不停　　　　　　B. M1与M2同时停
   C. M1先停，M2后停　　　　　D. M2先停，M1后停

38. 氯丁橡胶绝缘电线的型号是（　　）。
   A. BX，BLX　　　B. BV，BLV　　　C. BXF，BLXF

39. 容量较小的交流接触器其灭弧装置采用（　　）方式。

A. 栅片灭弧　　　　　　　　　B. 双断口触头灭弧

C. 电动力灭弧

40. 两只额定电压相同的电阻，串联接在电路中，则阻值较大的电阻（　　）。

A. 发热量较大　　　　　　　　B. 发热量较小

C. 没有明显差别

# 模拟试卷样例答案

一、判断题

1. × 2. × 3. × 4. ✓ 5. × 6. × 7. × 8. × 9. ✓
10. × 11. ✓ 12. × 13. ✓ 14. ✓ 15. × 16. ✓ 17. × 18. ×
19. ✓ 20. ×

二、单项选择题

1. B 2. B 3. C 4. D 5. A 6. C 7. C 8. B 9. B
10. D 11. D 12. C 13. B 14. B 15. C 16. C 17. A 18. C
19. A 20. D 21. B 22. C 23. B 24. C 25. C 26. D 27. B
28. B 29. D 30. C 31. B 32. A 33. B 34. B 35. A 36. C
37. D 38. C 39. A 40. A

# 参 考 文 献

[1] 王建,雷云涛. 精通电工维修技能 [M]. 北京:中国电力出版社,2014.
[2] 陈海波,等. 电工入门一点通 [M]. 北京:机械工业出版社,2010.
[3] 朱照红. 图解电工应用手册 [M]. 北京:机械工业出版社,2012.
[4] 王兆晶. 维修电工(初级)[M]. 2版. 北京:机械工业出版社,2013.
[5] 阎伟. 维修电工技术轻松入门 [M]. 北京:化学工业出版社,2016.